U0188693

智能机电技术丛书

仿生外骨骼的运动协同与自适应控制理论

任　彬　陈嘉宇　著

上海科学技术出版社

图书在版编目(CIP)数据

仿生外骨骼的运动协同与自适应控制理论 / 任彬,陈嘉宇著. -- 上海 : 上海科学技术出版社, 2024.4
(智能机电技术丛书)
ISBN 978-7-5478-6554-5

Ⅰ. ①仿… Ⅱ. ①任… ②陈… Ⅲ. ①仿生机器人-运动控制-自适应控制-研究 Ⅳ. ①P242

中国国家版本馆CIP数据核字(2024)第050560号

仿生外骨骼的运动协同与自适应控制理论
任 彬 陈嘉宇 著

上海世纪出版(集团)有限公司
上 海 科 学 技 术 出 版 社 出版、发行
(上海市闵行区号景路159弄A座9F-10F)
邮政编码 201101 www.sstp.cn
上海盛通时代印刷有限公司印刷
开本 787×1092 1/16 印张 13.75 插页 8
字数:260千字
2024年4月第1版 2024年4月第1次印刷
ISBN 978-7-5478-6554-5/TH·107
定价:108.00元

Synopsis

内容提要

本书重点讨论仿生外骨骼的运动协同与自适应控制理论。可穿戴外骨骼的设计应该符合人体工程学，人体与外骨骼耦合为一个整体，人是系统的核心，处于控制回路当中。因此，人机协同控制算法需要将人的因素考虑在内。全书内容分为12章，主要包括基于遗传算法的人机耦合步态轨迹优化、基于光电传感的足底压力传感系统、多运动模式步态相位识别、仿生外骨骼关节角度协同运动。在外骨骼仿生设计的基础上，本书讨论了轨迹跟踪自适应控制算法、模糊自适应控制算法、不确定逼近的RBF神经网络自适应控制算法等。

本书内容涉及机械工程、医学工程、国防科技等领域，可供机械、军事、医疗康复、建筑施工等专业的科研开发和工程技术人员参考，也可作为高等院校或科研院所机械设计、机器人、控制科学等专业方向的教材。

Foreword

序

“十四五”期间(2021—2025 年),中国“人口大国”优势逐渐减弱,人口老龄化、员工成本增加等问题使得企业用工趋于艰难。企业面临亟待解决的问题是劳动力市场短缺。制造业、建筑业又是依赖大量劳动力的行业,因此,应对劳动力资源紧缺已经成为保障经济持续良好运行的一项常态化课题和任务。

在制造业领域,工人所完成的工作很大比例为重复性劳动,不同的工种有各自固定的工序。劳动力的短缺则可能导致工人在某个工序的重复劳动强度增加。这种状况下,制造车间中的外骨骼需要面对焊接、装配、拆卸等各种复杂上肢工作,以及平地行走、上下阶梯、跳跃等各种类型的步态。这些复杂、多变的工作和步态,对全身外骨骼系统的模型建立提出了极高的要求。

近年来,中国城镇化迅猛发展,但从事建筑业的劳动力老龄化、逐年减少、高素质建筑工人短缺的问题越来越突出,建筑业发展的“硬约束”加剧。行业人士都在积极探索外骨骼在建筑业中的应用,以提高工人工作的安全性和生产力。外骨骼的使用可有效减少工人重复和长时间工作中的累积压力,比如手持重型设备在墙上打磨修整,长时间的外墙作业、抹灰作业、砌筑作业、贴砖作业等。建筑工作涉及很多可能导致危险事故和职业伤害的任务,事实上很多建筑场景的日常活动如搬运重物是造成施工中拉伤的主要原因,建筑外骨骼也可以直接解决这些问题。

美国疾病控制与预防中心报告提出,使用外骨骼可以降低脊柱的压力,减少疲劳等。具体优势在于:第一,减少损伤和肌肉紧张:外骨骼更均匀地分配重量,减少身体不同部位的紧张,这可以降低建筑工人长期受伤的风险。第二,提高工作效率:使用建筑外骨骼的工人更不容易疲劳,而且由于减少了压力,他们可以完成更多的工作。第三,开放就业机会:承包商可承接更多需要剧烈身体劳作的合同,从而增加更多就业岗位。

本书作者采用"拟人化"的设想,将外骨骼设计成与人体骨骼基本相同的拓扑结构,以保证与穿戴者相似的运动空间及自由度,从而提供满足人机协同运动的构型。为了实现穿戴者与下肢外骨骼之间的人机协同运动,可以借助仿生学的知识对外骨骼进行构型设计。目前研究的难点之一是人体下肢的多关节、多杆件及其带来的冗余自由度,使得下肢外骨骼的结构设计和人机协同控制的难度大大增加。因此,在外骨骼构型设计中,须在完全拟人化及准拟人化的问题上达到平衡。在实现人机运动协同的同时,降低下肢外骨骼设计与控制的复杂性。

本书可作为制造行业、建筑行业、医疗行业技术人员的专业参考用书,也可为外骨骼研发领域跨学科的研究生、工程师提供控制理论的学习借鉴。

于克成

湃特纳(佛山)机器人科技有限责任公司 CEO

于广东顺德

2024 年 3 月 13 日

Preface

前　言

到2030年前后，中国老龄化率预计将达到20%，进入超级老龄化社会。随着人口老龄化和老年人口高龄化不断上升，中国失能和半失能老人规模将由2020年的4564万人预计上升到2030年的6953万人、2050年的12606万人。未来，老年人照护需要的成本在急剧增加。仿生外骨骼则可以为下肢瘫痪、截肢、脊髓损伤等患者提供有效的康复治疗。它可以通过智能控制系统，对患者下肢进行力量支持和运动控制，帮助患者恢复行走和运动功能。这对于患者来说，是一种重要的康复手段，可以提高其生活质量和自理能力。

仿生外骨骼的研究涉及多个学科领域，如机械工程、控制科学、生物医学工程等。通过对仿生外骨骼的研究和应用，可以推动这些学科领域的交叉和融合，促进医学研究和技术发展。同时，仿生外骨骼也为机器人技术在医疗领域的应用提供了新的思路和方向。控制器则可以为仿生外骨骼提供高精度、高实时性、可靠稳定的控制信号。目前，仿生外骨骼智能控制系统的研究主要集中在以下几个方面：

1）传感器技术

传感器技术是仿生外骨骼控制器的关键技术之一。传感器可以实时采集机器人关节角度、力矩、加速度等数据，为机器人运动控制提供必要的信息。目前，常用的仿生外骨骼传感器包括惯性测量单元（inertial measurement unit，IMU）、压力传感器、位移传感器等。其中，IMU可以实现对机器人姿态的测量和跟踪，压力传感器可以实现对足底压力的测量和分析，位移传感器可以实现对关节位置的测量和控制。传感器技术的发展，将进一步提高仿生外骨骼的运动控制精度和稳定性。

2）电机驱动技术

电机驱动技术是仿生外骨骼控制器的另一个重要技术。电机驱动系统可以实现对机器人关节的精确控制和调节，从而实现机器人的运动。目前，常用的仿生外骨骼电机驱动技术包括直流无刷电机、步进电机等。其中，直流无刷电机具有高效、低噪声、低能耗等优点，逐渐成为仿生外骨骼电机驱动系统的主流技术。

3）控制算法

控制算法是仿生外骨骼控制器的核心技术之一。控制算法可以实现对机器人运动轨迹、速度、力矩等参数的精确控制和调节，从而实现机器人的运动。目前，常用的仿生外骨骼控制算法包括比例积分微分(PID)控制、模糊控制、神经网络控制等。其中，PID控制具有简单易实现、响应速度快等优点，适用于简单的运动控制场景；模糊控制可以处理非线性系统和模糊信息，适用于复杂的运动控制场景；神经网络控制可以自适应地调整参数和结构，适用于高精度、高稳定性的运动控制场景。

本书重点将从以下方面开展仿生外骨骼的控制算法研究，包括：建立仿生外骨骼的动力学模型；选取卡内基梅隆大学(Carnegie Mellon University, CMU)动作捕捉数据库中的一组步态数据，采用插值拟合的方式对步态数据进行处理，将离散的步态数据连续化；在此基础上，采用位置控制模式，以插值拟合后的函数曲线作为期望轨迹并搭建控制算法；最后，根据仿生外骨骼在不同控制算法下的综合表现，对其进行模型评价，验证控制策略的有效性。

本书的出版得到了上海大学和清华大学的支持，获得了国家自然科学基金(51775325)、香港优配研究金(11209620;21204816)、清华大学人才引进项目(53331400223)、宁波市重点研发计划(2023Z218)资助。最后，感谢Fighting Lab(实验室)参与相关研究的刘建伟、张志强、管万里、王琳、汪小雨、潘韫杰、王梓林、史迪威等同学。希望本书内容能为广大读者带来新的见解和启示。

2024年1月

于上海大学

Contents

目　录

Chapter 1

第1章 绪论

1.1 仿生外骨骼研究的目的和意义

下肢动力外骨骼由于其巨大的潜力，被广泛应用于各大领域，尤其是在军事领域中。单兵系统作战能力的高低，直接决定着整个战场战斗力的强弱。步兵（在军事战场上依靠步行作战的军事人员）需要携带与作战任务有关的所有物资，这些物资一般都背在背上或附在背心上，其负荷范围从最小的 44 kg 战斗负载（基本衣物与装备）到最大的 68 kg 的紧急行军负荷（战斗负荷加上额外的补给和装备）。过重的负荷会降低士兵的机动能力，使他们更容易受到敌人的攻击。研究表明，增加负载会增加步兵完成一般战斗动作所需的时间，例如 30 m 冲刺、爬行、拖拉伤员、携带弹药，其他影响还包括姿态感知和射击技巧性能下降。《中国人民解放军单兵负荷量标准》（GJB 113—1986）中指出，在常温条件、高温条件、作战条件下的适宜负荷量分别不超过 20 kg、15 kg、16 kg。在美国军队看来，在高温和寒冷条件下的标准作战负荷量不应该高于 18 kg，行军条件下应不超过 25 kg。军事背景下的动力外骨骼辅助装备在世界范围内引发了一股研究热潮，世界各国都在致力开展助力装备的研究，旨在提高单兵的载重能力，从而提升士兵的携带物资能力及机动能力，进而提高士兵的作战能力。

随着这些外骨骼技术的不断研发与突破，在工农业、建筑业、医疗业等更多专业领域中也逐渐衍生出了民用型、工业型、医疗型外骨骼机器人，这些外骨骼作为子系统被用于增强或重建穿戴者的下肢运动能力。近年来，中国的自然灾害时常发生，尤其是在许多偏远山区等。山区发生自然灾害时，容易造成交通阻碍，消防救援官兵受限于体力，无法携带更多的救援物资以及提供更持久的救援工作，给救援任务带来诸多挑战，而佩戴动力外骨骼就能够在保护救援官兵的同时拯救更多的受灾群众。在工农业领域中，使用外骨骼的主要目的是防止对劳动工作者的身体伤害以及经济损失。在医疗领域，随着人们生活水平的提高，社会更趋于老龄化，肢体运动障碍的人数逐渐有所增加。肢体运动障碍会导致步态异常并影响正常的步行，下肢康复外骨骼机器人在减轻陪护人员的负担和提升康复训练效果方面具有重要意义。

当前外骨骼技术概念层出不穷，智能人机一体化系统设计方案的优良将直接影响其应用的可行性。在研发动力外骨骼时，首先，需要创造一种在任何情况下都可靠和可行的运动智能；其次，创建认知智能，使得基于高级运动智能的机器人变得更易理解；最后，将运动智能与认知智能有机结合，感知实时环境信息，决策运动计划和策略。因此，下肢动力外骨骼的设计方案和信息感知方案的应用，可以实现人与机器之间的运动协调，降低两者之间的干涉与干扰，完成协作人体运动的功能。为此，本书从结构设计、人机交互的信息传感、协同运动规划策略等方面，综合运用仿真分析、设计制造和实验验证等方法，进行下肢动力外骨骼的研究。

1.2 仿生外骨骼国内外研究现状

下肢动力外骨骼将人的智能与机械外骨骼的力量结合起来，形成了以人的智能作为核心控制的动力增强装置，从而实现了人体感官系统延伸和身体机能提升的效果。到目前为止，世界各国先后开展外骨骼机器人技术的研究，致力提升外骨骼与人体的兼容性，并在各类技术的加持下提升外骨骼的运动协同效果。

1) 军事领域

1960 年，美国通用电气公司研制成了哈迪曼(Hardiman)(图 1-1)，这是一种大型的全身式外骨骼机器人，旨在增强使用者的力量，使用户能够举起更重的物体。在当时完成一只机械手能够达到力量增强 25 倍后，项目就告一段落了，因为其体积和人体相比实在过于庞大，重达 680 kg，而 0.76 m/s 的行走速度又进一步限制了实际运动，而且运行期间的可靠性和安全性都没有办法保证。而后在美国军方和麻省理工学院的联合开发下，于 1978 年开始了改进工作，最后的样机(图 1-2)相比 Hardiman 虽然在体型上有所改进、变得轻巧许多，但最终因为受限于动力能源以及驱动方面的问题而没取得成功。

由于在经验和知识上的匮乏，无论是在能源动力方面还是控制算法方面，动力外骨骼的研究发展在当时都受到了很大的技术限制，研发动力外骨骼的进展一直处于不温不火的状态。虽然前期的这些研究都没有成功的产品面

图1-1　Hardiman样机

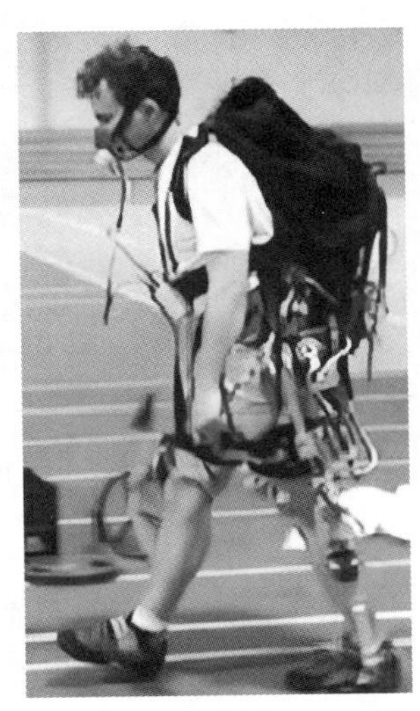

图1-2　麻省理工学院仿生外骨骼

世，但是这一时期的技术积累为现代高性能动力外骨骼提供了许多知识和经验。伴随着军事科学技术的发展，以及机器人、传感、驱动、能源技术的进步，动力外骨骼装置在21世纪初迎来了蓬勃发展的热潮。

最具代表性的军事外骨骼军备计划事件是美国国防高级研究计划局(Defense Advanced Research Projects Agency，DARPA)提出助力型外骨骼装置的研发计划书(Exoskeleton for Human Performance Augmentation，EHPA)，其目标是"增强陆地士兵的作战能力"，面向各大顶级科研单位和科技公司巨头发起项目承办邀请。

伯克利大学率先在2004年推出了第一代助力型外骨骼样机——伯克利下肢外骨骼(Berkeley Lower Extremity Exoskeleton，BLEEX)。基于仿生人体关节自由度，BLEXX仿生外骨骼共有15个自由度，该外骨骼采用液压驱动，由两动力驱动的仿生腿、动力单元和提供负重的背包架组成，在自重50 kg的基础上能够额外负载34 kg并抵消90%以上作用在人体的负载重量。随后，在Kazerooni教授的带领下，研究团队在BLEEX的基础上，相继又开发出了二代单兵外骨骼ExoHiker以及ExoClimber。针对BLEEX的一些缺点，2009年由美国军火巨头洛克希德·马丁(Lockheed Martin)公司牵头改进其能源供应问题，研制出第三代动力外骨骼HULC。HULC凭借出色的助力效果，能够在负重40 kg的情况下续航长达40 km，并且支持搬运炮弹等重型军备物资。BLEEX、ExoHiker、ExoClimber、HULC如图1-3所示。

图 1-3 从左往右依次为：BLEEX、ExoHiker、ExoClimber、HULC

在 DARPA 项目中，美国军火巨头雷神（Raython）公司旗下 SARCOS 公司的研发独树一帜，致力开发全身型助力外骨骼 XOS 系列，如图 1-4a 所示，其驱动方式同样采用液压形式，目的是在流动物资分配中使士兵们提高效率。通过改进内部动力系统以及优化结构设计，第二代外骨骼 XOS-2 的增力效果更加明显，能举起 91 kg 的重物而人体感觉只有 9 kg。但是由于体型仍然过于庞大，自带的电池只能使用 40 min。2020 年 7 月，SARCOS 公司与美国海军陆战队签订新一代全身型外骨骼 Guardian XO Alpha（图 1-4b）研发协议，用于进一步提升军队物流效率以及为物流管理提供信息智能化方案。来自意大利 Percro 研究团队的 Body Extender 也具有相同的全身型结构。

(a)

(b)

图 1-4 全身型外骨骼 XOS-2(a)、Guardian XO Alpha(b)

与人们印象中的“钢铁装备”不同的是，哈佛大学 Wyss 生物启发工程研究所在 Walsh 教授(曾参与麻省理工学院动力外骨骼研制)的带领下,另辟蹊径地开展了柔性外骨骼服 ExoSuit 的研究。相比其他动力外骨骼所使用的金属材质零部件,柔性外骨骼服借助弹性纺织品作为绑带,采用电机与绳索组合的传动方式,通过套索装置同时跨过三个关节,产生的张力模仿下肢肌肉在运动过程中的仿生力,进而对踝关节、髋关节进行动力驱动。图 1-5a 所示是能够同时提供髋关节和踝关节助力的柔性外骨骼服,图 1-5b 所示是仅提供髋关节助力的外骨骼服。得益于基于纺织品材料的轻量化设计,哈佛大学的柔性外骨骼服是世界上迄今为止最轻的负重型仿生外骨骼。

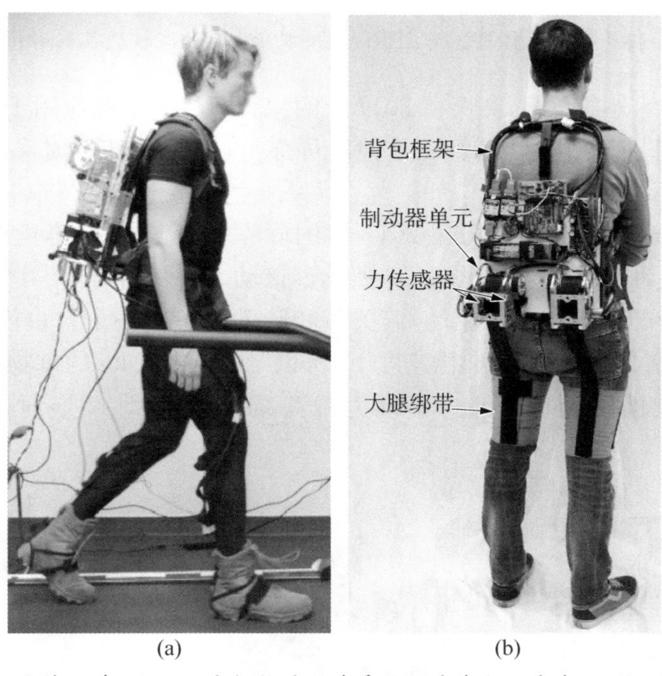

图 1-5 哈佛大学 Wyss 研究机构柔性外骨骼髋关节+踝关节(a)、仅髋关节(b)

在 2018 年的特种作战部队行业会议中,Revision Military 公司展出的 PROWLER 是仅带有膝关节助力的局部外骨骼,如图 1-6a 所示。该膝关节动力外骨骼受扭矩控制,当士兵膝关节弯曲时,通过与之相连的编码器感测旋转运动,使得电机在毫秒级别内被激活,在新型电池技术的加持下,该外骨骼动力辅助的期望值更高。俄罗斯的军用外骨骼研发工作主要来自国防部中央精密研究所,最初版本是一种无动力的士兵作战机械服,依靠弹簧和其他装置来存储和释放能量,可以减轻士兵的负担,同时能够携带超过 45 kg 的装备,后续的公开版本 Rantnik-3 如图 1-6b 所示,已经经过广泛的测试,可

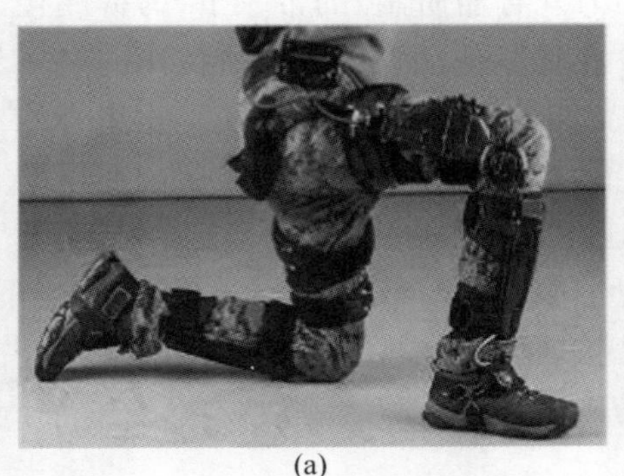
(a)

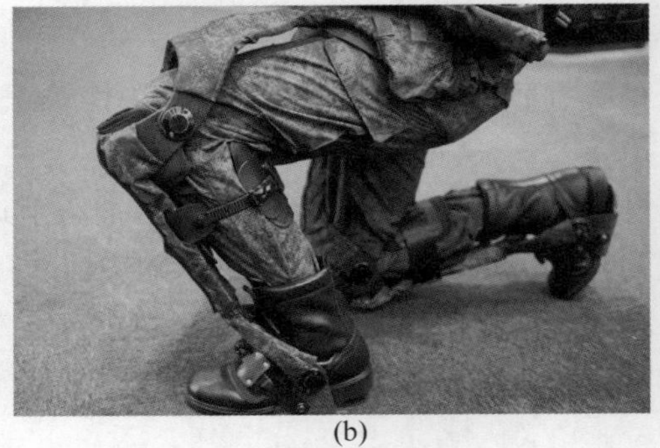
(b)

图 1-6 膝关节外骨骼 PROWLER(a)、俄罗斯士兵作战机械服 Rantnik-3(b)

以承载 95%的外部负载，甚至在 2017 年的叙利亚战争中被应用于实战。该外骨骼的使用非常便利，只需要几分钟即可穿上，当能源耗尽时又可以快速地脱离。

来自法国的 RB3D 公司在 2011 年国际军警保安器材博览会上展出了 HERCULE 动力外骨骼，如图 1-7 所示。该动力外骨骼由 RB3D 公司与法国军备总局合作开发，由电机驱动，髋关节和膝关节各有一个自由度，采用电机驱动，在保持 4 km/h 正常步行速度下，可以承载达 100 kg 的重物持续行走约 20 km。后续推出的版本改进了动力源并减轻了重量，续航时间也得到了提升。

(a) HERCULE V1

(b) HERCULE V2

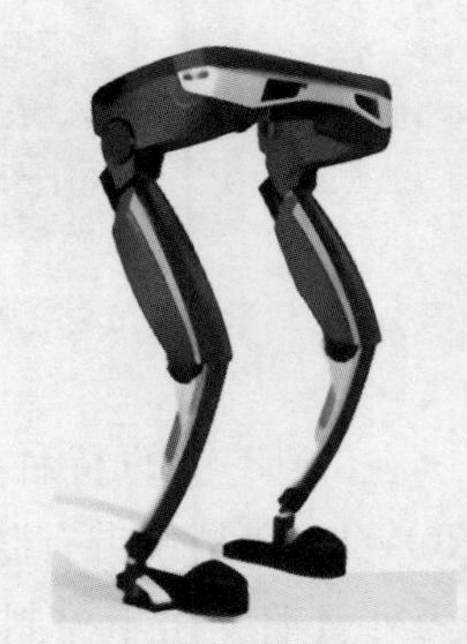
(c) HERCULE V3

图 1-7 法国 RB3D 公司参与开发的 HERCULE 动力外骨骼

日本陆军自卫队采购技术和后勤局发布了一个名为“高机动性外骨骼”的研究原型样机，如图 1-8 所示。该外骨骼带有无线通信接口，可以通过平板电脑来调节控制参数，髋关节使用动力执行器单元，膝关节和踝关节均采用被动单元。据报道，这款可穿戴外骨骼可以减重 30 kg，通过机械框架将背包重量延伸到地面。相比著名的 HAL 系列康复外骨骼机器人，这是日本军用外骨骼的第一次亮相。

图 1-8 日本军用“高机动性外骨骼”

由于中国在外骨骼方面的研究起步较晚，在很长的一段时间内，中国的外骨骼机器人研究技术与发达国家相比存在一定的差距。近年来，在中国各大研究机构的共同努力下，中国在军用外骨骼上的研究和开发取得了重大突破，有迎头追上发达国家水平的趋势，从中国举办的几项重要军用外骨骼相关赛事中可以“窥探”到中国军用外骨骼的研发水平。

自 2015 年以来，中国国家层面对军用领域中的助力型外骨骼系统给予了重大关注，并于 2015 年举办了穿戴式动力外骨骼装备挑战赛“助力无限 2015”，中国多所研究院所、高等院校的科研团队参与了该项挑战赛。军用领域外骨骼样机如图 1-9 所示。

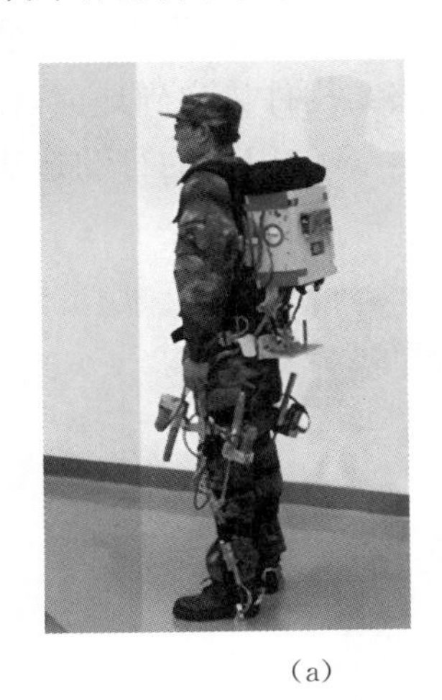

(a)

(b)

(c)

图 1-9 军用领域外骨骼样机

2015 年，由中国兵器工业集团研制的国产单兵外骨骼在中国军民融合技术装备博览会上展示，如图 1-10a 所示，这是一款可加装辅助装置的外骨骼系统。新发布的第二代外骨骼(图 1-10b)续航里程有提升，可以协助山地单兵巡逻作业、提高高原部队单兵负荷、提升单兵侦察能力以及跨越障碍等。

(a)

(b)

图 1-10 中国兵器工业集团第一代外骨骼样机(a)和第二代外骨骼样机(b)

中国航天科技集团研制的外骨骼(图 1-11)在 2017 年中国工业博览会上亮相,其项目团队在一年多的时间内进行了两轮样机的迭代研制,依托既有技术优势,在高能量密度液压伺服驱动技术方面取得了重大突破。全套外骨骼由特制的智能传感靴,以及符合人体工程学的仿生设计膝关节助力设备等装置组成。士兵穿戴外骨骼时,所背负的重量通过外骨骼结构件传递到地面,在理想情况下外骨骼能够随穿戴者的运动而运动,且不会对使用者的行动造成干涉。

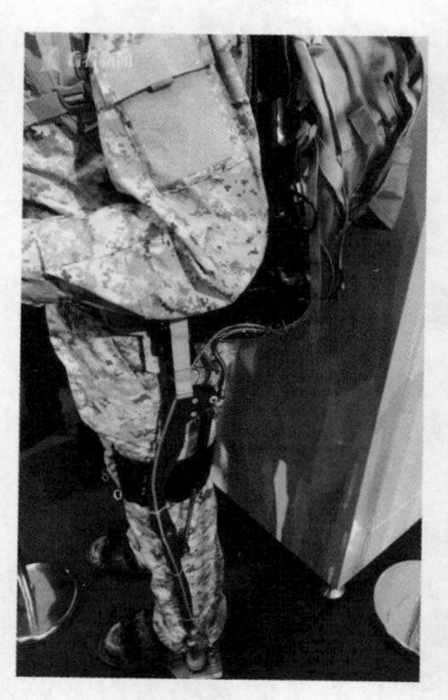

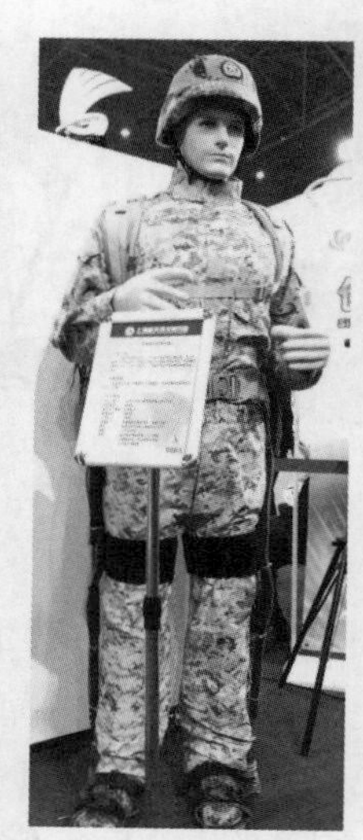

图 1-11 中国航天科技集团研制的外骨骼

中国兵器装备集团开发的动力外骨骼样机轻巧紧凑、穿戴舒适，承载负重分配合理，如图 1－12 所示。目前该单兵外骨骼已经装备到高原山地部队以及边防部队，为士兵解决了行军负重的问题。

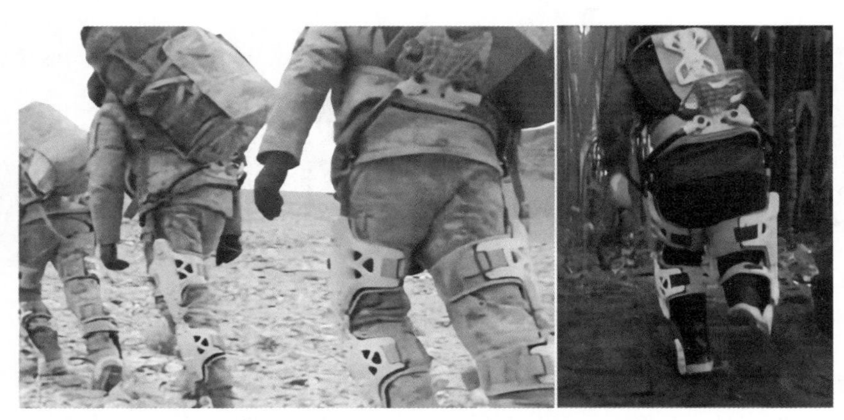

图 1－12 中国兵器装备集团开发的军用外骨骼

2）医疗康复领域

除了在军事领域，外骨骼机器人在医疗康复领域同样具有广阔的应用前景。到 2030 年，中国 65 岁以上的人口将占总人口的 18.2%。由于社会老龄化，肢体运动障碍的人数正在增加，下肢康复外骨骼机器人在减轻治疗师负担和提升康复训练效果方面具有重要意义。早期欧洲的“The Mind Walker”研究计划和美国的“The Walk Again Project”研究计划就吸引了众多大学、研究机构以及企业参与研究。

以手杖作为辅助平衡支撑的康复外骨骼有（图 1－13）：美国范德堡大学和派克汉尼汾公司联合研制的 Indego；Ekso Bionics 公司针对中风、完全脊髓损伤（spinal cord injury, SCI）和颅脑外伤患者的 Ekso GT 医疗型外骨骼；以色列 ReWalk Robotic 公司研发的 ReWalk 康复外骨骼；中国傅利叶智能科技有限公司的 Fourier X 系列康复机器人等。

Indego 是专为 SCI 患者的康复和行动协助而设计的医疗设备，其使用仅限于协助步态训练和从坐到站的运动，不适用于爬楼等运动，在左右腿的膝关节和髋关节的矢状面上有四个关节，其状态的切换是由外骨骼感知地面压力中心（center of pressure, COP）而控制的。Ekso GT 外骨骼在髋部和膝部设置了四个驱动关节，在踝部加入弹性关节，配备的拐杖可以作为外骨骼的操纵与感知，在其中央处理器（central processing unit, CPU）内置的 SmartAssits 软件中包含了双侧自适应或固定式的运行模型，尽管它的通用性和适应性存

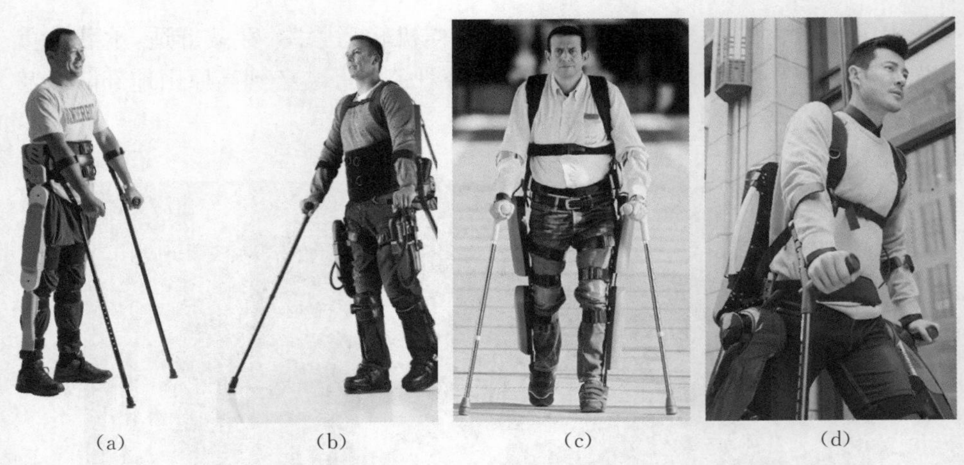

图 1-13 Indego (a)、Ekso GT (b)、ReWalk (c)和 Fourier X1 (d)

在问题，但它在良好的条件下仍能发挥足够的功能。Fourier X1 致力于康复机器人的触觉反馈，该设备带有四个活动关节并配置了四种不同运动模式，由实时姿态传感单元控制，在出现任何问题时外骨骼会发出警报，新版本的 Fourier X2，其重量减轻了 35%、约为 18 kg。

以定点设备(常见为跑步机)为载体的康复外骨骼有(图 1-14)：美国 Kinetek 公司的 ALEX、瑞士 Hocoma 公司的 Locomat、LOPES 固定步态康复外骨骼。在这些机器人中，为了确保安全并保持平衡，除了用于协助腿部运动的外骨骼，这些设备还需要体重支撑系统，以减小作用在腿上的重力。

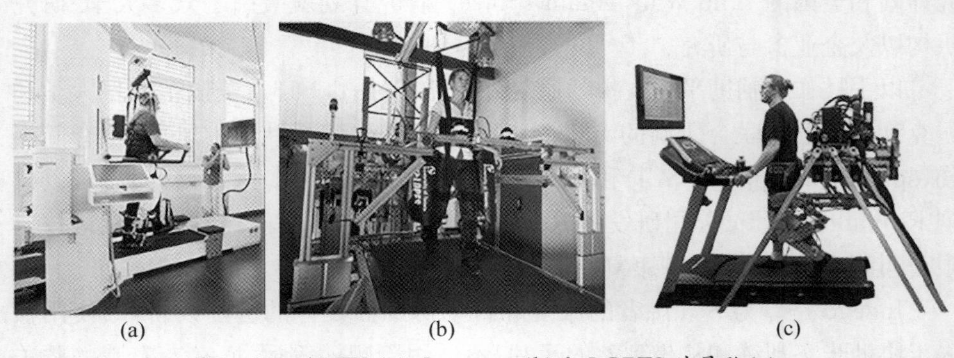

图 1-14 ALEX (a)、Locomat (b)和 LOPES 外骨骼(c)

ALEX 是用于上肢功能神经运动康复的机器人外骨骼，该设计源自 Scoular Superior Sant 'Anna 的 PERCRO 实验室及其在中风后临床康复中的应用。它可以在受控的力和扭矩下反复实现引导运动。Locomat 的固定设计具有一些优势，由于外骨骼是由刚性框架支撑的，该框架位于用户后面，而使用者又由安装在头顶的线束支撑，因此可以安全地关闭所有电动机。这意味着它可以使用其所有内置传感器用作评估设备，康复专家可以根据数据对使用 Locomat 前后的培训效果进行评估。

3）工农业领域

在工农业领域中，使用外骨骼的主要动机是防止对劳动工作者的身体伤害以及经济损失。根据工作基金会联盟统计，欧盟国家有 4 400 万工人患有肌肉骨骼疾病，超过 25%的工人遭受背部损伤，从而进一步导致工伤医疗费用占据国民生产总值的 4%。开发用于生产过程辅助的外骨骼助力装置能够有效地应对以上问题。

德国仿生系统公司于 2018 年专为汽车行业设计了一款名叫 CRAYX 的外骨骼，如图 1－15a 所示。该装备由电池供电，重 9 kg，在搬运货物和工具时可减小抬起重物时压缩在下背部的最大压力，重量轻且穿戴舒适，甚至可以学习训练于穿戴者之间的契合程度。

法国 RB3D 公司与公路建设公司 Colas 合作开发了 Exopush 操作员力量放大外骨骼系统，如图 1－15b 所示，专用于公路建设操作员的健康和安全。Exopush 的传感器会监测操作员的推拉力，由电动执行器施加先行运动来增加物理输入量，包括电池在内的重量为 8 kg，可提供长达 4 h 的续航时间。

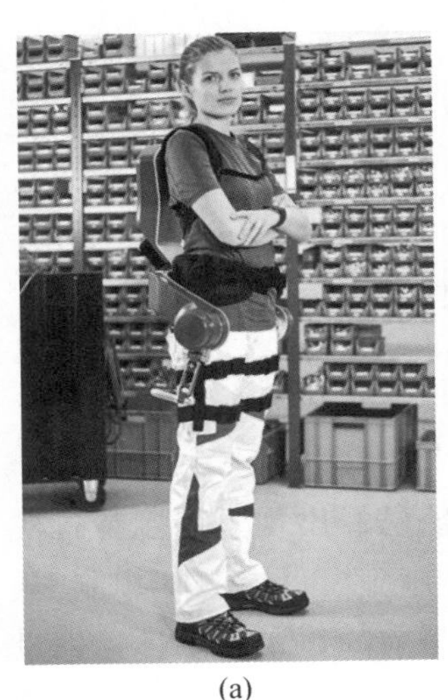

(a)

(b)

图 1－15 德国 CRAYX 外骨骼(a)和法国 Exopush 公路建设外骨骼(b)

日本大宇造船与海洋工程公司在 2013 年宣布研制了一台用于提升船坞生产率的原型外骨骼。该原型机由碳纤维、钢、铝合金制成，重约 28 kg，由电池供电，工作时间为 3 h，允许工人举起重达 30 kg 的物体并以正常的速度行走，但项目因为财务问题被搁置。目前大阪造船厂的工人正在使用制造商 Atoun 的 Model A 外骨骼，如图 1－16a 所示。

韩国现代汽车公司一直致力于机器人外骨骼的开发，在 2015 年展出了 H－LEX（现代救生外骨骼）被作为针对工业用途的设备，如图 1－16b 所示。这款全身型的外骨骼重约 70 kg，需要连接外部电源和高架支撑，为上身和腰部提供支撑，以防止重复性、艰巨繁重的工作使工人受伤。

日本 CYBERDYNE 公司的 HAL 外骨骼在工业领域同样也有其产品，名为 HAL Lumbar Support，如图 1－16c 所示。其是一款动力髋关节外骨骼，当工人需要举起物体时，附于背部的传感器被激活并用于监测皮肤的电信号，在测试中，腰椎和椎间盘负荷明显降低，设备仅重 3 kg，一次充电可以使用 3 h。

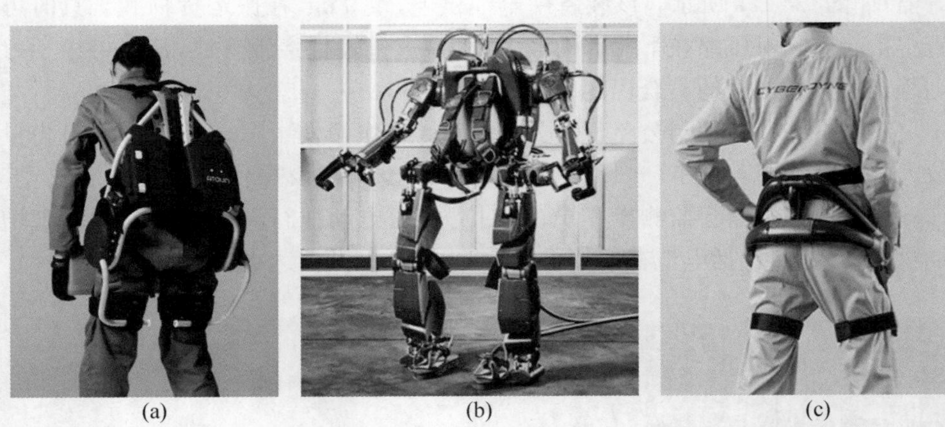

(a) (b) (c)

图 1－16 日本 Atoun Model A 外骨骼（a）、韩国现代 H－LEX 外骨骼（b）和日本 HAL Lumbar Support 外骨骼（c）

1.3 仿生外骨骼关键技术与问题分析

虽然经过了几十年的技术迭代，下肢动力外骨骼已经出现了许多装备样机，研究技术也经历了从被动式到主动式、从开环控制到“人体在环”控制、从给定运动轨迹到自适应协同运动的发展过程，但是目前的技术水平还远远没有发展到足以让使用者无障碍使用的地步，仍然存在许多需要攻克的艰巨挑战。随着机械与电子技术、计算机技术、人工智能技术的不断发展，下肢动力外骨骼逐渐向着智能化方向进化，让机械与人体形成和谐共生的融合体，是众多研究学者所追求的目标。本书就围绕以下几个关键技术和问题开展研究：

1）仿生构型设计与人机耦合

穿戴式下肢动力外骨骼应该是拟人化的，并且需要符合人体工程学。一方面，人体下肢生理构造的复杂性给动力外骨骼的仿生结构设计带来了严峻的挑战，因为人体骨骼结构、肌肉位置、运动习惯以及在各种情况下的关节力矩均是经过漫长进化自然选择的结果，这就导致利用现代化的科学技术实现与人体相同运动相同效果时需要慎重考虑结构尺寸、运动范围、自由度布置、驱动关节位置以及驱动力矩大小等设计性能参数。另一方面，外骨骼的应用场景复杂多样，设计一种完全能够应对任何场景的外骨骼设备几乎是不可能的，外骨骼应该根据其预期用途确定其增强策略，进而决定增强策略所需要的外骨骼构型，例如激烈作战条件下需要最大程度地维持甚至增强人体的敏捷性，而物流运输条件下则可以牺牲部分敏捷性以换取更强的增力效果。

由于机械结构设计的局限性以及动力执行系统的限制，设计动力外骨骼机器人需要在逼近真实人体构造和制造可行性之间做出合理的权衡，以保证和穿戴者运动兼容的同时，降低外骨骼设计制造的复杂性。按照与人体结构相仿程度的结构形式可以从完全拟人化到完全异构化，将外骨骼研究样机体系划分为拟人型、非拟人型和伪拟人型。

（1）拟人型。该外骨骼结构力求在运动学上能精确地匹配穿戴者的各关节运动自由度，从而使得外骨骼能够具有与人体相同的运动空间。通过在运动学上匹配人体的自由度和肢体长度，外骨骼的腿部位置可以准确地跟随人类腿部的位置。这种构型方法得天独厚地避免了结构存在奇异性、机构之间相互干涉等问题。拟人型外骨骼方案至今没有出现广泛应用的原因主要有两个：一是以目前的通用技术来看，很难设计出与人体关节相一致的机械关节。二是拟人型外骨骼构型的机械腿长度必须与人体的肢体长度保持一致，这不仅要求外骨骼的机械结构是可调的，甚至要求人体与外骨骼之间的连接形式在运动过程中要时刻保持位置不变；前者相对而言实现难度较小，但后者在实际应用中几乎无法避免。

（2）非拟人型。该设计在现代科学技术中具有相当多成功的应用，如自行车。只要外骨骼的运动不干扰或限制操作者，非拟人型外骨骼构型就为机械下肢设计提供了广泛的应用可能性。非拟人型外骨骼构型的挑战难点是，很难找到与人体下肢完全异构的设计来完美复现人体下肢的众多运动，例如转身、弯腰和深蹲等，同时不可避免的问题是异构带来的外骨骼、人体下肢、外部环境之间的碰撞和干涉。此外，对于非拟人型设计，安全问题更加突出，因此机械外骨骼和人体下肢的异构空间需要严格控制。

（3）伪拟人型。该结构则与前两者共享属性，是众多外骨骼样机中最常见的,其功能在运动学上类似于人体解剖结构,但是设备上的所有关节不一定与目标的关节一致。为了获得最大的安全性和与环境的最小碰撞,伪拟人型结构的架构与拟人型相似但不完全相同,这意味着外骨骼机械腿在运动学上与人体下肢相似,但不包括人腿的所有自由度。此外,由于人与外骨骼的腿部运动学并不完全相同(仅相似),任何其他刚性连接都将导致施加在操作员上的压力剧增,此时人与外骨骼仅在少数部位(例如脚和腰)刚性连接,通常会采用顺应性连接允许人与外骨骼之间存在轻微相对运动。与人体运动学不完全匹配的另一个好处是,在为不同穿戴者设计外骨骼尺寸时相对更容易一些。

外骨骼与穿戴者身体之间的物理接触设计是一个非常重要的考虑因素,通常涉及刚性连接件或弹性绑带。这些附件可以将力传递到使用者的肢体,同时这些组件还可以安装不同类型的传感器来监测肢体的位置、关节角度或使用者与外骨骼之间产生的接触力。在大多数情况下,由于人体肌肤和骨骼无法承受太大的压力,因此设计物理接口的关键在于不会引起皮肤擦伤、肌肉损伤、神经压迫、骨骼受损等。

2) 负载能力与行动速度

负载能力与行动速度本身就是一组相互博弈的评估指标,在能量上限未得到重大突破之前,负载重量的增加势必会带来行动速度的减缓。单兵执行作战、抢险救援任务时的劳动强度一般都非常大,在军事战场上依靠步行作战的军事人员需要携带与作战任务相关的所有物资,包括头盔、防弹衣、一种或多种枪械和弹药、急救用品以及其他附属物品,这些物资通常被背在背上或附在背心上,负载的范围从最小 44 kg 的战斗负载(基本衣物与设备)到最大 68 kg 的紧急行军负载(战斗负载加上额外的补给和设备)。在军事学中,士兵在不同负载条件下的行走速度,载重情况有略微的不同,协助军事负荷运输的外骨骼系统需要设计为可以在不同速度下运行的动力装备。在美国 Warrior Web 的评估中,士兵在无其他动力辅助的情况下,20 km 的行军速度范围在 6.5~7.4 km/h。有时战士甚至需要在负载重物的情况下短距离奔跑、转弯和急停等,研究表明,步兵跑步速度为 12.6 km/h。

目前现有的外骨骼研究成果中,伯克利大学的 BLEEX 可以在 34 kg 的负载下平均行走 4.68 km/h;洛克希德马丁公司的 HULC 最高时速达到 11 km/h,使士兵能够承重 91 kg;法国 RB3D 公司参与开发的 HERCULE V3 重达 30 kg,有效载荷为 40 kg,在行走速度 4 km/h 的条件下能够续航长达 5 h;美国 SARCOS 公司开发的 WEAR 最多可以承载 84 kg,在背负 68 kg 和手持 23 kg 负载时,行走速度能够达到 1.6 m/s;日本的 HAL 外骨骼系统结构轻便,能够帮助下肢承担负荷能力提升 80 kg,并且行走速度维持在 4 km/h;韩国汉阳大学设计的外骨骼系统可在负重40 kg的条件下进行水平地面行走、上下楼梯等；日本松下公司研发的Power Loader Light外骨骼系统自重15 kg，负重能力40 kg，该系统已经应用于地震后福岛核电站的清理工作；中国北京理工大学研发的液压驱动负重外骨骼可以负重45 kg，并以4 km/h的速度在各种复杂地形上行走1 h。

外骨骼的负载功能研究，最重要的是深刻理解负载托架是如何改变行走步态的运动学和动力学，负载的变化同样会影响驱动和控制系统（所需的扭矩、功率、施加动力的时间）以及结构组件的设计（尺寸、重量和材料特性）。随着负荷的增加，站立姿势的峰值膝关节屈曲、前腿膝关节屈曲、后腿髋关节伸展运动范围都有所增加。此外，关节扭矩和制动力的峰值，与地面垂直作用反力的峰值也都会随负载的增加而增加。外骨骼系统的开发在探索不同的增强策略以及设计/控制方法之前，需要充分了解负载引起的步态相关的生物力学变化。

3）人体运动模式和意图感知

面向主动助力，要求外骨骼具备“想人所想”的能力，人体运动模式和意图的感知是提供精确助力控制的基础，它依靠人机耦合系统的传感信号以及信号处理的方法，为控制系统提供准确可靠的人体运动特征。人体运动具有自主性高、自由度高、信息复杂、动作多样等特点，相比依靠手杖、按钮传达运动意图的预编程型外骨骼，主动助力型外骨骼通常依靠安装的传感器进行人机交互力、步态相位等运动意图识别。对于不同类型的传感信号，识别运动模式和运动意图的方法也有所不同。

现阶段主流的传感信号类型分为三大类：①生物力学信息感测；②生物电学信息监测；③人机交互信息感知。其中，生物力学信息感测主要有角度、位置信号（电位计、角度计、光电编码器、陀螺仪和IMU等）和触力信号（力/扭矩传感器、触觉传感器、电阻应变式传感器和电子皮肤等）。这些传感器主要通过安装在穿戴者身上或外骨骼上来测量包括肢体的姿态，关节的位置与角度、速度与角速度、加速度与角加速度等运动信息。生物力学信号通常产生于人体运动过程中或滞后于人体运动，再加上信息处理和机械系统的响应时间，进一步延长了滞后时间，不利于运动意图的感知和预测。生物电学信息的感测包括脑电波信号（EEG）、肌肉电信号（EMG）、心电信号（ECG）和眼电信号（EOG）等，这一类生物信号的产生超前于动作的发生，如果能够在生物电信号产生实际的作用之前准确地捕获它们，动力辅助效果可能发生质的飞跃。已经有研究使用EMG信号来识别不同行走环境，例如平地、斜坡和爬楼梯等。利用生物电学数据建立预测模型进行意图估计，能够很好地平衡初始运动意图与信号可解释性之间的关系，具有响应快的特点，但因其低频、幅值微弱、信噪比低、易受外界环境的影响等特点使得其应用会表现出较差的鲁棒性。常用的人机交互信息监测传感器有拉压力传感器、称重传感器、力矩传感器等，在有多个方向力/力矩监测需求时，往往会使用多维传感器。不论是人体与外骨骼之间的相互接触，还是外骨骼与地面之间的相互作用，都富含人机交互力/力矩。通过布局力/力矩传感来捕获人机交互信息，可以监测外骨骼作用在人体的接触力分布，足底与地面的接触状态也可以用于辨识人体运动相位，甚至可以使用接触开关来分辨外骨骼的支撑腿和摆动腿。

然而，在人体周围布置的传感器数量越多，对人体运动的限制便越大。对于穿戴者而言，最理想的情况是，在穿戴外骨骼时不会因为外骨骼系统特性而导致使用者需要花费额外的精力来感知自身所做出的动作。因此，为了实现良好的辨识与预测，传感器要能较大程度地反映出系统状态，并且数量尽可能地少，辨识延时小、预测精度高、计算复杂度低，同时多种类型的数据都需要融入运动模式和意图识别算法中。使用感知系统获取操作者的运动信息，并通过对人体运动的信息进行提取分析，得到运动相位、运动模式以及运动步态。在不同的信息测量技术框架下分析人体运动意图产生，从传递与表达的全流程入手，寻找反映人体发力的方向和强烈程度的信号，并设计方法获取信号，有望达到准确感知运动意图感知的效果。

4）“人体在环”协同控制

人体与外骨骼耦合成为一个整体，作为中央处理单元的人是耦合系统的核心，操作者处于控制回路中，因此在人机协同控制算法中需要将人的因素考虑在内。目前常用的控制策略包括位置控制策略、交互力控制策略和意图控制策略。

位置控制策略主要是在前期从成熟的工业机器控制方案中引用而来的，其主要方法是使用人体步态的轨迹指导外骨骼机器人的关节进行轨迹跟踪控制，通过手柄或按钮等工具下发运动指令，甚至是使用预先编好的程序，在医疗型的外骨骼上应用较多。位置控制追求鲁棒性，但因为其难以与正常人保持协调匹配，所以在实际中通常会与运动相位识别类的算法共同使用，以达到改善行走不协调的问题。

交互力控制中通常利用人与外骨骼之间、外骨骼和环境之间的相互接触作用力作为控制要求。人与外骨骼之间耦合不可避免地会存在人机接触界面，借助布局在接触界面的力/力矩传感器能够得知人体施加和被施加的力，可以通过将直接力控制、基于位置闭环的力控制和阻抗控制的方法加入外骨骼机器人的控制算法当中实现。BLEEX采用灵敏度放大控制方法，对建立的外骨骼模型逆向求解来预判运动意图。中国科学技术大学在外骨骼研究中则应用了转矩补偿控制方法。

在不考虑其他干扰因素的前提下，按照人体运动意图控制外骨骼的运动是最理想的人机协同控制策略。在生物电信号技术的加持下，通过监测人体对应部位的生理信号强度可以直观地获得人体运动意图。日本的 HAL 外骨骼是应用肌电传感方案最典型的成功案例，在巴西世界杯上南里奥格兰德联邦大学展示了使用脑电信号控制的外骨骼机器人实现残障患者的简单运动动作。然而，这一类信号存在不确定性且极易受到干扰，同时传感器在激烈运动下容易出现易位、脱落等情况，给实际应用带来了一定的挑战难度。

5）安全问题

在设计任何外骨骼时，都应确定并消除安全隐患（至少是将其最小化），例如夹伤、摔倒等危险。动力外骨骼需要在关节运动上具备物理限位的功能，并且这个物理限位必须能抵抗得住执行器施加的最大扭矩，以免在发生不可预知的故障时外骨骼给穿戴者带来致命的伤害。此外，如果使用者受伤，外骨骼系统应该易于拆卸，以免干扰士兵及时的医疗护理，其他考虑因素还包括控制噪声、热量和电磁信号等，在系统故障时能够通过迅速切断能源供应以保证使用者的绝对安全。外骨骼在非室内场地中的应用涉及复杂地形、天气等限制条件。因此，动力外骨骼还需要考虑应用环境（例如沙漠、丛林、温带、极地等），同时还需要能够应对平整、倾斜、松散、湿滑等地形，甚至是在水下、寒冷或高海拔地区都应该坚固耐用，还要能够防止灰尘、沙砾和泥浆等带来的有害影响。

动力外骨骼和衣服一样，合身是不可忽视的重要条件，因此可调节性是重要的设计考虑因素。如果动力外骨骼不合身，乐观的情况下仅是无法为士兵提供驱动力，坏的情况下则可能导致严重的身体伤害。通用型的外骨骼机器人需要适合不同体型的人穿戴，最主要的是能够在大腿、小腿的连杆处添加长度调节装置，腰部的设计则需要考虑横向的宽度调节装置，与人体接触的部位应尽可能地采用柔性接触设计。即使是身体尺寸相似的使用者，也可能需要特定的配合才能获得最佳的操作体验。需要注意的是，肌肉的收缩运动会带来肌肉截面的缩小，这使得安装在人体上的物理接口无法避免地会发生位置偏移，从而不自主地导致关节未对齐而产生无效的驱动或错误的感知信息，驱动器和人体关节的任何未对齐都会使动力外骨骼失去作用，甚至带来潜在危险。因此，外骨骼应设计成可调节的结构以适应不同体型的穿戴者，最好是在使用过程中能随身体状态的变化（如肌肉形变等）而做出轻微的调整。

Chapter 2

第2章 基于遗传算法的人机耦合仿真模型

本章将重点讨论人机耦合系统的步态轨迹生成及其仿真实验。在虚拟多体仿真环境下，通过仿真人机耦合系统运动步态并使用前向动态仿真来进行分析，同时将测量耦合系统的多组传感信号作为评估因子。根据行走机制，采用遗传算法为耦合系统生成更自然的优化步态轨迹。

2.1 人体下肢生理结构分析

2.1.1 人体解剖学

研究动力仿生外骨骼的首要任务是充分考虑被协助对象（人体下肢）与动力设备（仿生外骨骼）之间的相互作用关系。对人体下肢生理结构的探究是必不可少的，因为其有助于人们尽可能地从人机工程学角度进行动力仿生外骨骼设计。最常见的是人体结构分析、关节自由度及各关节的运动范围分析。

为了方便描述人体各部位结构的形态、运动、位置及它们之间的相互关系，在研究人体特征之前，通常有必要了解人体在解剖学中的几个基本定义。根据解剖学规定，人体具有三组相互垂直的基本平面和基本轴线，在分析人体组件围绕关节的运动时通常使用这些轴和平面，如图 2-1a 中的人体解剖结构所示。

(1) 矢状面(sagittal plane, SP)是沿着人体前后方向将人体分为左右两部分的纵切面，在矢状面内人体进行前后方向的移动。

(2) 冠状面(coronal plane, CP)又叫额状面，是沿着人体左右方向将人体划分成前后部分的纵向切面，在冠状面内人体进行横向移动。

(3) 水平面(horizontal plane, HP)是将人体划分成上下两部分的水平面，在水平面人体进行扭转运动，也即转身运动。

(4) 矢状轴(sagittal axis, SA)是水平面和矢状面的交线，沿着前后方向的水平轴，与冠状面相垂直。

(5) 冠状轴(coronal axis, CA)是水平面和冠状面的交线,沿着左右方向的水平轴,与状面相互垂直,又被称作横轴。

(6) 垂直轴(vertical axis, VA)是矢状面和冠状面的交线,沿着上下方向的垂直轴,与水平面向垂直。

人体下肢的运动是由盆骨、大腿骨、小腿骨和脚掌骨四个部分,在髋关节、膝关节、踝关节三个关节(图 2-1b)的连接下,由韧带和肌肉群的伸缩提供驱动力的相对运动合成的结果,如图 2-1c 所示。

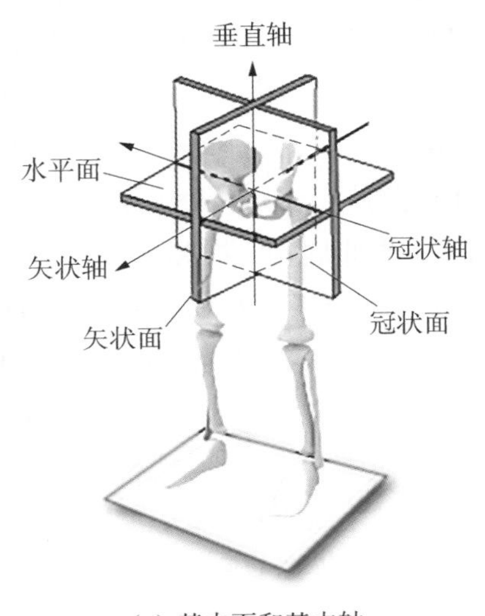

(a) 基本面和基本轴

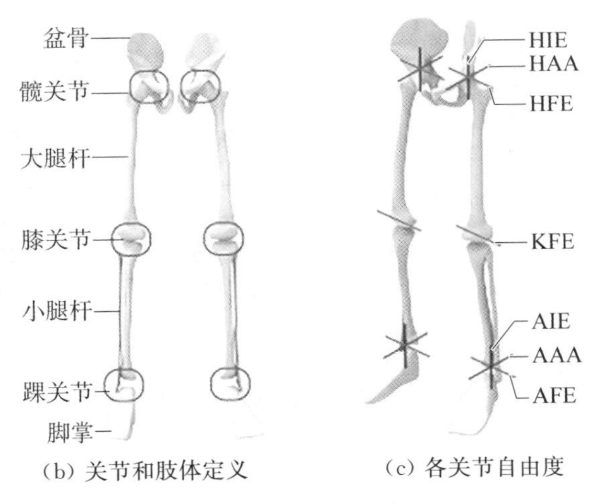

(b) 关节和肢体定义　　(c) 各关节自由度

图 2-1　人体解剖学定义

2.1.2 下肢各关节自由度分析

参照解剖学中定义的基本轴，下肢各关节运动的基本形式可分为三类：在矢状面围绕冠状轴的屈伸（flexion/extension，FE）运动；在冠状面围绕矢状轴的外展/内收（adduction/abduction，AA）运动；在水平面围绕垂直轴的内旋/外旋（internal/external，IE）运动。关节的运动形式通常采用自由度（degrees of freedom，DOF）来描述，每个关节的运动自由度因其周围韧带肌肉群分布的不同而不同。如图 2-1c 所示，髋关节由凹陷的髋臼与凸出的股骨构成球窝结构，因此髋关节有三个自由度，分别是髋关节屈曲/伸展（hip flexion/extension，HFE）自由度、髋关节外展/内收（hip adduction/abduction，HAA）自由度和髋关节内旋/外旋（hip internal/external，HIE）自由度。膝关节主要由股骨远端和胫骨近端构成的复杂滑膜结构，通常为了简化自由度，认为膝关节具有一个自由度，即膝关节伸展/屈曲（knee flexion/extension，KFE）自由度；踝关节由胫骨、腓骨下端的关节面与距骨滑车构成（故又称距骨小腿关节），通常近似为具有三个自由度，分别是踝关节屈曲/伸展（ankle flexion/extension，AFE）、踝关节外展/内收（ankle adduction/abduction，AAA）和踝关节内旋/外旋（ankle internal/external，AIE）。

下肢每个关节自由度的旋转范围受到生理结构的限制，都具有旋转角度的最大活动范围，因此分析运动范围有助于正确地构型仿生外骨骼的结构设计，以保证穿戴者的安全。如果以站立状态下定义每个关节自由度的初始角度为“零点位置”，则各关节的运动角度范围见表 2-1。

表 2-1　下肢髋关节、膝关节、踝关节的运动形式以及运动角度范围

关节名称	自由度数量	关节坐标系	基准轴	运动描述	运动范围
髋关节	3	O_H	X_{O_H} Y_{O_H} Z_{O_H}	内旋/外旋 内收/外展 屈曲/伸展	−30°～60° −30°～60° −90°～25°
膝关节	1	O_K	Z_{O_K}	伸展/屈曲	0°～(120°～130°)
踝关节	3	O_A	X_{O_A} Y_{O_A} Z_{O_A}	内旋/外旋 内收/外展 屈曲/伸展	−30°～40° −35°～15° (−50°～−30°)～(20°～30°)

2.1.3　关节驱动的自由度选择

动力外骨骼穿戴在人体周围,舒适性是要充分考虑的,没有良好的舒适性,助力效果反而甚至可能会起到阻碍作用。一方面,从原理上来说,如果要求动力外骨骼的机械结构对穿戴者的动作不产生任何限制,机械系统的自由度跟人体自由度需要完全一致。另一方面,从实际的机械结构设计与控制角度来分析,动力外骨骼的自由度越少,就可以避免更复杂的结构设计,提高控制系统的稳定性。因此,可知原理分析同实际设计与控制角度是相互矛盾的。

在实际外骨骼结构设计中,由于受到机械设计等因素的限制,且在机构上进行了一定的简化,外骨骼的自由度分布和各个自由度的运动范围难以与人体下肢完全协调。人体前进运动的动力主要来自矢状面下肢各关节的屈伸(FE)自由度,即髋关节屈曲/伸展(HFE)自由度、膝关节屈曲/伸展(KFE)自由度和踝关节屈曲/伸展(AFE)自由度。相比之下,其余关节自由度则起到的是辅助行走作用,内收/外展自由度主要用于保持人体平衡,内旋/外旋自由度主要用来完成转体和行走时的转弯。

因此,可以对主要自由度使用驱动器进行助力,而其他的次要自由度可以使用被动元件。本书选择对下肢三个关节的屈伸自由度提供驱动助力的方案进行了研究分析,如图 2-2a 所示。其中包含:髋关节处的 HAA 和 HEF 两个驱动自由度,膝关节处的 KEF 一个驱动自由度,踝关节处的 AAA 和 AEF 两个驱动自由度,并且左右两侧结构自由度配置相同。在实际硬件系统中,每个主动自由度都对应一个动力执行器。图 2-2b 为所提出的仿生外骨骼自由度配置与生理关节相对齐。

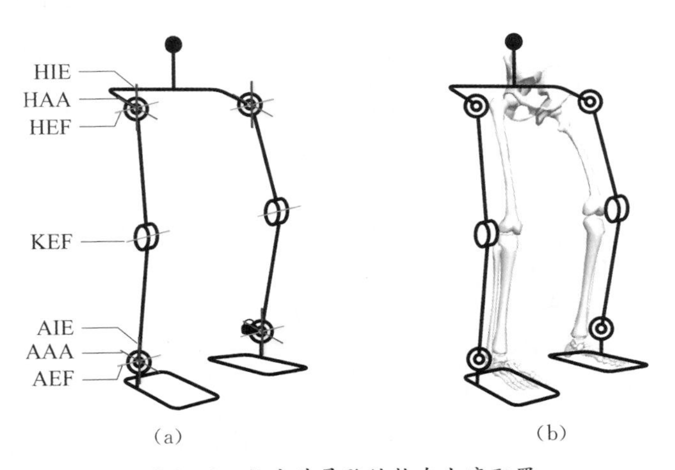

图 2-2　仿生外骨骼结构自由度配置

2.2 人机耦合的仿生外骨骼构型设计

仿生外骨骼耦合系统可以看作由一条机械外骨骼链和一条人体链构成的双链模型，这两条运动链通过在某些肢体/机械零件施加刚性或柔性约束而耦合成为一个完整的系统。在外骨骼耦合系统运动期间，外骨骼链通过连接部件将力和力矩传递给人体链，以完成运动。在本节中，提出了人-外骨骼耦合系统及其动态仿真模型。在前面章节对人体下肢和机械外骨骼的结构配置的基础上，建立了一个包含以下三个主要部分的虚拟耦合系统：①人体下肢运动链；②仿生外骨骼链；③耦合人体运动链和外骨骼机器人运动链，并与环境进行交互。

2.2.1 人体下肢运动链

人体各部分肢体的长度与身高呈现一定的比例关系，如图 2-3 所示。在设计外骨骼时需要考虑其对不同身高体重的人体的适应性，因此需要设计具有可以调节大腿长度、小腿长度以及腰部宽度的外骨骼结构。人体下肢的体型参数是以某男性真实测量得到的，身高 1.8 m、体重 75 kg，相关的参数见表 2-2。

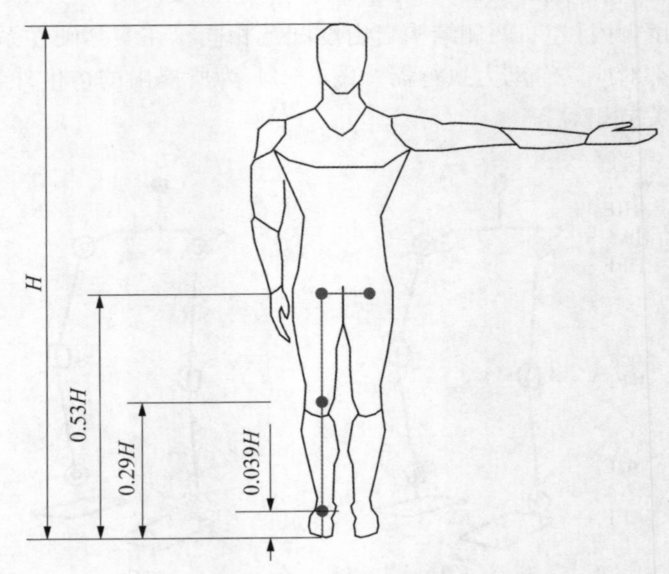

图 2-3 人体肢体长度与身高的比例关系

表2-2　人体下肢链的体型建模参数

身体建模部位	参数/mm
身体躯干	350(宽度)
大腿	420(长度)
小腿	405(长度)
脚掌	210(长度)

人体下肢运动链是人机耦合系统中的被动运动链。人体下肢链模型是使用 Autodesk Fusion 360 软件进行建立的。通常情况下,建立人体的复杂生理结构是非常困难的,为了简化建模的难度,本书中的人体下肢链是由多层次结构的刚体构成的,其中包括一个骨盆链节、两个大腿链节、两个小腿链节、两个脚掌链节,以及用于连接相邻链节的关节,如图 2-4a 所示。图 2-4b 中,骨盆和大腿之间的髋关节使用沿三个正交轴旋转的球铰关节;大腿与小腿之间的膝关节使用单自由度的转动关节;小腿和脚掌之间的踝关节同样使用三自由度的球铰关节。在 MATLAB/Simulink Multibody(版本号:R2019A)中的人体下肢运动链建模过程如图 2-5 所示。

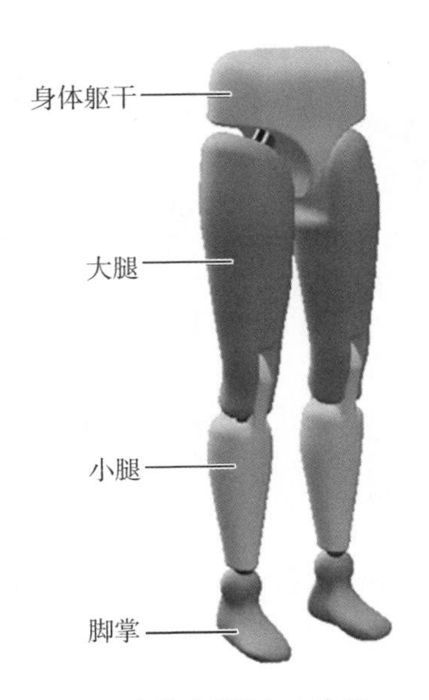

(a) 身体分段设计与布置

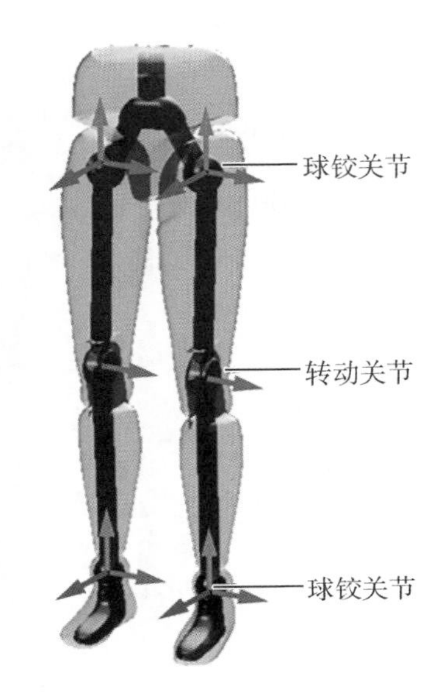

(b) 关节设计与布置

图2-4　人类下肢链刚体建模设计

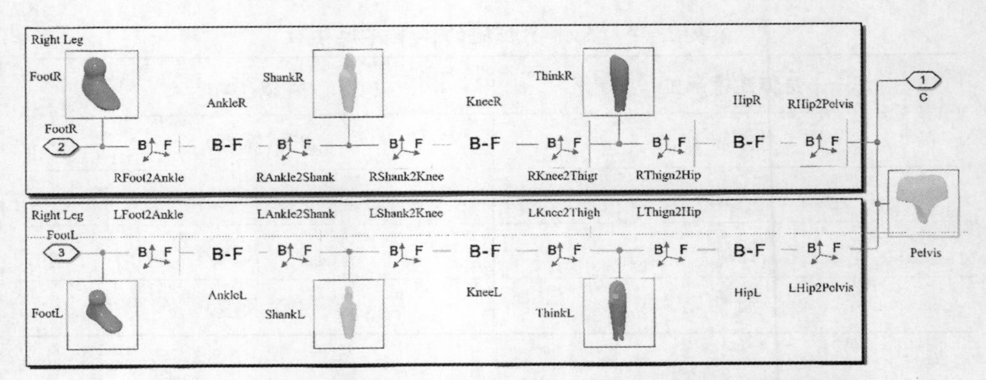

图 2-5 MATLAB/Simulink Multibody 中的人体下肢运动链建模

2.2.2 仿生外骨骼链

根据仿生外骨骼自由度配置，建立了仿生外骨骼链，结构设计如图 2-6a 所示。外骨骼链由腰部模块、躯干模块、大腿杆模块、小腿杆模块、脚掌模块和五个配备有执行器的驱动连接而成。图 2-6b 所示为仅显示了右腿的执行器分布，左腿与右腿对称，因此外骨骼机器人链中一共包含 10 个具有动力的执行器关节。此外，大腿框架段和小腿框架段的长度可调，以使外骨骼链的关节与人体链的关节对齐。在 MATLAB/Simulink Multibody（版本号：R2019A）中的仿生外骨骼链建模过程如图 2-7 所示，包含以上零件模块及必要的约束单元。

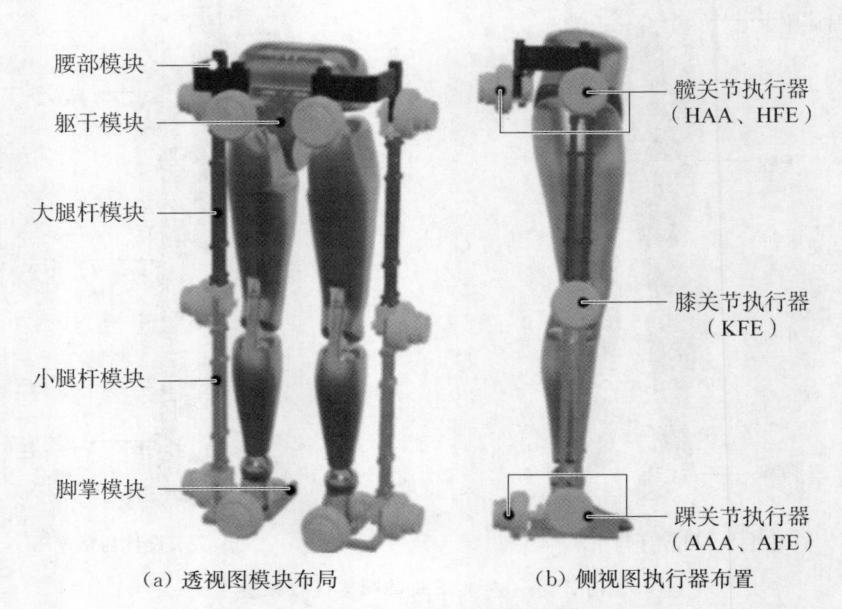

（a）透视图模块布局 （b）侧视图执行器布置

图 2-6 仿生外骨骼链（参见书末彩图）

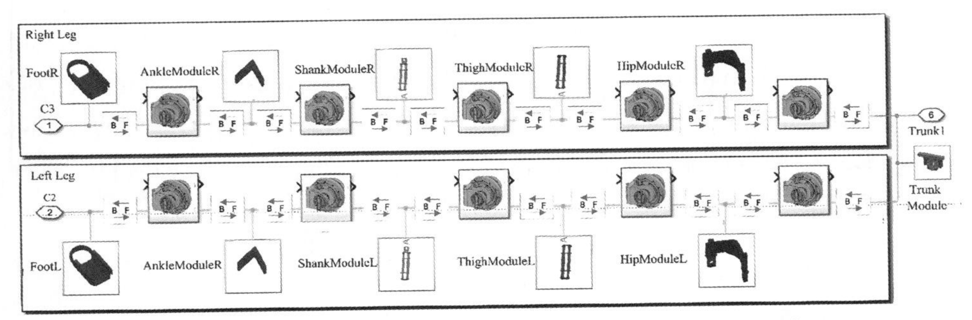

图 2-7　MATLAB/Simulink Multibody 中的仿生外骨骼链建模

2.2.3　人机耦合模型

人体运动链和仿生外骨骼链的人机耦合过程主要经过以下几个步骤。

(1) 双链刚体模型耦合。两个运动链在三个部位采用刚性约束的方式，如图 2-8a 所示，三个约束位置分别是：①人的下肢链的骨盆和下肢外骨骼(lower limb exoskeleton，LLE)链的躯干；②人的下肢链的左脚和 LLE 链的左脚链接；③人的下肢链的右脚和 LLE 链的右脚链接。人体链和 LLE 链的其他部分都没有任何约束。双链耦合的过程在 MATLAB/Simulink Multibody(版本号：R2019A)中的建模过程如图 2-8b 所示。

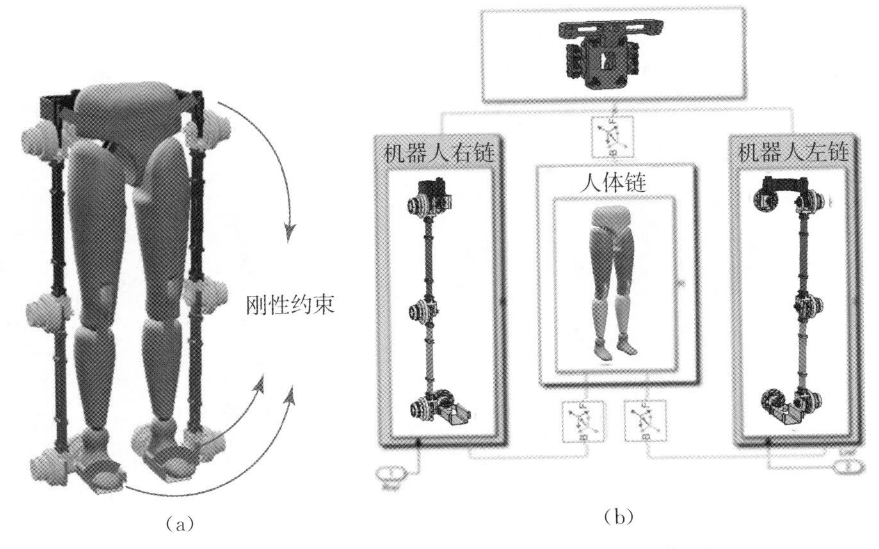

(a)　(b)

图 2-8　人体运动链和仿生外骨骼链双链模型耦合

(2) 耦合模型与环境交互。双链模型需要在地面上完成下肢行走运动，仿生外骨骼链通过刚性连接部位带动人体运动链移动，并同时在足底与地面产生相互作用。因此，需要相应地建立耦合模型的脚底部位与地面之间的接触规则。在本书中，使用 Simulink 模块中 Contact Force Library 多体接触力库中的“球体-平面接触力模型”，将球体分量固定在脚耦合模型足底的四个角，同时将平面分量固定在地面，如图 2-9 所示。接触力模型参数设置是：接触刚度 2 500 N/m，接触阻尼为 100 N/(m/s)，动摩擦系数和静摩擦系数分别为 0.7 和 0.8。

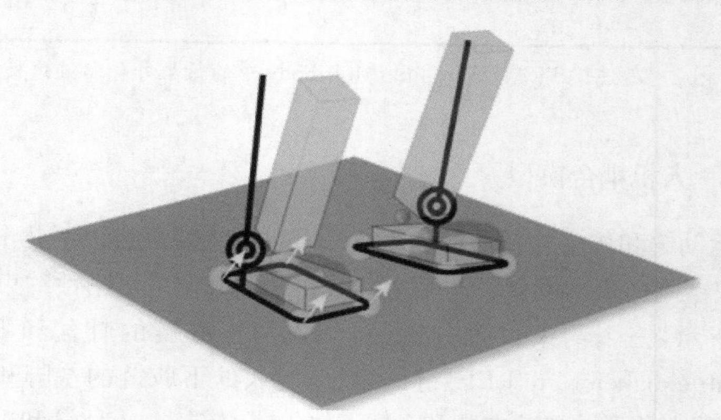

图 2-9 耦合模型与环境交互定义

(3) 双链运动传递。耦合系统的运动传递过程可以如图 2-10 所示。首先，由动力外骨骼的系统控制单元产生仿生外骨骼链的关节运动轨迹。其次，仿生外骨骼链在关节运动轨迹驱动下运动。再次，由于仿生外骨骼链通过刚性连接部位带动人体运动链移动，人体运动链也随即产生运动。最后，得到人机双链的联合轨迹，并用于进一步分析耦合系统。

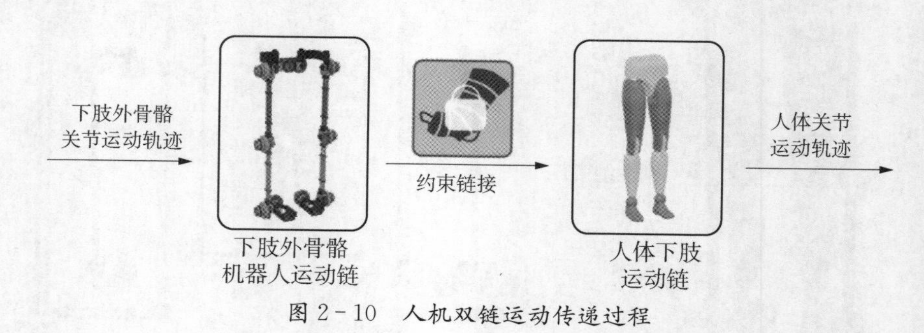

图 2-10 人机双链运动传递过程

2.3 遗传算法的步态轨迹优化

遗传基因算法是一种启发式搜索优化方法，被广泛应用于各种优化问题中，这种方法基于达尔文的自然进化理论，是进化算法中的一种。进化算法是借鉴了进化生物学中遗传、突变、自然选择及杂交等现象发展而来。对于一个最优化问题，一定数量的候选解可以抽象表达为染色体，使得种群向着更好的解进化，而进化从完全随机个体的种群开始，经过一定数量的迭代，在每一代中评价个体的适应度，并基于它们的适应度随机地选择多个较为优异的个体，通过自然选择算子和突变算子生成新一代种群，继续下一轮的迭代。因此，每一代都倾向于提升种群适应度，即提高解的质量，直到获得满足特定目标的解决方案为止。表 2－3 所示为遗传基因算法伪代码，遗传算法的实现基于 MATLAB（版本号：R2019A）中的 genetic algorithm for function optimization 工具箱。

表 2－3　遗传基因算法伪代码

伪代码：Basic Genetic Algorithm
1：　initial population
2：　repeat
3：　　　repeat
4：　　　　　crossover
5：　　　　　mutation
6：　　　　　phenotype mapping
7：　　　　　Fitness computation
8：　　　**until** population complete
9：　　　selection of a parental population
10：**until** termination condition
11：**return** the best solution

2.3.1　耦合系统步态轨迹

如前所述，人机耦合系统的运动是从外骨骼机器人运动链传递到被动的人体运动链的，而外骨骼机器人的运动则是来自系统控制单元发出的多个关节执行器运动轨迹共同作用的结果。因此，在利用遗传算法寻找的最优解即为关节运动轨迹。本书介绍一种基于有限状态机的步态轨迹定义方法。由于步行运动是由双腿交替运动产生的，因此具有周期性和对称性，这里对步态轨迹做以下假设：

(1) 步态运动呈现出周期性的趋势，左右腿的步态轨迹可以分别视作单腿的步态轨迹在滞后/超前半个步态周期下的共同作用，换言之，左右腿所使用的步态轨迹是相同的，只不过是一条腿滞后/超前另一条腿半个步态周期的表现。

(2) 用 $N+1$ 个关键点 S_i，将第 K 个步态周期划分成 N 小段，其中最后一个关键帧表示第 K 个步态周期的结束时刻，同时也表示第 $K+1$ 个步态周期的起始时刻，有限状态机的表达方式见表 2-4。

表 2-4　关节轨迹有限状态机

驱动关节	S_1	S_2	…	S_N	S_{N+1}
HAA	θ_1^{HAA}	θ_2^{HAA}	…	θ_N^{HAA}	θ_{N+1}^{HAA}
HEF	θ_1^{HEF}	θ_2^{HEF}	…	θ_N^{HEF}	θ_{N+1}^{HEF}
KEF	θ_1^{KEF}	θ_2^{KEF}	…	θ_N^{KEF}	θ_{N+1}^{KEF}
AAA	θ_1^{AAA}	θ_2^{AAA}	…	θ_N^{AAA}	θ_{N+1}^{AAA}
AEF	θ_1^{AEF}	θ_2^{AEF}	…	θ_N^{AEF}	θ_{N+1}^{AEF}

尽管关节轨迹角度是使用有限状态机中有限的几个关键点表示出来的，考虑到在实际运动过程中的关节运动是连续的，这就意味着关节轨迹同样需要包含角速度和角加速度信息，因此还需要对有限状态机中的关键点进行多项式拟合，三次样条曲线凭借其连续性、稳定性、顺滑性被应用在许多双足行走的机器人轨迹拟合中。在有限状态机中包含多个插值点，这里对每两个插值点之间建立时间连续的轨迹，用三阶函数描述为以下公式：

$$\theta(t)=a_0+a_1\times t+a_2\times t^2+a_3\times t^3 \quad [t\in(S_i,\ S_{i+1})] \tag{2-1}$$

式中，t 表示有限状态机中两个相邻状态之间的任何时间。实际上，在 MATLAB 中采用三次样条插值方法很简单，只需要使用 $Spline()$ 函数即可设定所需的轨迹三次样条曲线，公式如下：

$$\theta=Spline(T_i,\ \theta_i,\ t) \quad (i=1,\ \cdots,\ S+1) \tag{2-2}$$

三次样条函数 $Spline()$ 表示能够获得公式化的步态轨迹，在任意给定一个时刻 t 都能够计算出相应的关节角度 θ_i。在本书中，所选择的关键点数量为 $S=6$，同一个时刻下又包含 $J=5$ 个关节的角度信息，因此待优化解的空间维

度为 $S\times J=5\times 6=30$。

2.3.2　适应度评估方程

在遗传基因算法中，适应度评估方程是最重要的一部分，它决定了遗传基因算法能否在解空间中找到最优解。根据仿真实验过程中得到的结果设计了一组逐渐改善的适应度评估方程，以此作为遗传基因算法产生最优步态轨迹的目标，也即在特定的步态轨迹下人机耦合模型能够稳定地行走，同时让其行走的距离越远越好。在遗传算法迭代过程中，用于评估每一个人机耦合系统步态轨迹效果的适应度评估方程如下：

$$F=\text{FitnessFunction}(D,\ T,\ \omega_{\text{avg}},\ f_{\text{p}},\ Agg) \tag{2-3}$$

式中，等号右边括号中的参数均为适应度评估影响因素，因素 D 表示耦合系统在仿真过程中所行走的实际距离；因素 T 表示耦合系统仿真过程截止所经历的时间；因素 ω_{avg} 表示人体盆骨躯干在行走过程中的平均角速度；因素 f_{p} 表示耦合系统的足底接触力；因素 Agg 表示关节步态轨迹的振荡频率。

在前期的仿真实验中，首先选择行走距离 D 和经历时间 T 两个影响因素作为适应度函数的组成成分，公式如下：

$$F=D\times T \tag{2-4}$$

式中，经历时间 T 表示在每一次耦合系统仿真模拟的终止时间。仿真过程中，在检测到一些故障或致命错误时提前终止仿真过程，以节省仿真时间并帮助防止优化中出现局部最优值。

在仿真中，首先通过躯干中心的高度来判断人机耦合系统是否出现崩坏，当躯干中心沿着垂直轴方向（Z 轴）的坐标低于0时，意味着当前耦合系统的躯干已经触及地面或者说明已经摔倒。一方面，通过躯干中心在侧面方向（Y 轴）的偏移量来判断人机耦合系统是否偏离行走主线，当躯干中心沿着横向发生的偏移距离和原始行走直线相距很远时，意味着偏航太多，因此当这两个参数中的任何一个达到设定的中断值，仿真过程都提前终止。另一方面，只要是步态轨迹足以使耦合系统稳定行走，就可以完整经历所设定的模拟仿真时间，即

$$T=t_{\text{end}} \tag{2-5}$$

在能够完整经历所设定的仿真时间的步态轨迹中，希望所行走的距离越远越好，在解空间中寻找更优解能够提供更大的帮助，即

$$D=X(t_{\text{end}}) \tag{2-6}$$

式中,行走距离 D 表示在人机耦合仿真结束时刻,躯干中心沿着前进方向(X 轴)移动的距离。

然而,仅使用以上两个影响因素作为遗传基因算法的适应度评估方程在前期的实验效果并不理想。实际上,在经过迭代优化后被选中的步态轨迹,动作幅度有些夸张,类似于踮着脚尖的大步前进,躯干始终处于向后倾斜的趋势。通过观察正常人的行走过程,发现夸张的动作幅度不仅会在脚掌接触地面时产生巨大的接触力,还会消耗更多的体能。因此为了保护生理关节并节省能量,这里给适应度方程添加了耦合系统的足底接触力 f_{P} 作为进一步研究优化步态轨迹的重要影响因素,因而适应度函数为

$$F=(D\times T)/f_{\mathrm{P}} \tag{2-7}$$

式中,足底接触力 f_{P} 是仿真过程中实现人机耦合提供与地面之间相互作用的关键因素。在本书中,每只脚选取四个接触点作为脚掌和地面可能发生接触的预设点,用 $f_{\mathrm{P}}^{L_i}$ 和 $f_{\mathrm{P}}^{R_i}$ 分别表示左右脚的四个点接触压力 ($i=1, 2, 3, 4$),因此可以表示为

$$f_{\mathrm{P}}=\max\left(\sum_{i=1}^{4}f_{\mathrm{P}}^{R_i},\ \sum_{i=1}^{4}f_{\mathrm{P}}^{L_i}\right) \tag{2-8}$$

通过使用式(2-7),人机耦合模型的步态学习效果有所提升,被选定的步态轨迹能够使得人机耦合模型动作步幅减小,步态较为收敛,但是在将以上步态轨迹进行可视化的过程中,许多步态轨迹仍表现出不稳定的趋势,主要体现在关节的抖动非常明显,类似于癫痫患者,这在正常行走过程中是不会出现的。因此,除了添加足底接触力影响因素,又加入了另外两个影响因素,即躯干平均角速度 ω_{avg}、关节振荡度 Agg,则适应度评估方程为

$$F=(D\times T)/(f_{\mathrm{P}}\times\omega_{\mathrm{avg}}\times Agg) \tag{2-9}$$

式中,躯干平均角速度 ω_{avg} 由 $\omega_{\mathrm{avg}}^{x}$、$\omega_{\mathrm{avg}}^{y}$、$\omega_{\mathrm{avg}}^{z}$ 组成,这三个参数分别代表躯干沿着世界坐标系 X 轴、Y 轴、Z 轴的转动幅度,这些参数中的任何一个值增加,都会导致平均角速度增加。然而躯干如果在大幅度的角速度下则表明步行运动过程中的躯干晃动剧烈,但稳定的步行姿势仅表现出轻微的晃动,在优化过程中,希望躯干的平均角速度更加缓和。其量化表达式如下:

$$\omega_{\mathrm{avg}}=\omega_{\mathrm{avg}}^{x}+\omega_{\mathrm{avg}}^{y}+\omega_{\mathrm{avg}}^{z} \tag{2-10}$$

关节振荡度 Agg,用来描述步态轨迹周期中的振荡次数,在步态轨迹上存在上下波动的拐点意味着人机耦合模型的关节会出现多次弯折,这显然是不

符合自然行走的规律的，因此引入以下公式：

$$Agg = numE[(\theta_{i+1} - \theta_i) \times (\theta_{i-1} - \theta_i)] < 0 \quad (i = 1, \cdots, N) \tag{2-11}$$

式中，函数 $numE()$ 表示满足内部条件的元素数量。如果步态轨迹有限状态机中的相邻两个元素符号相反，则表明步态轨迹在此时间间隔内存在波动，每次波动都会增加关节振荡度。以上适应性评估方程中，希望某些影响因素越小越好，而某些影响因素越大越好。在遗传基因算法的迭代过程中，都会以最大化适应度为优化目标，因此将以上影响因素被划分为两类：奖励因子和惩罚因子，通过最大化奖励因子同时最小化惩罚因子即可得到最大化的适应度。其中，实际距离 D、经历时间 T 被视为奖励因子；平均角速度 ω_{avg}、关节振荡度 Agg、足底接触力 f_p 被视为惩罚因子。

2.3.3　仿真实验及结果分析

本小节将展示借助虚拟仿真建模环境和 MATLAB 中的优化工具箱 GA（版本为 R2019A），以及带有自动可变步长的 ode15s 求解器来进行人机耦合模型的仿真实验。意图是使用所设计的遗传基因算法为人机耦合系统寻找/生成更自然的步态轨迹而用于为实际的动力外骨骼作为参考。在实验中，遗传基因算法的默认参数首先按照表 2-5 所示设定进行初始化，初始参数的最后一个参数初始种群值 Random(50)表示根据关节的限制角度（参考表 2-1）随机获得步态轨迹。

表 2-5　遗传基因算法参数设置

算法参数	设定值
种群数量(population size)	50
种群迭代次数(number of generation)	50
交叉/交配率(crossover rate)	0.8
变异率(mutation rate)	0.08
适应度方程(fitness function)	式(2-4)、式(2-7)、式(2-9)
步态周期(gait period)/s	0.8
初始种群	Random(50)

在步态仿真实验中，有限状态机的时间跨度（步态周期）设定为 0.8 s，最长仿真执行时间为 10 s。在仿真环境中，重力加速度设为 $g = 9.80665\ \text{m/s}^2$。种

群中的每个独立个体都需要经过以下过程完成耦合运动，并获取相应的适应度：

（1）人机耦合模型在仿真环境中被搭建并放置在相同的起始位置。

（2）加载由遗传基因算法生成的基于有限状态机的各关节步态轨迹。

（3）在仿真环境中执行步态轨迹并获取执行影响因素传感数据以进行优化。

（4）计算该步态轨迹的适应度。

在实验过程中，分别选择不同的适应度方程，分别是式(2-4)、式(2-7)和式(2-9)，来探究遗传算法的优化效果，实验安排见表2-6。仿真实验(01)～仿真实验(03)的优化步态运动示意图分别如图2-11～图2-13所示。

表2-6 遗传基因算法实验安排

实验编号	适应度评估方程	公式
01	$F = D \times T$	(2-4)
02	$F = (D \times T)/f_{\mathrm{p}}$	(2-7)
03	$F = (D \times T)/(f_{\mathrm{p}} \times \omega_{\mathrm{avg}} \times Agg)$	(2-9)

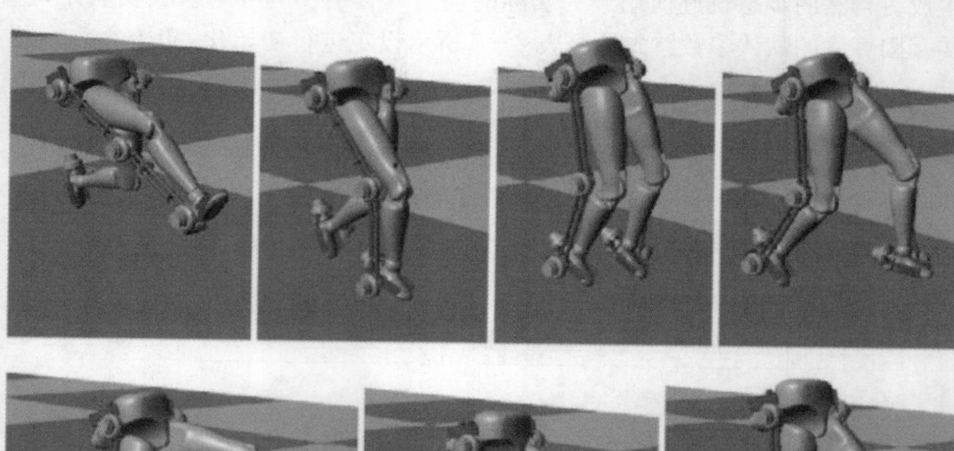

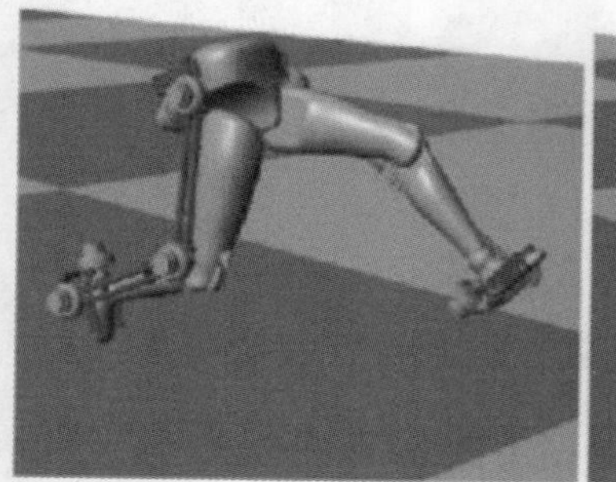

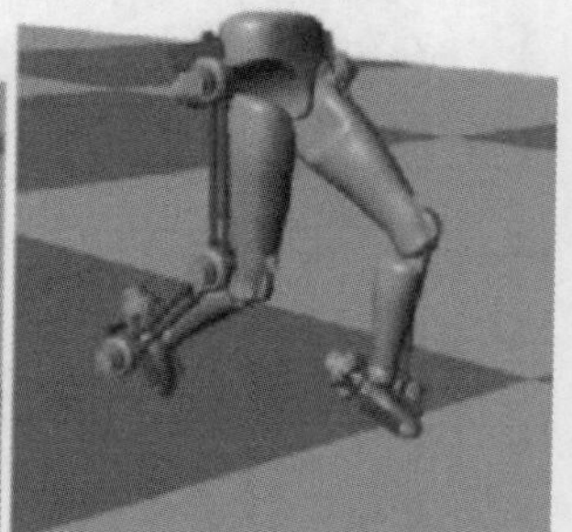

图2-11 仿真实验(01)的优化步态运动示意图(参见书末彩图)

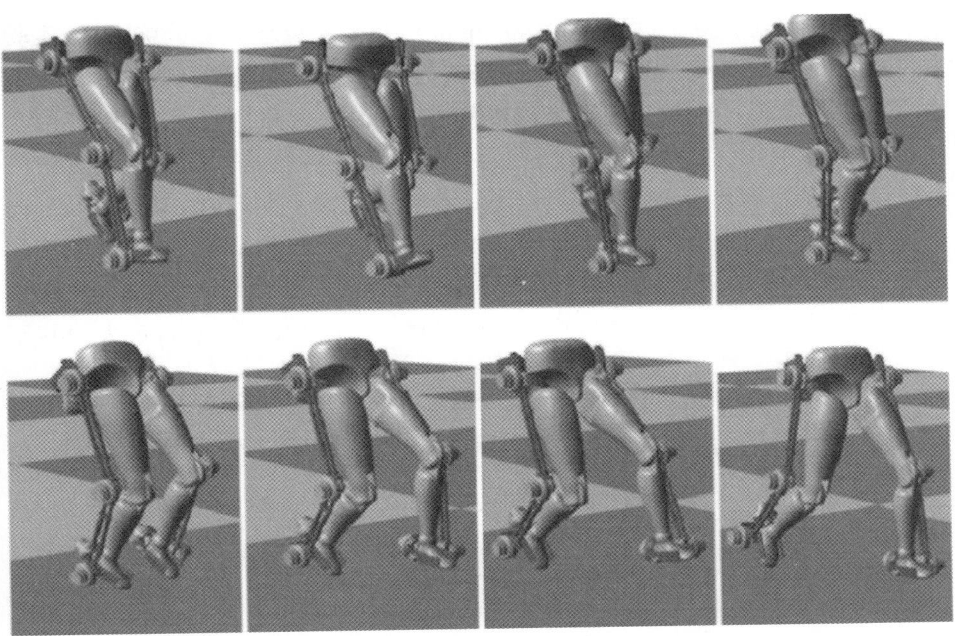

图 2-12 仿真实验(02)的优化步态运动示意图

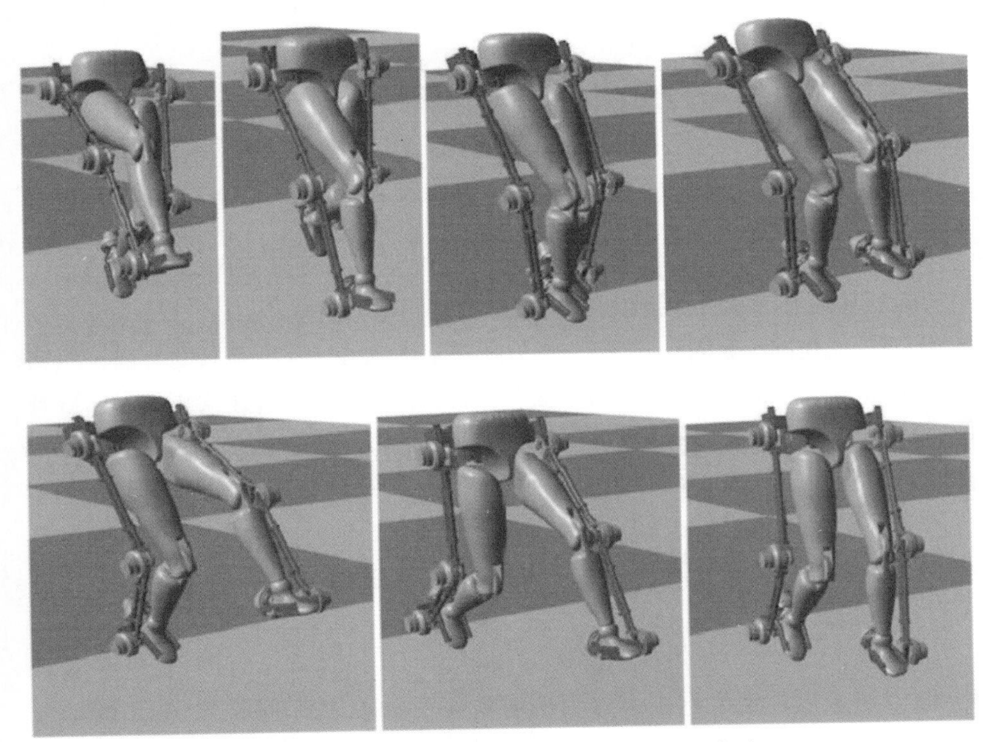

图 2-13 仿真实验(03)的优化步态运动示意图

图 2－11 所示为在仿真实验(01)中得到的优化步态运动示意图，该实验主要采用经历时间 T 和行走距离 D 构成的适应度评估方程。从图 2－11 所示运动截图来看，优化的步态轨迹效果并不是很令人满意，仅使用以上两个影响因素作为遗传基因算法的适应度评估方程，在经过迭代优化后被选中的步态轨迹，动作幅度有些夸张，类似于踮着脚尖的大步前进，躯干始终处于向后倾斜的趋势。通过直观地比较自然步态和这种夸张的步态，推测足底接触力是它们之间的主要区别，因此采集了足底接触力，如图 2－14 所示，从图中可以看到，在行走期间，足底与地面接触时产生了很大的接触力，最大值甚至达到 225 N。

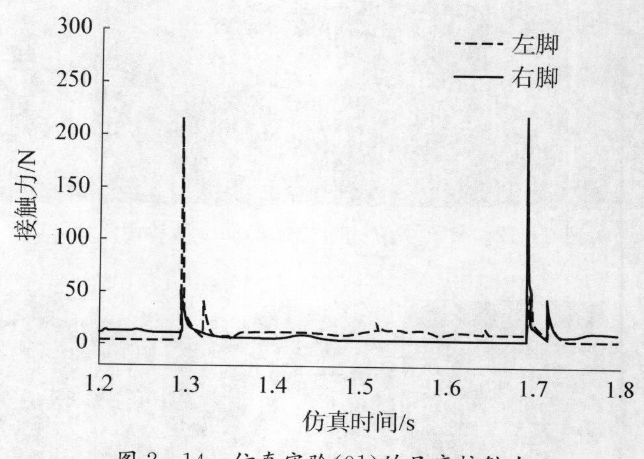

图 2－14 仿真实验(01)的足底接触力

图 2－12 所示为在仿真实验(02)中得到的步态运动示意图，此实验在前一组实验的基础上，将足底接触力考虑在适应度评估方程内。从图 2－12 所示运动截图来看，优化的步态轨迹效果有所改善，变得轻微缓和，步态幅度与前一组实验相比也较小。图 2－15 所示为采集到的仿真过程中的足底接触力，可以看到两脚的足底接触力最大值都在 55 N 以下。然而，运动姿态的向后倾覆趋势依然没有得到明显的改善，因此收集了躯干处的角速度数据，如图 2－16 所示，可以观察到躯干在沿着矢状轴(X 轴)、冠状轴(Y 轴)、垂直轴(Z 轴)三个基本轴方向的角速度在 0.05～0.08 rad/s 的范围内变化，这表明躯干的晃动是比较剧烈的。

图 2－13 所示为在仿真实验(03)中得到的步态运动示意图，在这一实验中，除了适应度评估方程中添加了平均角速度 ω_{avg}、关节振荡度 Agg 两个影响因素以外，其余参数与前两组实验相同。从图 2－13 所示运动截图可以看

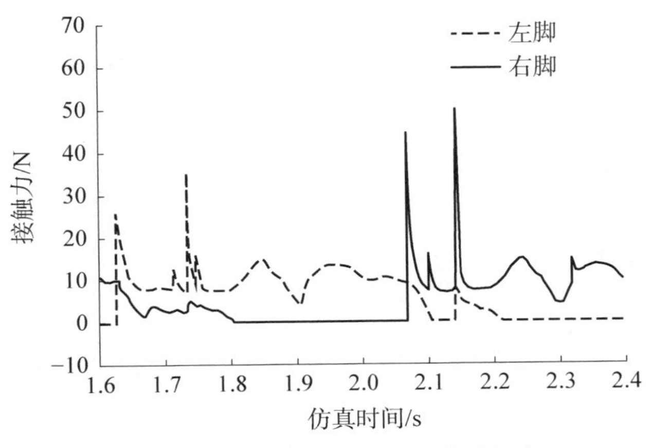

图 2-15　仿真实验(02)的足底接触力

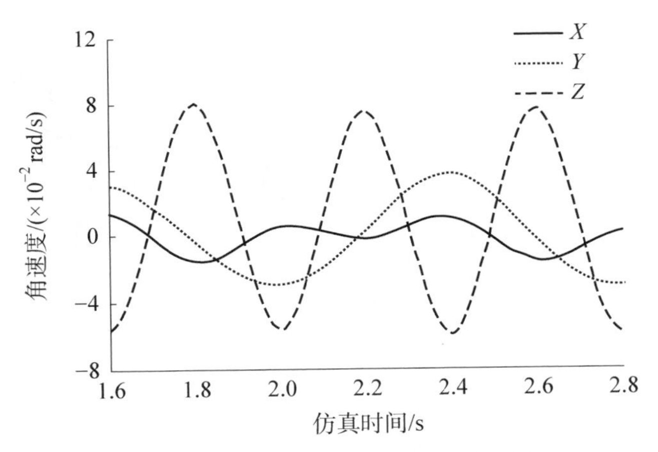

图 2-16　仿真实验(02)躯干角速度变化

出，运动姿态与实验(02)表现大致相同。同样对实验中的足底接触力和躯干角速度进行了分析，如图 2-17、图 2-18 所示，可以观察到最大足底接触力为 110 N，虽然相比实验(02)有所增加，但是相比实验(01)仍然有降低。此外，躯干在沿着 X 轴、Y 轴、Z 轴的角速度也有所减小，运动范围在 0.03～0.05 rad/s。

根据上述实验及相关结果，本书提出的人机耦合系统可为仿生外骨骼的研究提供新的思路。实验结果表明，在将足底接触力作为惩罚因子后，第二组实验和第三组实验在足底与地面的作用力上与第一组实验相比，大幅下降；在将运动幅度和波动度加入惩罚因子后，第三组实验比第二组实验的整体平稳度提升了 37.5%～40%。这就意味着，如果认真考虑运动背后的自然规律，采

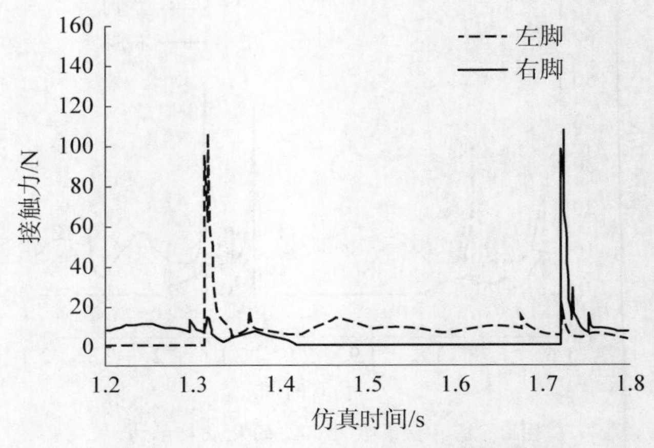

图 2-17 仿真实验(03)的足底接触力

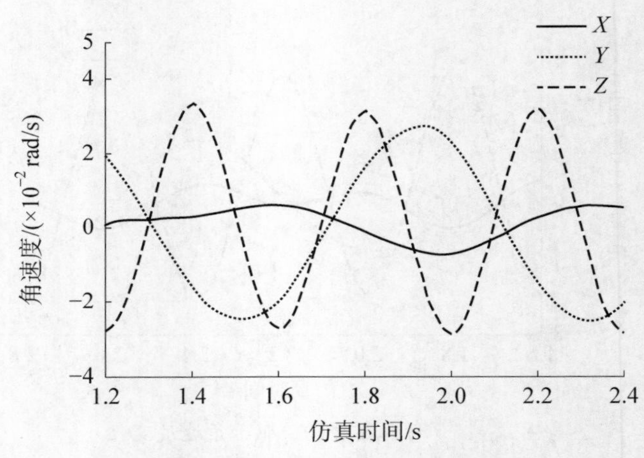

图 2-18 仿真实验(03)躯干角速度变化

用基于遗传算法的轨迹生成方法,可以有效地生成优化的步态轨迹。

然而,本研究仍有许多不足之处。首先,考虑到本研究对人机耦合模型的简化,需要在耦合系统中加入更多的细节,使其更接近实际的工作环境。举例来说,外骨骼的控制器都可以使用力矩输入或电流输入,而不需要将关节角度作为输入。与此同时,人体运动链也应使用全身模型,使之更接近真实的人体。目前研究中所采用的适应度函数,虽然用数学表达式完全描述自然步态轨迹几乎是不可能的,但是通过观察和收集人体运动步态的数据,可以对运动步态进行尽可能详细地描述,为“逼近”更真实自然的运动步态提供依据,从而使适应度评估方程更接近真实自然的运动步态。

2.4 本章小结

本章对仿生外骨骼构型的重要参考(人体下肢生理结构)进行了细致的介绍与分析,包括解剖学中定义的基准平面、基准轴,以及人体生理关节自由度和运动范围分析;讨论了仿生外骨骼构型中的驱动自由度选择方案,为结构设计方案奠定了基础分析工作。

本章基于人机耦合双链模型,借助三维(3D)建模软件和MATLAB/Simulink Multibody虚拟仿真环境建立了仿生外骨骼人机耦合系统,通过动力驱动的仿生外骨骼链带动人体下肢运动链、双链结构在躯干和足底刚性约束。结合遗传基因算法进行了优化步态轨迹规划,在一组特殊设计的适应度函数的优化下,最后为人机耦合模型设计了更接近自然的运动步态,为动力外骨骼进一步的研究工作提供了有力的参考。

Chapter 3

第3章 基于光电感应的足底压力传感系统

本章构建基于光电传感的足底压力传感系统。所设计的模块化压力传感器采用对射式光线感应技术，该传感器由常见材料制成，结构新颖，无须附加运算放大器。采用特殊设计的可编程控制校准仪器，对模块化压力传感器进行了特性评估实验。在分析足底压力分布区域的基础上，提出了两种不同传感器布局方案，并通过初步实验比较了两种方案的优劣；在动态行走实验的基础上，评估了制造的柔性传感鞋垫在足底压力采集应用中效果。

3.1 仿生外骨骼的足底压力传感系统设计

动力外骨骼机器人设备对人体运动相关数据信息的检测与传感是其顺应性控制的基础和关键，人体实时信息是外骨骼人机耦合控制系统输入环节中的主要信息来源。准确地感知和及时地预测人体行走的状态是控制系统具有快速响应以及预见性能力的前提和基础，同时也是为人机耦合系统中的人体提供安全保障的必要环节。

双足与地面的交互接触是人体运动动态信息中最直观的一种表现，足底压力数据包含了丰富的人体步态与姿态信息，能够帮助判断人当前所处的运动状态，进而为外骨骼辅助装置提供充分的协同控制信号。采用固定的测力平台系统（如相机运动捕捉系统、测力平台系统等）为探索行走过程中的基础生物力学规律提供了一个简便有效的途径，但基于固定测力平台的系统只能在有限的空间内使用，并且搭建费用和维护费用昂贵，而当需要穿戴动力外骨骼应对室外不同环境或地形时，以固定仪器开展的运动感知系统无法真正有效地被应用。当效率、便携性，以及足底压力感知同时被要求时，压力敏感型的鞋垫/袜子提供了更好的权衡，这些装备通常以柔性材料为媒介（例如硅胶、纺织品、复合材料等），采用不同的感应原理（例如压阻式、电容式、压电式等），为便携式的可穿戴足底压力测量系统的运动信息采集这一应用提供了有力的技术支持。

就目前而言，现有一些基于不同感应原理的传感鞋垫已经商用化。F-Scan系统使用的是FSR传感器，ParoTech系统则使用的是压阻式传感器，Pedar系统使用的是嵌入式的电容传感器。除了已经商用的鞋垫设计，研究学者们仍在结构布局以及应用算法上尝试创新。Liu等为仿生外骨骼设计了一种压力感应足，其可以测量足底压力和加速度来感知与地面之间的接触并反映穿戴者的行为意图。Lim等对比了FSR、FlexiForce和电容式传感器这三种柔性压力传感器，最终选择了FlexiForce传感器设计了压力鞋垫，并基于压力中心的阈值分割方法检测步态相位。Wu等使用三个FSR传感器制成的鞋垫，开展四个步态子相位的检测。Chen等使用FlexiForce传感器设计了一双具有8个传感器的鞋垫用来识别行走模式。Zhang等开发了一款仅基于织物的简单低成本且高度集成的鞋垫用于测量足底压力，其原理主要是依靠电容机制。基于薄膜式的传感单元存在一些缺点，例如，因为这些传感单元轻薄柔软的特点，使得它们在接触表面会产生不可预测的扭曲与形变，从而导致传感响应无法正确地预估所受到的压力，或者需要调制电路来进行信号放大处理等。

除了以上基于薄膜式传感单元设计的足底压力感应鞋垫方案，研究者们尝试研制他们各自的压力传感鞋垫、来提供更加可靠的足底压力信息感知方案。文献[82]展示了一种新颖的使用高灵敏度的基于沟槽的应变传感器制作足底压力鞋垫。基于光电感应的技术方案吸引了许多研究学者的注意力，Arnaldo科研团队根据聚合物光导纤维(polymer optical fiber, POF)轻质、防磁、电隔离等特点初步设计了集成有四个传感单元的POF的压力鞋垫，用于监测步态期间的地面反作用力，并在后续的研究工作中结合3D打印技术快速原型制造的优势，开发了可以自定义的压力传感鞋垫，并将POF传感器的数量提升到了15个。来自圣安娜的研究团队使用同侧布置的发光单元和感光单元，借助覆盖在传感元件上方的弹性橡胶盖子实现了压力到电信号的感知，并将这一技术运用在外骨骼与人体在环的交互信号感知当中。

3.2　光电式压力传感单元

3.2.1　光电-压力传感原理

本书采用的传感器技术主要依赖于光敏电阻在环境光强度不同的情况下表现出的电阻特性不同，即光敏电阻的阻值随着入射光(可见光)强度的增加而减小。在昏暗环境中，其电阻可以达到1万～1 000万Ω，而光照条件下(例如 100 lx),它的电阻只有几百欧姆甚至更小。

在步行过程中,脚掌通过鞋垫地面上施加作用力,鞋垫在垂直于鞋面的方向上发生一定程度的形变。希望利用这一微小的变形关系来诱导光电二极管和光敏电阻之间的感应。在形变过程中,光发射器(发光二极管)与光接收器(光敏电阻)之间的距离发生变化而引发感光强度的变化,进而触发光敏电阻的电阻变化,感应原理如图 3-1 所示。要想利用光电技术捕捉足底压力硬气的鞋垫微小变形,就必须在有限的狭窄空间中进行合理的结构设计布局,并为光电感应提供适合的条件(透光介质)。

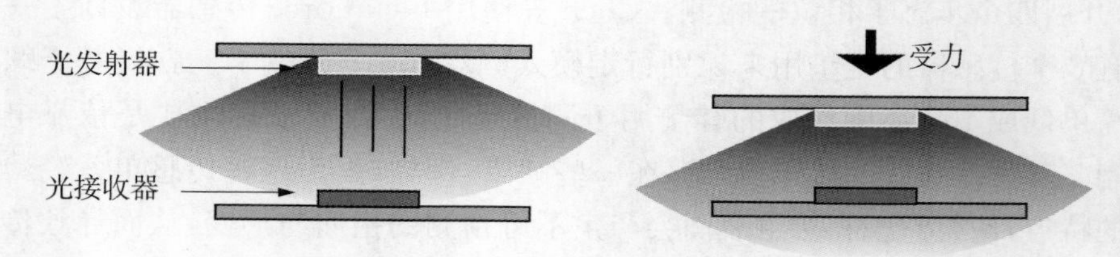

图 3-1 光电感应传感原理示意图

3.2.2 模块化传感单元设计与制造

与整体布局相比,模块化的传感解决方案更易于定制化。按照感应原理设计模块化感应单元,可根据不同的足部尺寸来调整传感器布局,用于压力感应鞋垫的后续设计。模块化传感单元主要包括三个部分:①含有光电二极管和光敏电阻的柔性电路板;②用于吸收被施加压力并在压力撤销时复原的柔性透光介质;③一些必要的电气连接线。

1) 柔性电路板

本书采用一种低成本的方法来应用光电感应技术,即通过修改商用发光二极管(light emitting diode, LED)灯带而获得发光元件和感光元件,如图 3-2a 所示。该 LED 灯带基于柔性印刷电路(flexible printed circuit, FPC)板,具有 5 V 供电的光电二极管和相应的限流电阻,每个 LED 均独立供电,在正极和负极连接到 5 V 电源时即可正常工作。值得注意的是,该 LED 灯带中 LED 的型号为 5050 贴片式,意味着 LED 焊接封装可以容纳 1206 SMD 的表面贴片光敏电阻封装。因此,本研究选用 1206SMD 表面贴片封装型的光敏电阻,根据正负极性,替换了 LED 灯带中的灯珠,如图 3-2b 所示。从分压电路的节点处焊接一根信号导线并引出,如图 3-2c 所示。在使用跳线连接 LED 灯条和光敏电阻条后,使用热熔胶覆盖焊接点以提高其可靠性,如图 3-2d 所示。

(a) 从灯带上剪下单个 LED 单元

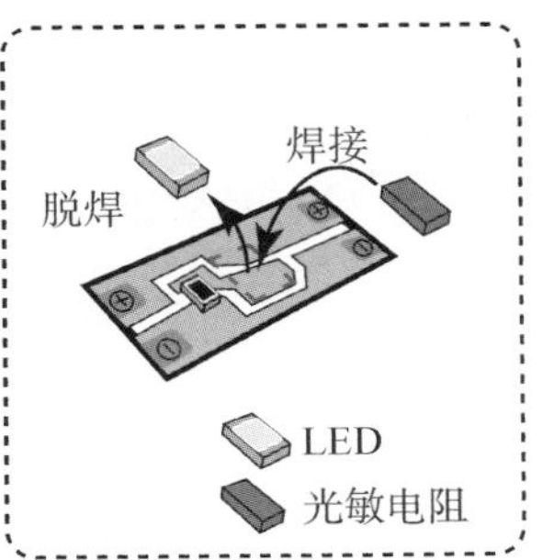

(b) 用光敏电阻替换 LED 灯珠

(c) 引出供电和信号导线

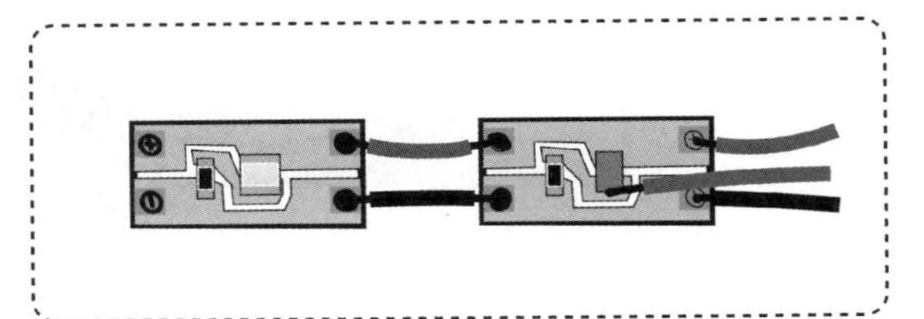

(d) 将 LED 灯条和光敏电阻条焊接在一起

图 3-2　传感单元内部柔性电路板制作(参见书末彩图)

2) 柔性透光介质

压力感应单元要求允许工作在特定的压力范围内,并在释放被施加压力时复原到初始状态。有机硅是一种价格低廉、特性优良的材料,被广泛用于各种柔性传感器的设计中。本书以半透明硅胶作为主要的弹性介质,并配以相应的增塑剂催化硅胶的凝固反应。在最初的介质材料调配中,发现仅使用硅胶来制备传感单元所形成的光导介质硬度较高,这使得在感兴趣的足底压力范围内信号不够明显。在随后的实验中,以软化剂(二甲硅油)作为硬度中和剂,对透光介质的弹性特性进行了优化。将不同比例的硅胶与软化剂进行混合,最终确定合适比例的混合液作为弹性体介质,其重量比为硅胶∶软化剂=4∶1。

3) 传感单元集成

在准备好电路以及弹性介质材料后,使用 Autodesk Fusion 360 建模软件设计了多个浇注模具,并使用 FDM 3D 打印机制作了模具。其中一个模具,如图 3-3a 所示,用于制作传感器单元的硅胶外壳挡板(图 3-3b)(厚度为 1 mm),另一个模具用来集成整个传感器单元(包括硅胶外壳挡板、电路、弹性介质)。在图 3-3c 中,将传感单元电路固定在两个硅胶外壳挡板的凹槽中,并最终随着固化的硅胶介质一同集成整体的过程。图 3-4 是制造完成的传感单元未供电状态及供电状态,最终尺寸为 2 cm×2 cm×7 mm 的方形传感器。

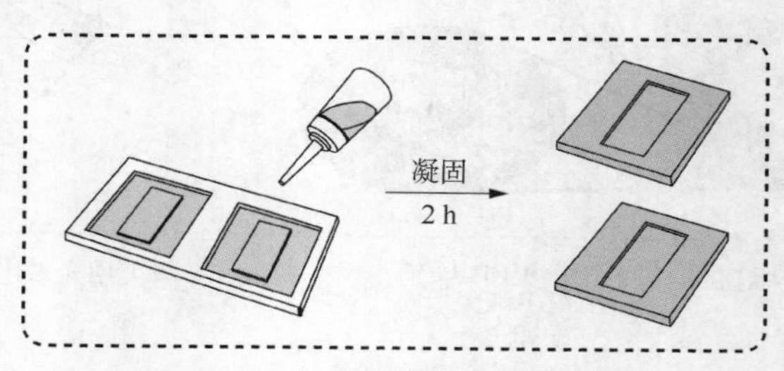

(a) 硅胶挡板浇注

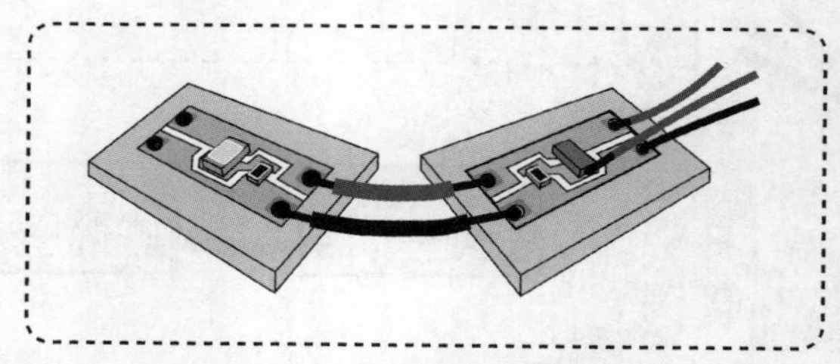

(b) 传感单元固定在硅胶挡板上

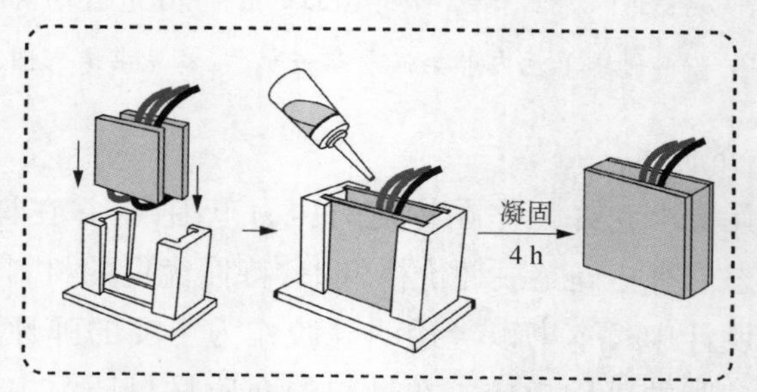

(c) 放入模具中并加入硅胶混合液等待凝固

图 3-3 传感单元柔性模块集成过程

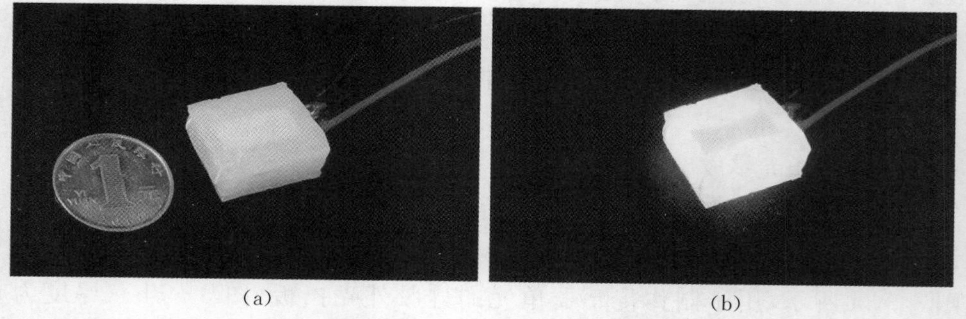

(a) (b)

图 3-4 光电传感单元未供电状态(a)及供电状态(b)

4）光电传感单元特性分析系统

为了分析模块化传感单元的机械和电气特性，以及标准静态压力和输出信号之间的映射关系，需要对传感单元进行了特性评估实验，本研究设计一种改进版的校准分析系统，如图 3－5 所示。在文献[87]中，研究人员提供了一种低成本的校准方法，该方法无须使用昂贵的校准设备即可开展压力相关的传感单元的校准测试工作。一是按照文献[87]中描述过程建立了一个校准仪器，用于测量静态载荷测试期间的载荷力和变形，校准仪器是一种由三部分组成的微型系统：①HX711 测力单元，其两侧均有螺栓连接的 3D 打印硬质塑料板；②HX711 放大器电路模块；③Arduino NANO 微控制器，用于收集和记录来自校准仪器的数据。二是用校准仪器替换了 FDM 3D 打印机的原始打印平台，同时打印机的打印头也根据不同的测试目的替换成相应的接触压头，可以通过为 3D 打印机编写 G－code 控制代码来设计加载、卸载测试。这意味着相比手动增加固定单位的载荷重量，借助 3D 打印机机械框架使得校准加载/卸载过程更加可控。

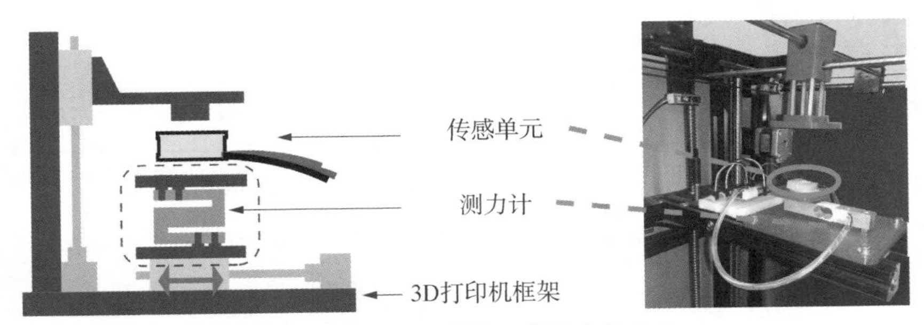

图 3－5　压力传感单元特性分析设备

3.2.3　足底压力传感鞋垫方案

1）传感单元布局方案

基于上述设计的光电式压力传感单元开展的柔性压力感应鞋垫的设计和制造方法，传感单元在压力传感鞋垫中的布局选择需要充分考虑足底压力分布。从直观印象上来说，由于足底不规则表面，以及动态变化的接触位置，压力并不是均匀地分布在鞋垫的所有表面上，例如足弓内侧的压力很小，而脚后跟和前脚区域具有更大的压力。图 3－6 是正常人站立状态时的足底压力分布图，从热力图中可以观察出足底压力主要分布在脚后跟、脚前掌和脚趾等区域，其中脚趾区域的力主要位于大拇指上。因此，将传感器布局在这些位置上能够提供足底压力更加相关的数据。

由于足部尺寸在不同人之间的变化差异还是比较明显的，而且压力传感鞋垫中的布局并没有一个绝对正确的指导方案，因此根据本书选取某男性的足部尺寸(43码)初步制作了两个柔性压力鞋垫方案，如图3-6所示，传感器的布局主要参考前述的足底压力分布。方案一中，传感器被放置在第一脚趾、第三脚趾、第一跖骨、第五跖骨、足弓外侧、脚后跟这6个地方。方案二中，传感器被放置在第一脚趾、第一跖骨、第五跖骨、足弓外侧两个、脚后跟这6个地方。

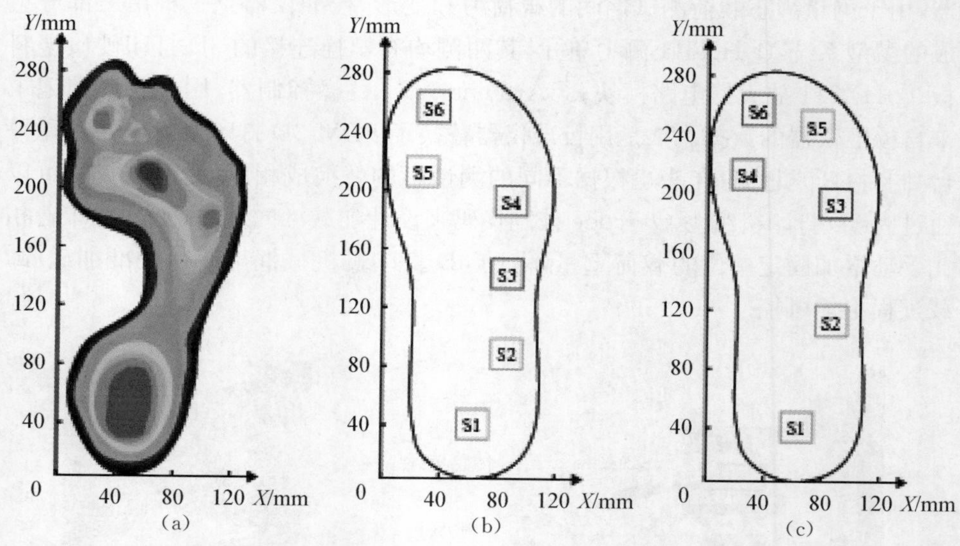

图3-6 站立姿势足底压力分布(a)及布局方案一(b)、布局方案二(c)(参见书末彩图)

2) 鞋垫制造

鞋垫的制作过程如下：①设计并3D打印制作43码鞋垫(右脚)的浇注模具；②传感单元按照两种方案布局(每种方案6个传感器)被固定在鞋垫模具的相应位置；③所有的导线被引导至鞋垫模具脚后跟处的出口并固定在传感器不相互妨碍的空余位置；④在用盖子将模具出口封闭之后，浇入与传感单元内部弹性介质混合比例相同的硅胶混合液，静置4 h使其凝固；⑤将所有的电源供电线焊接成总线便于外部供电。图3-7所示为两种足底压力传感鞋垫方案供电状态与非供电状态下的样子。

3) 信号采集电路设计

根据图3-8，设计了信号采集电路系统，可以记录和保存采集数据。该电路系统主要用于传感器信号采集、数据预处理和数据存储，其中包含微控制器模块、数据存储模块和电源设备。由于传感单元的分压电路已经集成在传感单元内部，因此无须额外使用调制电路和运算放大器对信号进行处理。来自

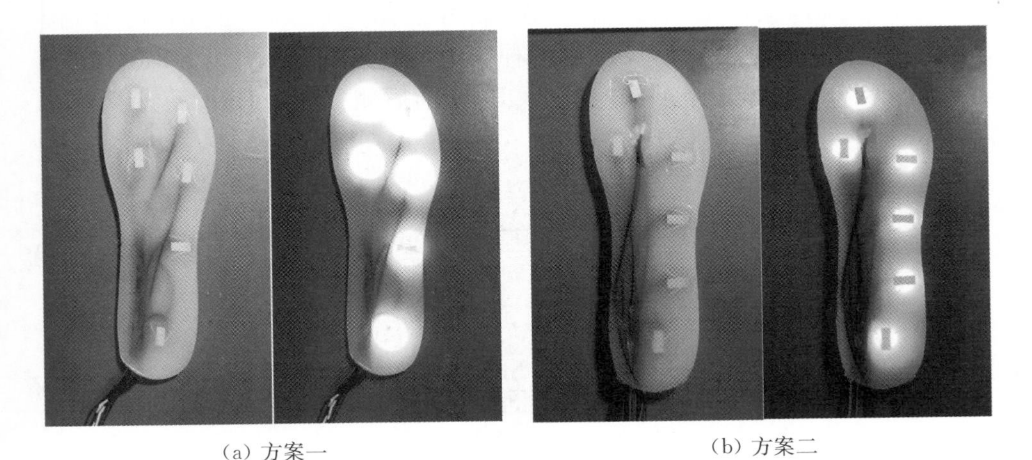

(a) 方案一　　(b) 方案二

图 3-7　两种鞋垫方案的右脚鞋垫，包含供电状态与非供电状态

压力传感鞋垫的信号通道（单脚 6 个，双脚 12 个）连接到 16 通道的多路复用器模块（HC4067，NXP）的输入端口。在微控制器（Arduino UNO）的控制下，多路复用器依次遍历所有的连接通道，并将采集到的模拟信号传输到微控制器的模拟输入口，并经过内置的模数转换器（analogue-digital converter，ADC）转换电压信号为数字信号进行存储。传感器信号数据被记录在 SD 卡内的文件中，用于离线分析和评估足底压力感应鞋垫的性能。为了提高整体的易用性，本书设计了一个 Arduino UNO 扩展板，将上述所有模块集成到如图 3-8b 所示电路板中，整个系统可以采用 5～12 V 的聚合物锂电池进行供电。

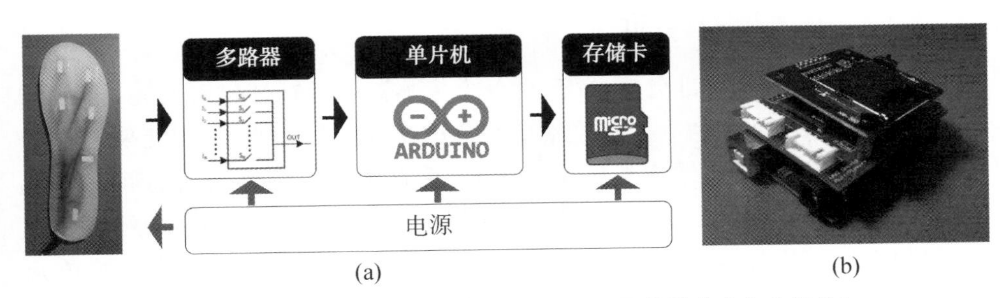

图 3-8　电路系统框架(a)和 Arduino UNO 扩展集成电路板(b)

3.2.4　足底压力中心步态参数

COP 被广泛用于足底压力相关参数的研究，可作为验证压力传感鞋垫的一种最直接的评估参数。在运动过程中，由于身体重心的移动，足底压

力中心表现出周期性的趋势，即在单只脚中从脚跟向脚尖移动，并在两脚之间来回切换，因此基于所设计的两种压力传感方案进行了 COP 的计算。其中，COP 分为沿着内外侧方向的 COP_x 和前后侧方向的 COP_y，计算方法如下：

$$\mathrm{COP}_x=\frac{\sum_{i=1}^{6}X_i\cdot P_i}{\sum_{i=1}^{6}P_i} \tag{3-1}$$

$$\mathrm{COP}_y=\frac{\sum_{i=1}^{6}Y_i\cdot P_i}{\sum_{i=1}^{6}P_i} \tag{3-2}$$

式中，X_i 和 Y_i 分别表示传感器在鞋垫布局沿着内外侧方向和前后侧方向上的位置定位；P_i 表示第 i 传感器采集到的传感信号。因为理论上足底压力中心仅存在于被观测腿站立阶段，即脚掌与地面接触期间，所以处于摆动状态的被观测腿是不存在足底压力中心的。因此，特定义在下肢摆动过程中的足底压力中心位于(0，0)，以便于区别站立相位(standing phase，STP)和摆动相位(swing phase，SWP)。

3.3 足底压力数据采集实验

3.3.1 传感器特性分析

使用自主设计的校准分析系统，对单个传感器进行特性分析实验，得出一批(6 个)传感单元的刚度(力-应变响应)、灵敏性(电阻-力响应)的结果。特性分析实验主要是以压头锚定传感单元中心，垂直于压力传感表面的静态载荷测试。静态负载测试定义为在垂直于传感器表面步进 0.025 mm 后停留 3 s 时间，以便有足够的时间进行稳定的测量。步进距离最大为 1 mm(占传感单元厚度的 14.3%)，在加载过程结束后，按照同样的步进距离和驻留时间完成卸载过程，直至压头离开传感单元表面。

机械特性结果如图 3-9 所示载荷与压缩量之间的对应关系，所有的传感单元均表现出一定的机械滞后特性，按照对机械滞后特性的量化方法，通过计算曲线中加载程和横轴围成的面积与卸载程与横轴围成的面积的比值，来量化机械滞后特性。计算得到每一个传感器的机械滞后系数分别为 0.928、

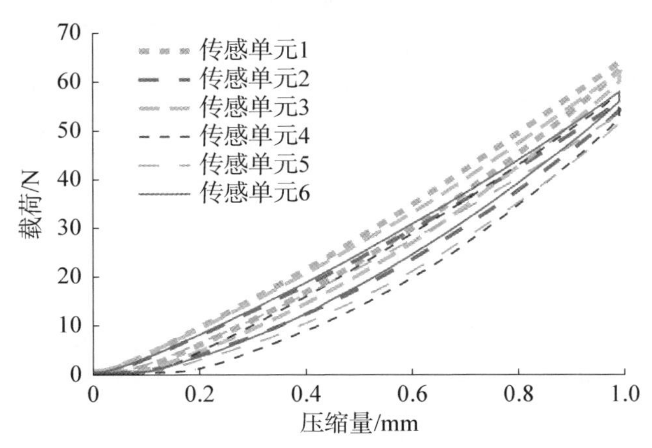

图 3-9　载荷与压缩量之间的对应关系(参见书末彩图)

0.937、0.947、0.935、0.921、0.933。可以观察发现,压力传感单元的机械特性较为一致,这主要是与传感单元内部硅胶弹性体的特性有关。

在电气特性方面,通过如图 3-10 所示信号响应与加载力之间的对应关系,发现两者之间存在一定的线性关系。借助 MATLAB(版本号:R2020A)的 CFTOOL 工具箱,信号响应与载荷的关系拟合曲线使用两阶多项式 $F(s)=a_0+a_1s+a_2s^2$(其中,s 表示加载力,F 表示输出响应信号)拟合得到的结果见表 3-1。从图 3-10 可以发现,电气滞后特性在加载和卸载过程中几乎可以忽略不计。结合图 3-10 和表 3-1,可以观察到六个传感单元在无载荷作用下的初始感应信号(a_0)有些许差别,但从 0～50 N 负载量程结果来看,传感器的感应量程 ΔS 比较接近。

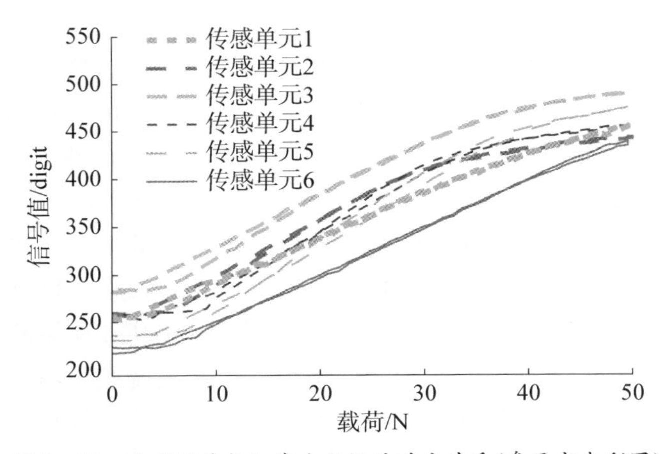

图 3-10　响应信号与加载力之间的对应关系(参见书末彩图)

表 3-1 多项式拟合系数

传感器	拟合多项式模型系数			拟合度		0~50 N 负载量程
	a_0	a_1	a_2	RMSE	R^2	ΔS
1#	261.2	9.867	−0.105	1.074	0.997	161.3
2#	234.5	5.421	−0.011	2.395	0.992	176.4
3#	281.5	6.517	−0.051	2.753	0.998	169.7
4#	264.7	8.714	−0.091	2.711	0.998	173.4
5#	240.1	8.098	−0.058	2.475	0.996	185.9
6#	225.5	4.974	−0.027	1.713	0.993	178.3

3.3.2 双足压力信号采集

为了评估两种感应鞋垫设计方案的表现，对两者进行了初步的测试实验。本书选取某男性(年龄 25 岁，身高 1.79 m，体重 76.6 kg，鞋码尺寸 43)按照走路习惯在室内走廊上分别穿戴两种鞋垫方案进行以下测试：从自然站立状态进入正常步速的步行状态并在结束时保持几秒的站立不动。

各传感单元在无载荷情况下的初始值已经在特性分析实验中被记录下来，因此在行走步态数据采集时，传感单元的输出信号需要根据各自在无载荷情况下的感应值进行去偏移处理，保证在没有承载压力的情况下，鞋垫传感单元输出的信号值为 0。行走过程中的足底压力信息以 100 Hz 的频率被记录在 SD 卡的文件中以用于后续在 MATLAB(版本号：R2020A)中进行离线数据分析。

在实验中，感应信号出现了反常的负值。通过观察，反常现象的出现主要是由于传感单元中柔性电路板区域不对称，导致在压力作用到感应单元周围电路时，引发了传感单元内部光路偏移的情况，此时光路偏移带来最直接的影响就是光强相比光路正对情况下有所减小，进而引起实验结果中出现了感应信号反常的负值。因此，这是本研究基于商用 LED 灯带进行光电感应传感设计原理当中的一个不可避免的特性，即感应单元中心位置的传感信号会受到周围压力的干扰，但在感应单元中心受到正压时，压力信号是符合理论预期的。针对这一现象，本书借鉴了神经网络中的线性整流激活函数对传感单元的信号进行了预处理，将感应单元周围受压引发的负值信号在函数的作用下被过滤，仅保留感应信号的正值部分。其表达方程可以描述为

$$f(x)=\begin{cases}0 & (x\leqslant 0)\\ x & (x>0)\end{cases} \tag{3-3}$$

经过了整流激活函数的处理后，如图 3-11、图 3-12 所示为分别从两种鞋垫方案的行走实验中截取的一段数据绘制而成的信号曲线。相比之下，方案一的数据曲线比较“凌乱”，主要体现在位于脚趾区域的传感信号波动规律性较差。

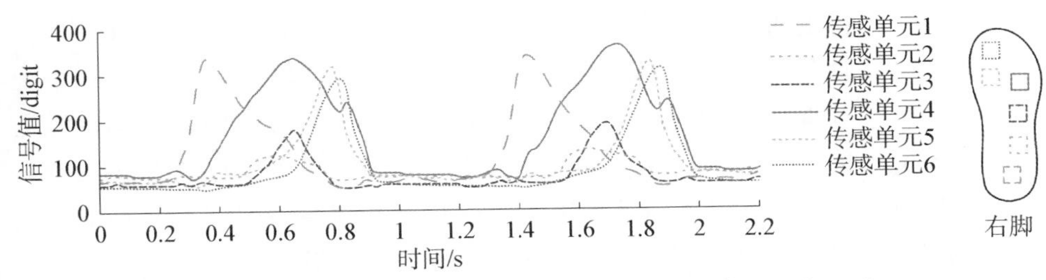

图 3-11　方案一足底压力传感单元信号曲线(参见书末彩图)

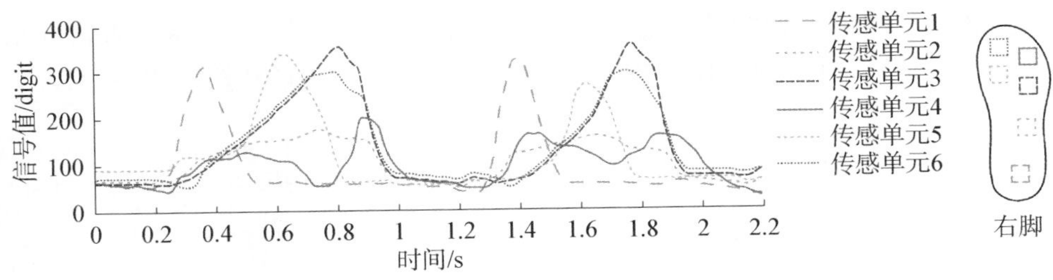

图 3-12　方案二足底压力传感单元信号曲线(参见书末彩图)

为了进一步比较两种方案的优良度，分别计算了两种压力传感鞋垫方案的压力中心。如图 3-13、图 3-14 所示是根据两种鞋垫方案所采集信号的压力中心沿着冠状轴随时间的变化曲线。从图 3-13 的 COP_y 曲线中可以观察到在站立相位过程中的足底压力中心存在忽前忽后的扰动，而图 3-14 的 COP_y 曲线则更能够体现出压力中心在站立相位中从脚跟向脚尖移动的趋势，

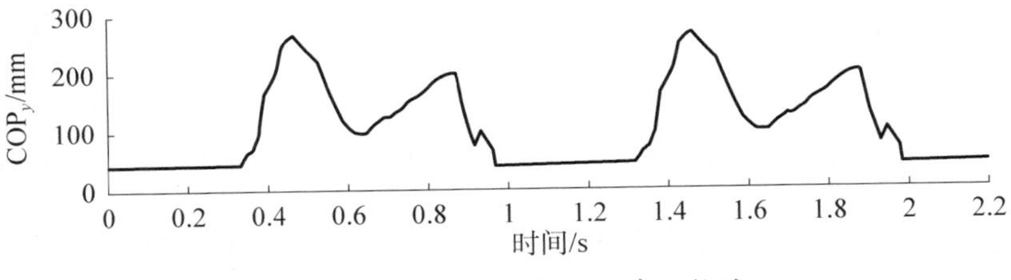

图 3-13　方案一鞋垫压力中心轨迹

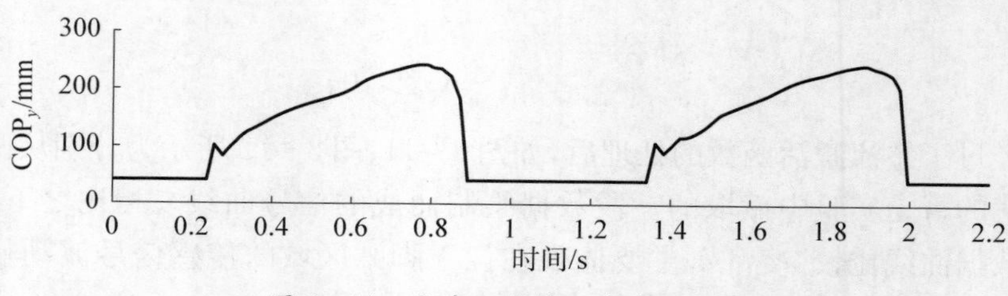

图 3-14 方案二鞋垫压力中心轨迹

这是符合正常行走的特点。因此选择布局较为合理的方案(2)做进一步实验。

按照与右脚鞋垫相同的制作流程制作了方案二左脚鞋垫，由于电路系统设计时预留了双脚 16 个传感通道的配置，只需要在采集程序中将左脚传感通道打开即可采集双足的所有传感通道。实验场景为长度为 20 m 的室内长廊，实验者从自然站立状态进入正常步速的步行状态并在结束时保持几秒的站立不动，实验人员为选取某男性(不曾患有任何妨碍行走姿态的疾病)。

图 3-15 描述了动态步行实验数据绘制的曲线，通过观察数据，各传感器呈现出周期性的“静息态”和“激活态”。在“激活态”期间，各传感器信号相继达到各自的峰值，而在“静息态”期间，所有的传感器均恢复到各自的较低水平，这与直观印象中，单腿的完整步态周期中站立支撑相位和摆动相位一致。

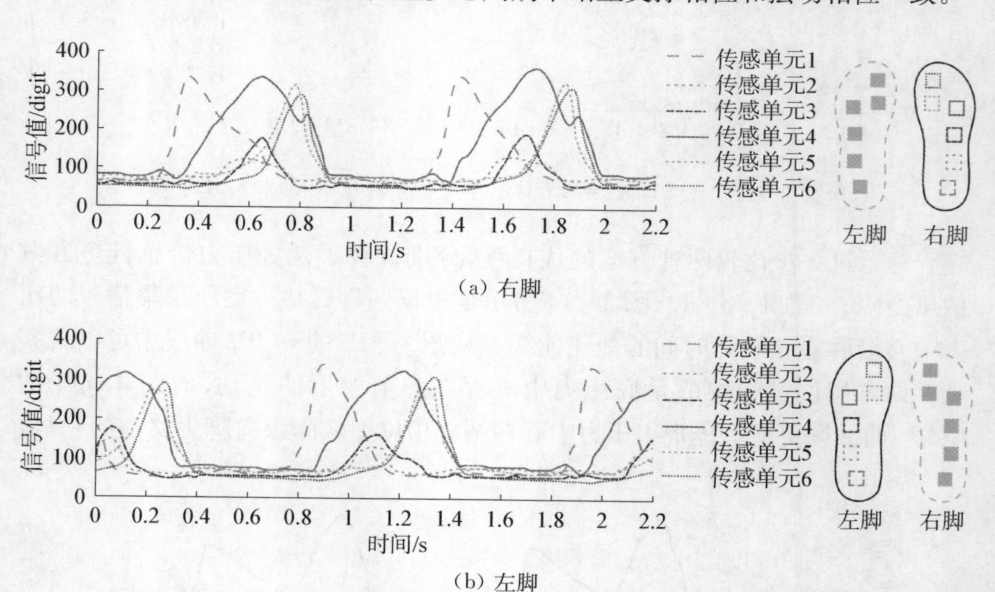

图 3-15 双足行走实验期间截取的足底压力传感信号数据(参见书末彩图)

此外，可以从周期性变化的曲线中估算出总体行走频率为 31 步/min。从各传感器的数据可以观察到，从“静息态”进入“激活态”的初始一段时间内，位于脚后跟的1#传感器首先感应到压力并快速上升到峰值；紧接着，随着1#传感器的压力逐渐降低，位于足弓外侧的2#传感器的压力也产生了变化；其次，位于前脚掌处以及脚趾处的3#、4#、5#传感器在间隔相差不大的时间里达到各自的峰值；最后，所有传感器信号恢复到较低水平的静息状态。对比左右脚的压力曲线可以看出，在右脚压力即将进入较低水平的短暂期间，左脚的脚后跟压力就已经产生并且迅速增加到峰值；同理，在左脚压力即将进入较低水平的短暂期间，右脚的脚后跟压力也已经开始迅速地达到峰值，这同样揭示了在走路状态下不易被察觉到的"双足站立相位"，行走过程中两只脚掌同时处于与地面接触的状态。

3.4　本章小结

在本章中，基于光电感应原理开发了压力感应鞋垫的硬件结构设计与信号采集系统，利用改进的低成本标定仪研究了光电感应压力传感器特性。该校准方法为实验条件有限的研究团队提供了初步的校准方法，对实验条件更好的研究团队而言，则仍然可以采用更加稳定和精准的校准设备。根据鞋垫设计方案，对足底压力数据的采集进行了实验。实验结果表明：一方面，由于传感单元本身的结构配置，在传感单元周围会存在"负值压力"的现象，分析了这一现象的成因并利用整流激活函数对负值信号进行了预处理；另一方面，在通常情况下受力较大的位置布局压力传感器能够更好地监测足底压力变化。总体而言，基于光电感应原理的压力感应鞋垫，能够在需要对足底压力进行监测和控制信息获取的应用场景中发挥作用，为动力外骨骼机器人系统提供人体的足底交互信息。

Chapter 4

第4章 基于神经网络的步态相位识别

本章主要介绍了多模式运动步态相位识别方法。首先,采用基于 FSR 传感单元的足底压力信息采集系统,进行了多组不同运动速度的步态数据采集实验。然后,结合对足底压力数据的特征分析,以步态周期划分并定义了不同运动模式下的多个步态相位。最后,提出了一种无需人工干预选择相关信号特征的神经网络步态相位识别模型,该模型通过 16 路信号原始输入得到 6 维输出步态相位,在实验过程中通过调整隐藏层节点数量提高了步态相位识别模型的准确率。

4.1 仿生外骨骼的步态相位识别

作为一种强大的人机耦合系统,仿生外骨骼需要准确地感知操作员的动作状态和行为意图,外骨骼的步态一致性主要由三个方面决定:步态轨迹生成、步态执行和步态评估,这些都与步态相位有关。为了能够准确地控制外骨骼产生为使用者提供协助的运动动作,步态相位必须能够被人机系统准确地识别。

“步态相位”这一名词最初主要用于临床的步态分析,以及其他的步行参数的描述,用来诊断病理性步态或评估康复训练效果。随着下肢助行机器人设备的研究与开发,步态相位逐渐变成这一类人机耦合系统的重要分析参数。通常情况下,如果以一条腿为参考,一个步态周期主要由两个阶段组成,即站立阶段和摆动阶段;如果以两条腿为参考,一个完整的步态周期则包括单足站立阶段、双足站立阶段(行走)或双足摆动阶段(跑步)。到目前为止,已经根据不同的临床目的提出了几种具有不同精度级别的步态相位划分模型。通过判断当前被观察脚是否与地面接触来判断当前所处的主要步态相位,将步态周期划分为站立相位和摆动相位是非常直观并且有依据的,但对于步态子相位的划分还没有一个准确的划分原则。

在行走相关的动作中,下肢关节在相同步态阶段具有相似的周期性运动。提取步态相位特征并进行分段步态评估是一般的步态分析方法,由于在相同步态相中运动参数的相似性，在步态相位的基础上衍生发展了许多外骨骼的控制策略。Hami 等采用混合控制策略用于 BLEEX 外骨骼机器人的不同步态相位控制，行走步态周期被划分成站立相位和摆动相位，相应地研发出了基于两种步态相位的双控制器，包括用于站立腿的位置控制器和摆动腿的灵敏度放大控制器。为了能够实施中风后的康复步行训练，Murray 等提出了不需要预测关节角度的时空辅助方法，由六个步态相位状态构成的有限状态机被用来管理外骨骼控制器。除了外骨骼的控制，步态相位信息也被广泛用于步态生成和评估。Lewis 等标记了单侧腿在一个步态周期中的 5 个步态相位事件，并基于这些步态相位数据选中 10 个关键点，用于步态机器人训练器的下肢轨迹步态的生成。Tran 等通过量化在每一个步态相位的步行参数来评估基于模糊控制策略的外骨骼机器人。Qi 等搭建了一套无线超声波传感器网络用来检测人体步态相位，以获得准确的步态周期、站立相位、摆动相位，以及对其他的步态事件的估计。

基于现有的研究结果，步态相位的识别通常是以单腿作为参考而开展的，另外大多数的研究也仅集中在对一种特定运动模式下的步态相位进行识别。然而，简化步态相位的类别，以及对单一运动模式进行步态相位分析会让步态相位识别模型的实用性大打折扣，甚至是无法有效地应用于实际的动力外骨骼辅助系统。将下肢整体作为参考并且考虑到动力外骨骼实际的应用场景，对不同运动模式下的步态识别是非常有必要的，但开发一种能够适用于不同运动模式下进行对应步态相位识别的算法是具有挑战的。在本章中，搭建了用于采集运动步态数据的足底压力测量系统，采用基于神经网络的步态相位识别算法开展行走模式和跑步模式下的步态相位识别研究，比较了不同网络结构对识别准确率的影响，并对识别结果进行了细致的分析。

4.2　步态数据采集设备

足底压力测量系统由传感器模块、信号调理模块、单片机控制模块、数据存储模块以及供电模块组成，系统的主要构成如图 4-1 所示。为了便于携带和安装在人体肢体的固定位置进行信号的采集，按照单片机 Arduino 的封装尺寸设计了集成电路板模块，将所有的模块集成为一个整体。信号经由信号调理模块的处理之后在单片机的控制下，通过复用器单元进入单片机模块中，在 Arduino 微控制器内置的模拟量—数字量转换模块的处理下，变成数字信号最终存储在数据存储模块 SD 卡中，用于后续的数据分析处理。

传感器模块设计的好坏从源头上决定了所采集的数据是否能够提供有效

的研究信息,因此传感器需要结合人体运动的特点以及稳定性加以选择。现阶段,压力传感单元主要采用的技术有基于压电效应、电容效应,以及压阻效应等,FSR传感器凭借其质量轻体积小、轻薄、灵敏度高、柔韧性好等特点被广泛应用在足底测量中。本书即采用基于FSR传感单元所设计的柔性传感鞋垫进行足底压力信号的监控,如图4-1所示,单脚8个传感单元,双脚一共16个传感单元。其中,传感单元的位置是根据足部的生理特征与承重特点进行布局的,按照脚掌区域划分,布局数量见表4-1。由于跖骨和脚后跟区域在行走过程中起到主要的承重作用,压力分布信息较广,因此布局数量相对较多为3个传感单元,其余脚趾和足弓区域则各放置1个传感单元。由于FSR传感器目前的制造技术已相当成熟,传感单元的线性度一致性良好,因此在进行步态数据采集实验之前,这些传感单元不需要额外的校准过程。

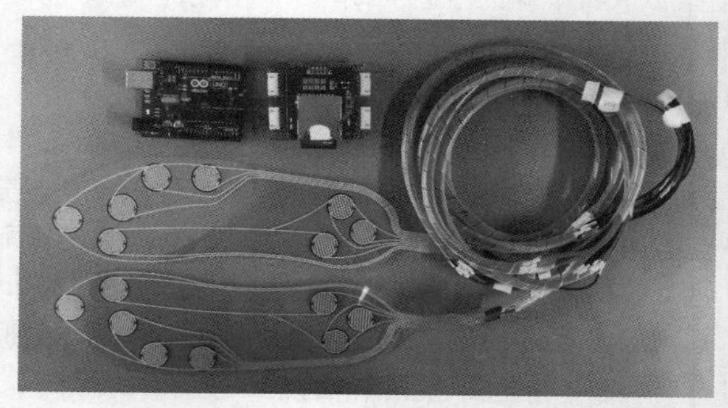

图4-1　基于FSR传感单元所设计的柔性传感鞋垫(参见书末彩图)

表4-1　鞋垫中传感器的布局及数量

示意图	区域	传感器数量/个
	脚趾	1
	跖骨关节	3
	足弓	1
	脚后跟	3

在人体下肢运动的过程中,足底的不同区域与地面产生接触并呈现出规律性的压力变化,测量和分析人体下肢在不同运动状态下的步态数据是研究人体运动规律最直接的方式。为了给步态相位识别模型提供合适的数据来源,从文献中了解到,不同年龄和性别的人或多或少地会影响步态相位的时间

长度，为了保证所提出模型的可行性，并且避免其他影响因素，缩窄招募人员的范围，选取来自本课题组实验室的 4 名成员参与步态数据采集实验(注：本实验获得上海大学科技伦理委员会伦理审查批准，批准内容为《增强智能与体能在制造系统的理论、方法与应用研究》)，所有参与实验的成员均没有罹患行走步态相关的疾病，这些参与者都是男性，年龄在(24±2)岁，身高在(175±3) cm，鞋码尺寸相近，其具体的身体素质数据见表 4－2。

表 4－2　实验参与人员的身体素质数据

对象编号	性别	年龄/岁	身高/cm	体重/kg	鞋码
1	男	23	168	57	42
2	男	25	172	66	43
3	男	25	180	77.5	43
4	男	26	178	76.5	43

首先，将所设计的足底压力测量系统安放在参与者各自穿着的鞋内，再使用尼龙卡扣的腰带将信号采集模块固定在腰部，为了避免导线甩动影响正常行走而产生不自然的动作以及便于穿戴和脱下实验器材，实验中使用带有尼龙卡扣的扎带在膝关节上方的位置将导线约束在下肢后侧，并将拥有足够电量的充电宝放置在采集者的口袋中用于给采集系统供电，穿戴方式如图 4－2a 所示。这样一来，实验参与者能够达到与未穿戴传感器材情况下的双手双脚

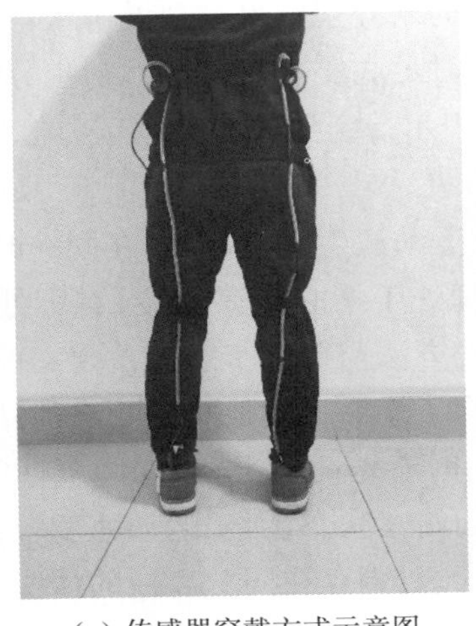

(a) 传感器穿戴方式示意图

(b) 在跑步机上采集步态数据

图 4－2　步态数据采集过程(参见书末彩图)

自然摆动的状态，而步态数据则可以同时由信号采集模块记录下来，避免因为穿戴传感器而对自然步态产生的干扰。

接着，参与者在跑步机上开始步态数据采集，如图 4 - 2b 所示。步态运动采集实验是按照 3 km/h、4 km/h、5 km/h、6 km/h、7 km/h、8 km/h、9 km/h、10 km/h，一共 8 种不同的运动速度设定跑步机的速度。在实验中，大多数实验参与者在低于 7 km/h 或 8 km/h 的速度设定下，处于行走模式，而在高于 8 km/h 的速度设定下，则处于跑步模式。在每种速度设定下，参与者按照各自的行走/跑步习惯从站立姿势进入相应的运动状态，在启动跑步机的同时，打开信号采集系统的供电开关，每组步态运动实验采集时间长度为 1 min，采样的频率为 100 Hz。

4.3 步态相位划分方法

通常情况下，一个步态周期被定义为：从被观测脚（例如右脚）的脚后跟着地到该被观测脚再一次出现脚后跟着地所经过的时间，即脚后跟着地事件意味着上一个步态周期的结束，以及下一个步态周期的开始。

根据标准，在行走过程中的单腿分为两种步态主相位：一是站立相位，二是摆动相位。由于腿部处于摆动阶段时，足底与地面不发生接触，也就几乎不存在足底压力，因此足底压力信号变化主要存在于站立相位中，基于足底压力信息的步态相位划分对站立相位可以被更加细致地划分成多个步态子相位。然而，针对步态子相位的划分并非像主相位（STP 和 SWP）那样有明确的划分规则，在不同的参考文献中步态子相位的划分规则也是众说纷纭，为了寻找一个合适的划分站立步态子相位的规则，对足底压力信号进行初步分析，分别如图 4 - 3、图 4 - 4 所示。其中，图 4 - 3 表示行走模式的足底压力信号，图 4 - 4 表示跑步模式的足底压力信号。

在实际的步态运动中，双脚的交替运动产生步态，因此在同一时刻的两只脚分别存在各自的步态相位，例如左脚处于站立支撑相位，右脚处于摆动相位。以双脚为参考定义所处的步态相位方法与单脚步态相位定义的方式有所区别，在行走期间由于步行速度较慢，为了能够稳定地从一侧腿的站立状态转换到另一侧腿的站立状态，双脚存在同时着地的情况；而在跑步期间，同样是从一侧腿的站立状态切换到另一侧腿的站立状态，由于运动速度较快，肢体依靠惯性力可以呈现出“腾空”的姿态，因此双脚存在同时离地的情况。因此，针对行走和跑步两种运动模式，将一个步态周期分别按照行走步态模式和跑步步态模式各划分成 6 个相位，见表 4 - 3。

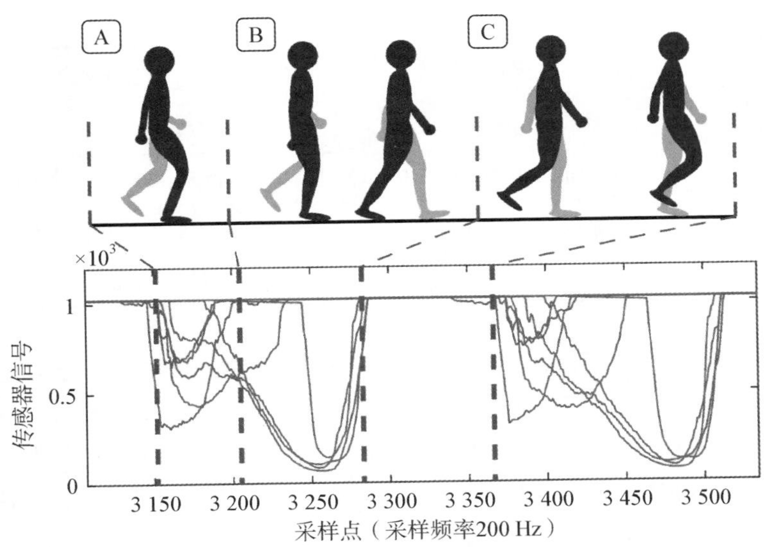

图 4-3　行走模式的足底压力信号与相位示意图

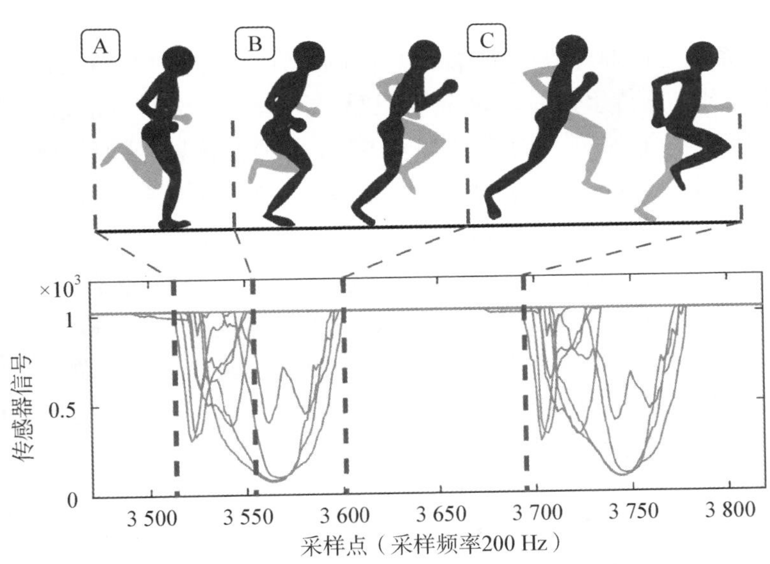

图 4-4　跑步模式的足底压力信号与相位示意图

表 4-3　不同运动模式的步态相位划分

标记编号	行走步态模式	跑步步态模式
1	左脚跟着地相位(HCP-L)	左脚跟着地相位(HCP-L)
2	左脚尖着地相位(TCP-L)	左脚尖着地相位(TCP-L)

（续表）

标记编号	行走步态模式	跑步步态模式
3	双脚站立相位 1(DSt1)	双脚腾空相位 1(DSw1)
4	右脚跟着地相位(HCP－R)	右脚跟着地相位(HCP－R)
5	右脚尖着地相位(TCP－R)	右脚尖着地相位(TCP－R)
6	双脚站立相位 2(DSt2)	双脚腾空相位 2(DWs2)

步态相位识别的开展需要建立在步态数据已经经过离线分类的基础之上。在步态相位识别算法设计和应用之前，步态数据中的步态相位需要首先经过离线的打标签，也就是需要对用于训练分类识别算法的数据集进行真值处理，才能使得基于监督式的机器学习的方法可以将一个输入映射到一个输出，这通常需要一组带标签的数据，使得模型能够从学习中不断调整学习算法。

在本书中，由于所采集的步态信息来自足底压力传感器，脚掌与地面之间的接触关系是可以通过足底压力传感器各通道的信号进行判断的。在硬件系统中，单只鞋垫的传感器通道为 8 个，这就意味着每一个时刻的采样数据均包含 16 个传感通道（左脚 8 个、右脚 8 个）的压力数据信息，从而构成一个 16 维向量。在行走过程中，各传感单元压力信号是呈周期性“激活”和“静息”的，先后位于不同的时刻达到各自的峰值。

基于阈值的方法通常被用在压力传感器信号的“开关状态”判别，也就是说，通过单独地为每一个传感单元设定相应的信号阈值，来判断传感单元处于“空闲状态”或者“工作状态”。单腿的步态周期能够通过传感单元的“开关状态”分辨出来。因此，这里采用基于阈值的方法来判断传感单元所处的状态，进而用于判断步态相位阶段的依据。使用如下公式：

$$D_{\text{threshold}}=\frac{s_{\max}+2\times(1-\delta)\times s_{\min}}{1+2\times(1-\delta)} \tag{4-1}$$

式中，$D_{\text{threshold}}$ 为 FSR 传感单元在步态数据中的阈值；$s_{\max}$ 为步态数据中的最大值；$s_{\min}$ 为步态数据中的最小值；δ 为可调整的阈值系数，来表示阈值占峰值的百分比。在这里 δ 设置为 20%，也就是当信号超过 20% 占比的时候，该传感单元就进入了“激活状态”；当信号低于 20% 占比的时候，该传感单元则处于“空闲状态”。通过这样的判断方式，可以获得双脚的传感器阈值数据，阈值数据判断传感单元的状态用来建立划分步态相位的真值表，见表 4－4。

表 4-4　划分步态相位的真值表

区域	脚掌腾空期(A)	脚跟着地期(B)	脚尖着地期(C)
脚趾区域	空闲态	空闲态	激活态
跖骨关节	空闲态	空闲态	激活态
足弓区域	空闲态	空闲态/激活态	空闲态
脚后跟区域	空闲态	激活态	空闲态

4.4　步态相位识别

4.4.1　多层感知机神经网络算法

本小节基于多层感知机(multilayer perceptron, MLP)算法建立了步态相位识别模型,并进行步态相位识别。多层感知机是一种前向结构的人工神经网络,映射一组输入向量到一组输出向量,其结构如图 4-5 所示。

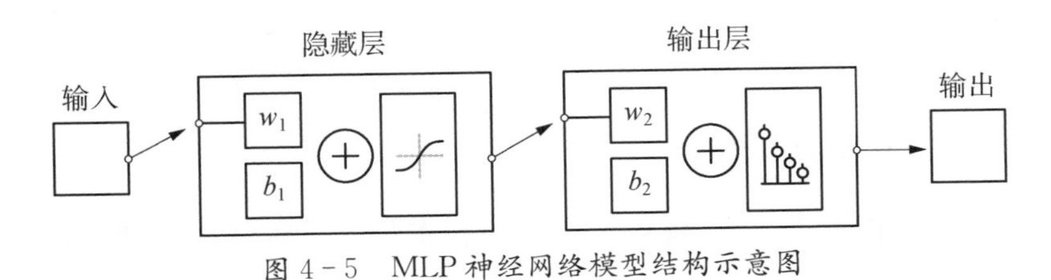

图 4-5　MLP 神经网络模型结构示意图

MLP 由一个输入层、一个输出层和一个中间隐藏层构成,每一层都包含多个节点,除了输入层节点,每个节点都是一个带有非线性激活函数的神经元。在步态相位识别模型中,这里使用单中间层的 MLP,模型如下:

$$f: p^{\text{Input}} \Rightarrow G^{\text{Output}} \tag{4-2}$$

式中,p^{Input} 表示输入矢量(压力传感信号)构成的输入层,矢量维度为 16;G^{Output} 表示输出矢量(步态相位类别)构成的输出层,输出矢量大小(步态相位类别数量)为 4。按照 MLP 神经网络的定义,$f(x)$由以下关系式表达:

$$h(x) = s[b^{(1)} + W^{(1)} p_i] \tag{4-3}$$

$$f(x) = G[b^{(2)} + W^{(2)} h(x)] \tag{4-4}$$

式中,$h(x)$为隐藏层输出矢量;函数 $G(\cdot)$为 $softmax()$,被用来作为多类别分类；激活函数 $s(\cdot)$ 是 $\tanh(\cdot)$，通常能够使训练速度更快；矢量 $b^{(1)}$ 为偏移向量；矩阵 $W^{(1)} \in R^{L_1 \times L_H}$ 表示用来连接输入层节点和隐藏层节点的权重矩阵；$W^{(2)} \in R^{L_H \times L_O}$ 表示用来连接隐藏层节点和输出层节点的权重矩阵。在步态识别模型训练开始前，参数 $\beta = \{W^{(1)},\ W^{(2)},\ b^{(1)},\ b^{(2)}\}$ 是随机初始化的。

为了评估模型的识别性能，本书定义了训练集识别正确率（correct rate of set, CRS）和步态相位识别正确率（correct rate of phase, CRP）来量化识别结果。其中，CRS 为

$$\mathrm{CRS} = \frac{N_{\mathrm{Set}}^{\mathrm{Correct}}}{N_{\mathrm{S}}} \tag{4-5}$$

式中，N_{S} 为训练集或测试集合中步态数据采样点的总数量；$N_{\mathrm{Set}}^{\mathrm{Correct}}$ 为训练集合或测试集合中被正确识别的步态数据采样点的数量。

CRP 为

$$\mathrm{CRP} = \frac{N_{\mathrm{Phase}}^{\mathrm{Correct}}}{N_{\mathrm{P}}} \tag{4-6}$$

式中，N_{P} 为各步态相位阶段内的采样点数量；$N_{\mathrm{Phase}}^{\mathrm{Correct}}$ 为在相对应的步态相位阶段内，被准确识别的采样点数量。

CRS 常用来描述步态相位识别模型的整体表现性能，针对提高 CRS 的关于步态相位模型参数的改进可以从侧面体现出步态相位识别模型的优化过程。

4.4.2 人体步态数据集

按照实验数据采集过程，建立了来自四名实验参与对象在八组不同步态运动速度设定下的足底压力实验数据集。由于步态数据是从站立状态开始记录的，在站立切换到指定步态运动速度的过程中的步态信号不属于有效信号，因此在开展步态相位分类之前，需要对数据集进行了初步整理，这里只考虑有效的运动步态信号。将预备动作期间（从站立状态进入指定步行速度期间）的信号从数据集中移除，只留下稳定运动状态下的步态数据信息。经过初步数据整理后，数据集里包含四个参与者从 3～10 km/h 的将近 20 万组采样点（采样频率 100 Hz），每组采样点包含 16 个传感通道（左脚 8 个和右脚 8 个）的足底压力信号。

根据步态周期划分方法，将足底压力信号按照双脚的标记动作（左脚跟触地的起始时刻，同时也是左脚摆动相位的终止时刻）为开始截取点，在此后的信号序列中，每当左脚重复出现标记动作的时刻，标记为一次步态周期的划分点。借助 MATLAB（版本号：R2020A）的 Signal Labeler 工具箱的 UI 界面，可以非常直观地选择足底压力信号曲线中的某一段将其打上标签。最终，四名实验参与对象的步态数据集里包含 1 052 个步态周期，按照不同行走速度设定

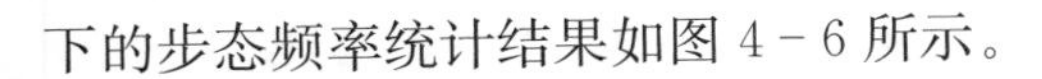

下的步态频率统计结果如图 4－6 所示。

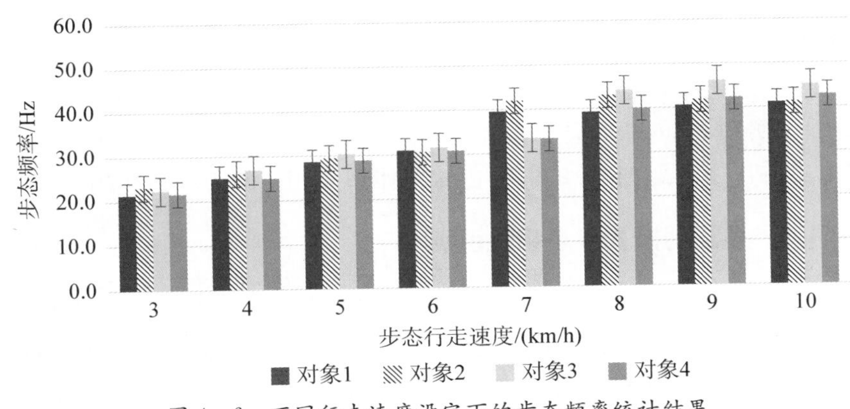

图 4－6　不同行走速度设定下的步态频率统计结果

从以上统计数据结果可以观察到，不同的实验参与对象在不同设定步行速度下的步态频率有所偏差，其中对象 2 和对象 3 的步伐频率偏快，而对象 1 和对象 4 的步伐频率偏慢。另外，随着步行速度的加快，所有参与实验的对象的步态频率也在逐渐增加，这意味着更快的步行速度所需要的步伐频率更大，但当处于跑步模式下，步态频率的增加幅度有所降低。所有参与者的步态主相位在步态周期中的时间占比统计结果如图 4－7 所示，其中，所有参与者的步

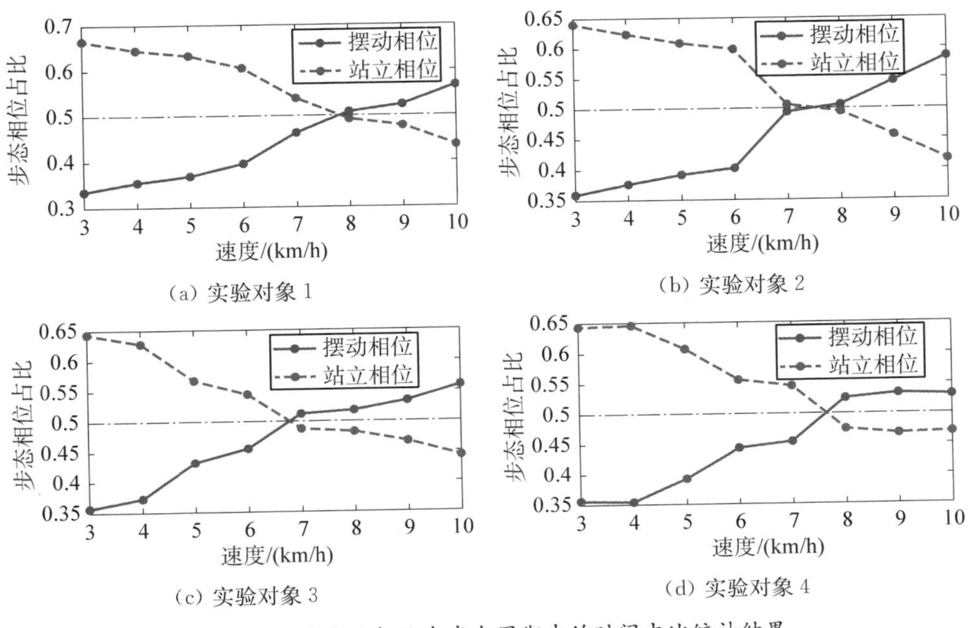

图 4－7　步态主相位在步态周期中的时间占比统计结果

态相位占比数据以折线图的形式展示，横轴是步行速度，纵轴是时间占比，两根折线分别表示站立相位和摆动相位。

可以发现，所有参与实验对象在步行速度不超过 7 km/h 的情况下，站立相位的时间占比要比摆动相位的时间占比多；当步行速度为 7 km/h、8 km/h 的情况下，摆动相位和站立相位的平均占比几乎相持平；当步行速度超过 8 km/h 的情况下，摆动相位的时间占比要比站立相位的时间占比多。

4.4.3 多运动模式步态相位识别

在步态数据库中，一共有来自四名实验参与者的 1 052 个步态周期。为了更加全面地训练和验证步态相位识别模型，采用交叉验证的方法来验证模型的表现能力。首先，四名参与者的步态数据集，按照“3＋1”的比例划分成两组。在每一次训练步态相位识别模型的时候，其中三个参与者的步态数据被用作训练集进行步态相位识别模型的训练，第四个参与者的步态数据被用作模型识别步态相位的测试集合，四次循环即可遍历所有数据。在训练过程中，三个参与者的步态数据被进一步按照“70∶15∶15”的比例划分成 Training、Validation、Testing 数据集，分别用于网络的训练和机器学习训练过程的控制。步态相位识别神经网络使用 MATLAB(版本号：R2020A)的工具箱 nprtool (Neural Network Pattern Recognition app)进行训练。

步态相位识别模型的输入是一个 16 维的向量(来自 16 个传感信号通道)，而模型的输出是一个 8 维的向量(输出 8 种不同的步态相位)。因此，神经网络需要更多的隐藏单元来增强识别的表现能力。通常情况下，神经网络的隐藏层中，不同数量的节点会对识别的准确率产生不同的影响，而为了选择合适数量的神经网络节点数量，采用不同节点数量的神经网络模型对以上数据集进行步态相位识别的评估，各神经网络模型的识别结果见表 4-5、表 4-6。在表 4-5 中，记录的是在步态相位识别模型的训练过程中步行运动模式的平均识别正确率以及各步态相位识别的正确率；在表 4-6 中，记录的是跑步运动模式的平均识别正确率以及各步态相位识别的正确率。

表 4-5 行走模式(5 km/h)的平均识别正确率以及各步态相位识别正确率

单位：%

神经网络节点数量	5	10	15	20	25
CRS	89.9	91.8	91.8	93.4	92.2
CRP_{HCP-L}	83.9	84.4	88.0	88.1	89.2

（续表）

神经网络节点数量	5	10	15	20	25
CRP_{TCP-L}	91.8	98.9	94.0	96.6	94.8
CRP_{DSt1}	97.6	87.0	94.6	97.6	93.9
CRP_{HCP-R}	83.3	84.4	88.7	93.7	81.4
CRP_{TCP-R}	85.2	84.5	85.2	86.3	90.6
CRP_{DSt2}	94.4	99.1	97.9	97.2	98.9

表4-6　跑步模式(9 km/h)的平均识别正确率以及各步态相位识别正确率

单位：%

神经网络节点数量	5	10	15	20	25
CRS	93.0	93.2	93.9	93.0	93.2
CRP_{HCP-L}	96.0	98.6	98.4	91.5	94.8
CRP_{TCP-L}	96.1	96.7	94.9	97.8	96.9
CRP_{DSw1}	50.2	42.1	58.3	57.1	38.9
CRP_{HCP-R}	95.0	94.2	93.4	95.9	95.5
CRP_{TCP-R}	94.8	95.7	96.1	95.0	95.2
CRP_{DSw2}	46.7	46.7	62.5	71.4	76.5

从表4-5、表4-6中可以观察出，随着不断调整神经网络的节点数量，神经网络模型在行走模式和跑步模式的步态相位识别准确度上都有所变化，识别准确率也表现出逐渐趋于平稳。对行走模式的步态相位识别而言，平均识别的最大值为93.4%，该模型具有20个网络节点，同时各步态相位的识别准确率在较高水平；对跑步模式的步态相位识别而言，平均识别率的变化不明显，最大值为93.9%，此模型具有15个网络节点，但是各步态相位中，双脚腾空的两个步态相位DSw1和DSw2的识别准确率普遍维持在50%左右，最好的情况也仅为76.5%，较低的识别准确率可能与双脚腾空的步态数据数量较少相关。实际上，从神经网络的模型结构上来说，随着隐藏单元数量的增加，模型的拟合效果会有所改善，但是当隐藏单元的数量过多，则会带来计算效率的下降以及过度拟合的情况，这会极大地影响在实际中的应用。因此，神经网络识别模型中隐藏单元数量的决定不仅要将识别正确率考虑在内，同时还要

受到模型复杂度的限制。在权衡神经网络模型的表现结果和模型的复杂度之后，将步态相位识别模型中的网络节点数量定为 20 个。

图 4－8 所示为来自四个实验参与对象在行走运动模式下（5 km/h）的步态相位识别结果，并选取了各自的一个步态周期进行分析。

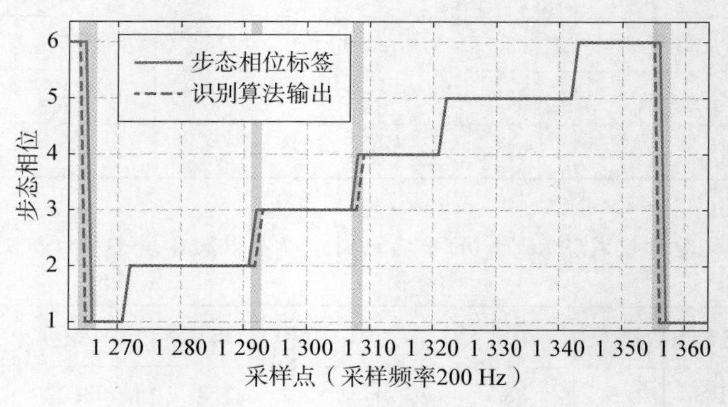

（a）实验对象 1

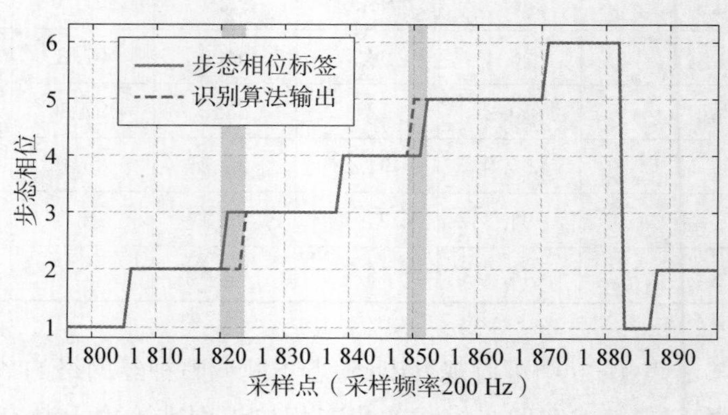

（b）实验对象 2

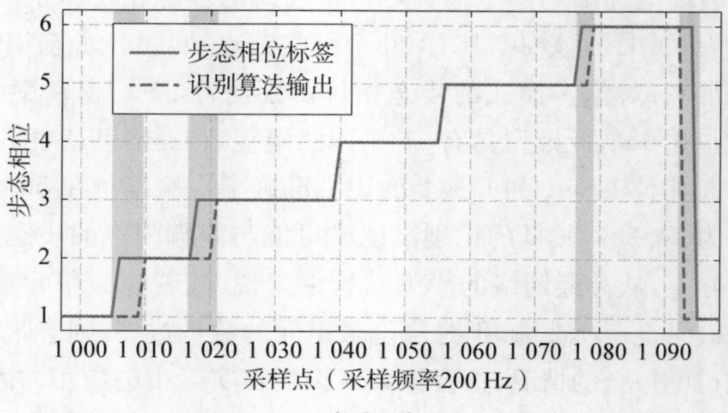

（c）实验对象 3

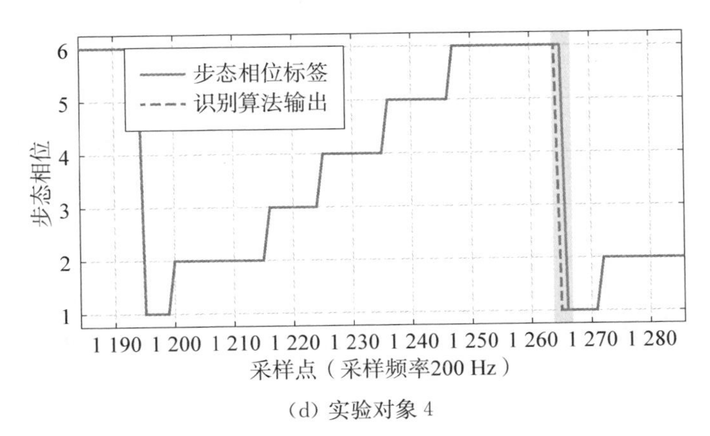

(d) 实验对象 4

图 4-8 行走运动模式下(5 km/h)的步态相位识别结果

在图 4-8a 中，实验对象 1 的步态相位识别误差存在于 DSt1、RHCP、DSt2 这三个步态相位，其中 DSt1 和 RHCP 两个相位存在轻微的识别滞后；在图 4-8b 中，实验对象 2 的步态相位识别误差存在于 DSt1 和 RHOP 这两个步态相位，对于 DSt1 的识别存在滞后现象，而对于 RHOP 步态相位识别结果存在超前现象；在图 4-8c 中，识别的准确率整体较低，可以看到实验对象 3 的 LHOP、DSt1、DSt2 步态相位识别均存在一定的滞后现象，并且相比前两个实验对象，滞后量较大；在图 4-8d 中，实验对象 4 的步态相位识别结果最好，仅在 DSt2 与 LHCP 步态相位转换阶段存在微小的识别误差。以上结果证明，步态相位识别模型在行走运动模式(慢速)下能够对不同参与对象的步态相位进行比较准确地识别，尽管在步态相位的切换阶段存在或多或少的识别滞后现象，但在步态相位的主要阶段均表现出了准确的识别结果。

图 4-9 所示为来自四名实验参与对象在跑步运动模式下(9 km/h)的步态相位识别结果，选取了各自的一个步态周期进行分析。

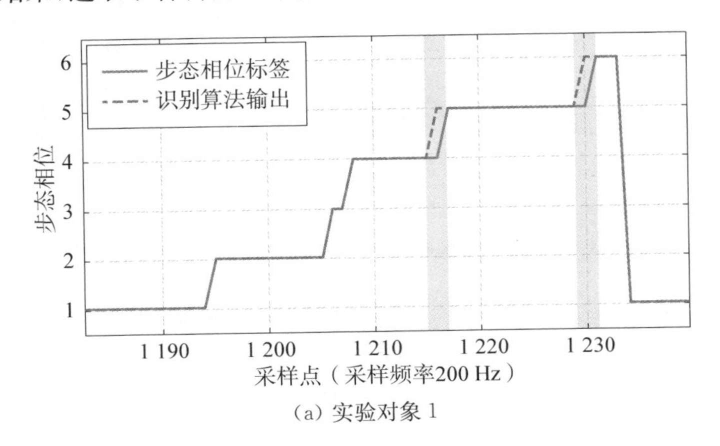

(a) 实验对象 1

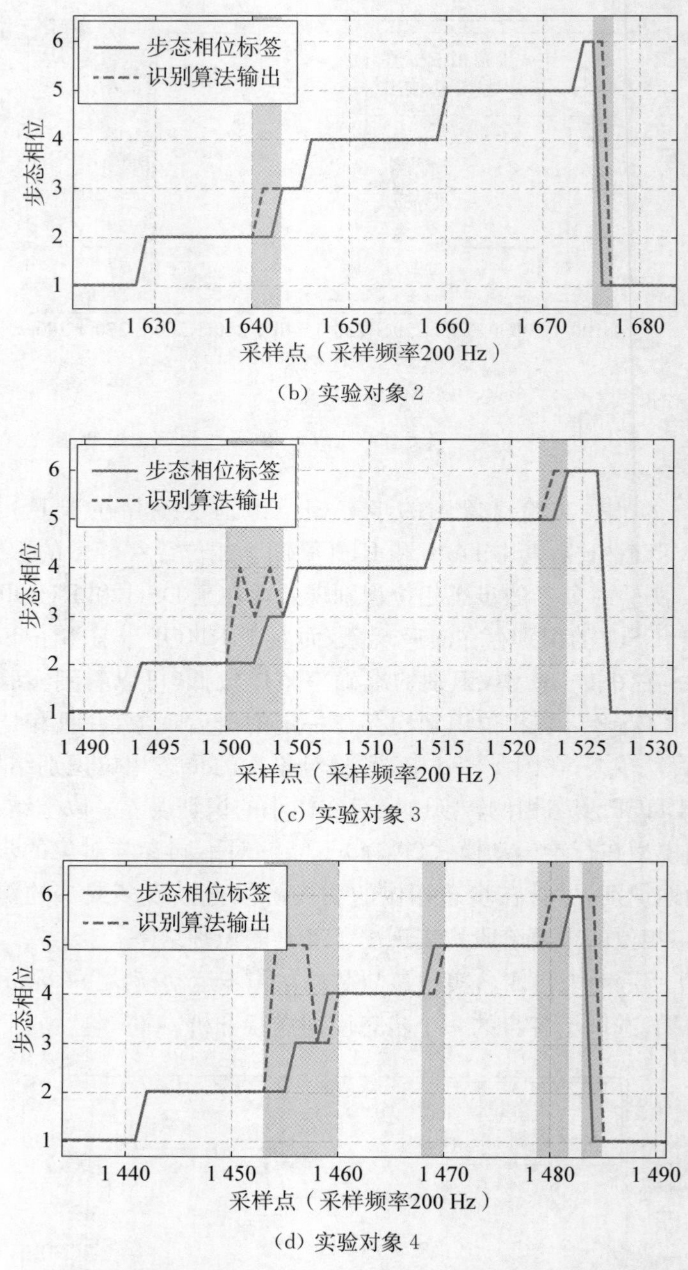

(b) 实验对象 2

(c) 实验对象 3

(d) 实验对象 4

图 4-9 跑步运动模式下(9 km/h)的步态相位识别结果

在图 4-9a 中，实验对象 1 的步态相位识别准确率比较高，识别误差仅体现在 TCP-R 和 DSw2 这两个相位的轻微超前；在图 4-9b 中，实验对象 2 的步态相位识别准确率也处于较高水平，误差主要出现在两个双脚腾空相位

DSw1 的识别超前，DSw2 的轻微识别滞后；在图 4 - 9c 中，实验对象 3 的识别误差也主要存在于 DSw1、DSw2 这两个相位，其中 DSw1 的相位识别不仅存在超前现象，而且存在波动现象；在图 4 - 9d 中，实验对象 4 的识别结果存在较大的误差，除了 TCP - R 相位的轻微超前识别以外，在 DSw1 和 DSw2 这两个双脚腾空相位的识别也存在波动现象。以上结果表明，步态相位识别模型在跑步运动模式（快速）下对不同实验对象，在双脚腾空的步态相位识别中普遍存在或多或少的误识别，以及识别波动现象，但是在大多数步态数据中都能够完成正确的识别。

4.5　本章小结

本章首先设计了基于 FSR 传感单元的足底压力信息采集的鞋垫传感系统，并招募了四名实验参与对象开展了多组不同运动速率的步态运动实验，相关的步态实验数据被记录。其次，结合对足底压力数据的特点分析，步态实验数据先被划分成了多段步态周期，根据脚掌接触地面过程中的足底压力数据特征将步态周期又细分成两段步态子相位并被标记为相应的标签，结合不同运动模式定义了下肢双腿的多个不同阶段。步态相位识别模型不需要人工干预来选择相关信号特征，通过使用 16 个传感通道的原始输入信号训练神经网络模型获得 16 维的输出向量。步态相位识别模型的准确率随着优化神经网络隐藏层的节点数量而提升。实验结果表明，本书提出的步态相位识别模型基于足底压力信号识别多种运动模式下的步态相位具有一定的有效性，行走模式和跑步模式下的步态相位均能被准确地识别，为动力外骨骼机器人提供充分的控制逻辑参考信息，也为进一步开发基于步态相位进行控制的下肢动力外骨骼系统提供了可靠的输入数据来源。

第5章 基于长短时记忆网络的运动协同方法

本章介绍了外骨骼关节角度协同运动的相关内容。在实验阶段，通过建立外骨骼传感系统和动力执行系统的分离式方案，使下肢外骨骼系统在与人体不直接接触的情况下，能够实现关节角度协同运动。在指定的站立和半蹲动作下，对传感器与人体关节转动角度映射关系进行标定。针对机械式传感器的协同运动时滞问题，提出了基于LSTM模型的方法，利用关节协同运动过程中的动力外骨骼的实时数据对运动轨迹进行预测，并根据实验结果对关节轨迹预测效果进行了评估。

5.1 仿生外骨骼的运动协同

动力外骨骼穿戴于人体外侧，由传感系统实时检测外骨骼本身的位姿与人体的运动意图，通过驱动系统实现与人体的协同运动，并在这个过程中对人体的运动进行助力，达成增强人体力量或辅助人体运动的目标。如果步态轨迹能够被预测并加入控制算法中，这对控制响应时间由于加入前馈项进行补偿或者系统自身的数据运算而带来的延迟问题有所帮助。

步态预测是一种先进的步态轨迹规划方法。下肢的运动特征具有典型的周期性特征，人在学会行走之后，行走的动作不会再像婴儿那样蹒跚独步，而是非常轻松地能够伸展各个关节以完成站稳、走动和跑步等动作。因为成年人步行运动这一过程是基于已经拥有的对先前经验的学习而发出的动作。事实上，人们通常也不会将所积累的经验和学习的知识全部丢弃，然后用空白的大脑进行思考，做决策来执行。仿生外骨骼作为辅佐人体下肢步态运动的一种人机协同机器人，利用先验数据对外骨骼协同运动的步态轨迹进行规划，可以充分地为其控制系统提供更加贴合人体运动特征的协同辅助运动轨迹。基于机器学习的步态轨迹预测方法已经逐渐变成可行的方法，因为这些方法基于大量的数据，而且可以摆脱复杂的生物力学模型和能量损耗方程。

许多研究将步态轨迹看作一个数值随时间变化的时间序列形式。这样一来，步态轨迹的预测本质上就是时序的预测，也即未来的数值是基于之前的观测值进行预测的结果。Liu 等基于其他健全人身体关节的步态轨迹，使用深度时空模型来超前一帧生成膝关节轨迹，并将预测得到的膝关节轨迹应用在膝关节外骨骼上。Zaroug 等使用自动编码预测下肢运动学轨迹，尤其是线性加速度和角速度，其预测步态轨迹和测量轨迹之间的相关系数为 0.98。Moreira 等应用长短时记忆(long-short term memory，LSTM)模型来生成健康人的参考踝关节力矩，在平地行走时，实现 4.31%的标准化均方根误差(root mean square error，RMSE)，展示出 LSTM 具有潜力来集成到机器人辅助设备控制中，来准确地预估健康人的参考踝关节力矩。

到目前为止，步态轨迹预测取得的这些研究进展主要集中在基于人体运动轨迹的预测而非基于动力外骨骼运动轨迹的预测，虽然这是在动力外骨骼样机前期开发过程中探索人体运动特征的一个必要阶段，但是缺少真正的动力外骨骼运动信息的步态轨迹预测。从现实意义上来说，还仅停留在仿真阶段。本章所采用的步态轨迹预测方法是建立在动力外骨骼随人体协同运动的步态轨迹数据基础上的，利用基于实时观测值更新的 LSTM 网络对动力外骨骼系统的步态轨迹进行预测。

5.2　关节传感系统设计

在外骨骼样机的研发测试阶段，将外骨骼直接穿戴在人体上是一件非常危险的事情，尽管可以从机械结构上对驱动关节角度进行位置限制，但是这样的操作依然存在着危险。因此，本书搭建了一套与动力外骨骼具有相同自由度的可穿戴无动力传感套装，进行初步的关节角度协同跟踪控制实验，以达到人体与动力外骨骼分离的情况下进行测试工作的目的。关节传感套装如图 5-1 所示，其主要部件包括髋关节测量单元、膝关节测量单元、踝关节测量单元、可调整长度的大腿连杆和小腿连杆、鞋子。辅助部件有各测角度单元与连杆和鞋子之间固定的连接件、尼龙卡口绑带、信号导线及必要的连接端子。

虽然人体行走过程中的主要运动发生在髋关节、膝关节、踝关节的屈伸自由度上，但各个关节的其余自由度同样存在少量的活动，如果仅考虑主要自由度而将传感系统设计成刚性的系统则会带来妨碍正常行走步态的问题。因此，为了不妨碍其他的运动自由度或者说是降低对其他自由度的阻碍，设计了螺旋形的柔性部件并将其安装在传感器的转动输出端，这一部件能够在承受一定弯矩的同时，保证传感器能够发生转动来传递生理关节的转动角度。

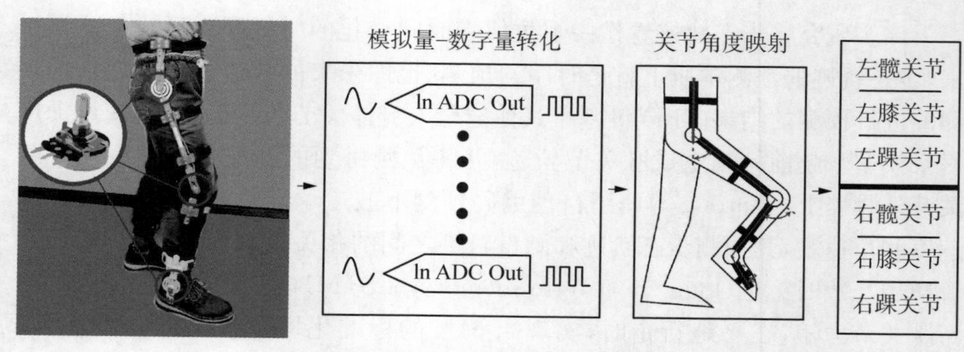

图 5-1 可穿戴外骨骼传感系统以及关节角度映射流程图

测量单元所使用的传感器为图 5-1 所示旋转式电位计(旋转范围为 0°～210°),在不同旋转角度下其内部电阻会相应地发生变化(0～10 kΩ),传感器本身具有自带一个分压电路,只需要在从外部提供 5 V 电源信号即可检测传感器在某一特定转角下的电压信号,电压信号经过 ADC 按照如下公式被转化成响应的数字信号:

$$digit = \left(\frac{R}{R_0}\right) \times V_{\mathrm{REF}} \times 2^{bit} \quad (R \Leftrightarrow \theta) \tag{5-1}$$

式中,$digit$ 表示转化之后的数值信号;R 表示电阻器的阻值,且与角度传感器的角度 θ 正相关;R_0 代表电位器全量程时的电阻阻值;V_{REF} 表示传感器参考电压;bit 表示模数转换单元的分辨率位数,在此传感系统中模数转换单元使用的是单片机(Arduino Mega 2560)内置的十位 ADC,所以 $V_{\mathrm{REF}}=5$、$bit=10$、$R_0=10\ \mathrm{k\Omega}$。

人体的身体尺寸并不相同,不同穿戴者需要调整相应的连杆长度以保证关节对齐。因此,为了准确获取传感系统各传感器信号与实际生理关节角度之间的映射关系,每一次穿戴传感系统时都需要重新进行校准工作。经过 ADC 得到数字信号后,以特定姿势状态下的各关节角度为参考,进而求解计算出实际的生理关节角度。

5.3 动力外骨骼硬件系统

外骨骼样机硬件系统的总体架构如图 5-2 所示,其中除了左右侧髋关节处的收展自由度是无电机驱动的被动自由度,左右侧髋关节屈伸自由度、膝关节屈伸自由度、踝关节屈伸自由度均配备有相应的电机驱动,即共有六个主动动力关节。硬件系统主要部件包括 Arduino Mega 2560 中心控制器、电机驱动器、霍尔传感器、电机、谐波减速器、直流开关电源、轻型铝合金材质加工的连杆零件、用于和穿戴者人体进行耦合附加的绑带，以及承载背包。为了能够保证关节可以提供足够的扭矩用于整个外骨骼以及穿戴者的运动，关节处使用的电机为扁平式直流无刷电动机 MHUA070，并配合安装有谐波减速器的集成模块电机，谐波减速器的减速比为 101∶1，功率为 240 W，最大连续输出电流达 10 A，集成模块的输出平均扭矩可达 30 N·m，在直流无刷电机内部同时集成了三相霍尔传感器阵列，能够提供无刷电机的位置信息和速度信息的编码。电机驱动器是一款基于 STM32 微处理器的模块化数字控制器，具备高速数据处理能力，可提供单路带有霍尔传感器/编码器传感直流无刷电机的位置、速度、电流闭环控制，其内部配备有存储器，能够同步处理实时指令，监控以及故障自诊断功能，能够适用于动态条件中的位置、速度、力矩控制等模式，通信方式满足 RS485 通信规范的 Modbus RTU 协议以及 Modbus TCP/IP 协议。在 Modbus RTU 串行通信协议中，通过串口 RS－485 物理层建立主机从机串联

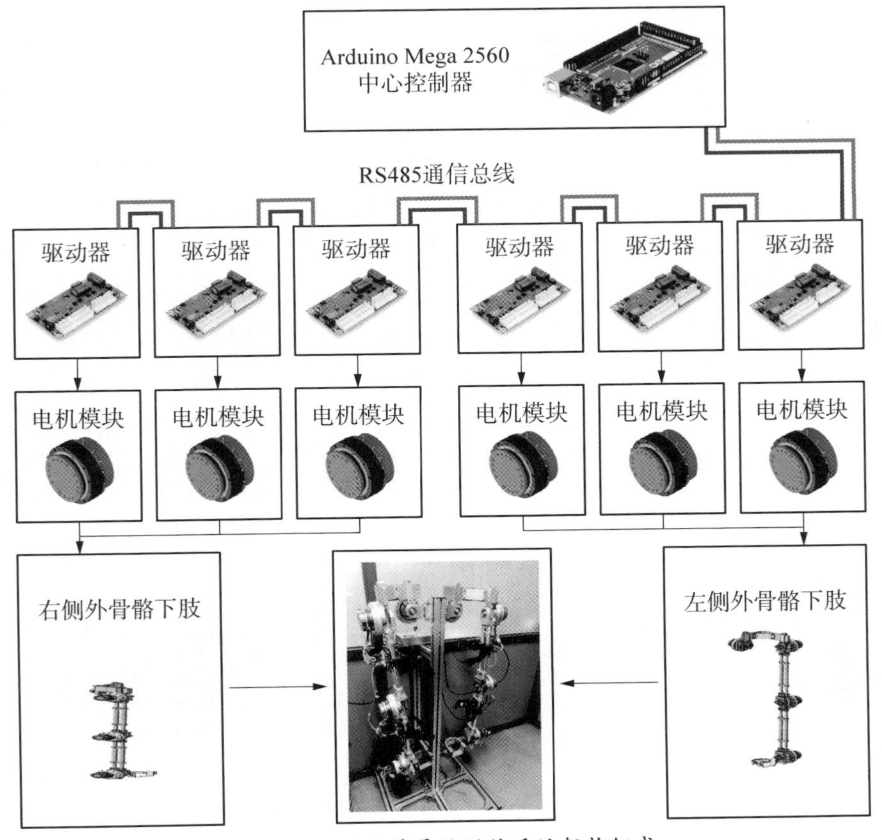

图 5－2　动力外骨骼硬件系统架构组成

网组;在外骨骼控制系统中,中心控制器 Arduino 作为主机,电机驱动器设备为从机,控制信号由微控制器下发至电机驱动器以驱动直流无刷电机,并从各驱动器处获取直流无刷电机实时运动状态。除此之外,外骨骼的机械腿长度,包括大腿杆和小腿杆可以根据不同穿戴者的身高进行长度调整,以满足最佳的关节轴线匹配对齐。由于人体下肢生理关节的极限位置与机械关节的极限位置存在差异,因此为了避免由于程序设计漏洞或者其他失效形式对穿戴者产生损伤,在每一个电机模块处都设计了相应的正转和反转的极限限位开关传感器,保证无论在什么控制信号的作用下,只要触发这些限位开关传感器就让电机模块失能,以确保穿戴者的人身安全。

5.4 关节角度协同运动实验

介绍了动力外骨骼系统、传感系统之后,按照如图 5-3 所示逻辑进行步态跟踪协同控制的研究。传感系统负责为中央控制微处理器提供穿戴者实时步态轨迹数据,主要是两侧下肢共 6 个关节[包括右髋关节(RH)、右膝关节(RK)、右踝关节(RA)、左髋关节(LH)、左膝关节(LK)、左踝关节(LA)]在矢状面上的角度信息。经过微处理器的信号映射后,电机驱动控制指令按照 Modbus RTU 通信协议,由 RS485 差分信号总线传输到动力外骨骼系统的各关节电机驱动器从机上,同时微控制器向各电机驱动器下发关节角度反馈指令。在接收来自微控制器的驱动控制指令和关节角度反馈指令后,动力外骨骼系统中的电机驱动器相应地址被修改为对应的指令参数,各关节电机的运动控制模式被设置为位置控制模式,并根据电机驱动器指定的关节转动角度执行动作,同时将霍尔传感器感知到的电机关节角度信息以 RS485 报文反馈给中央控制微处理器,过程重复循环执行。为了对可穿戴外骨骼传感系统

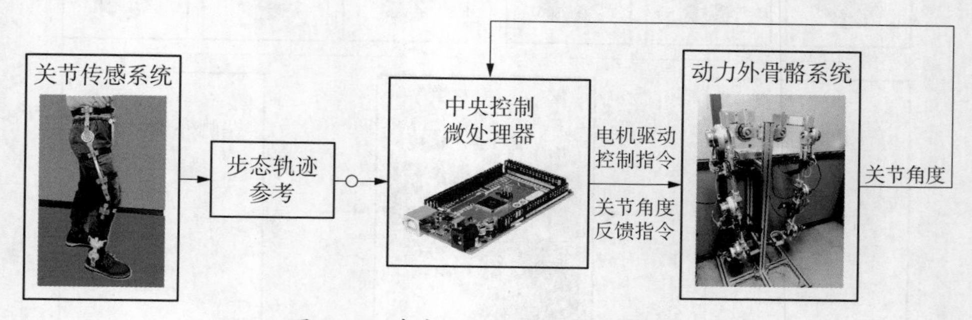

图 5-3 步态跟踪协同运动实验框架

和动力外骨骼的关节运动轨迹进行分析，两者的数据在每一个控制循环周期内被微处理器记录在SD存储卡中，以供离线数据分析。

步态协同运动实验过程如下。首先，关节传感套装按照受试者的大腿和小腿尺寸调整到合适的长度以保证旋转式电位器的旋转主轴与生理关节的转动中心轴对齐。由于关节传感套装的转动关节几乎可以忽略阻尼并且不带有驱动电机，因此穿戴者可以轻松地按照平时的活动习惯进行穿戴实验。

前面提到，因为旋转式电位计的输出信息与人体生理关节并非一比一的关系，所以电位计传感器信号与人体关节转动角度之间需要建立相应的映射关系。通常对传感器的校准工作是对量程范围内的多个位置进行信号标定，利用插值函数或拟合函数的方式建立传感信号和输出结果之间的映射关系，在所使用的旋转式电位计当中，电阻阻值与旋转角度呈现出完美的正比线性关系。本研究仅需要对人体姿态中的两个姿势进行信号标定，利用一次函数进行拟合即可建立关节转动角度和旋转式电位计信号之间的映射关系。

本书选择了两种最容易复现的静态姿势，即站立姿势和半蹲姿势。按照人体生物学的定义，在站立姿势下的下肢各关节角度可以被视为“原点”位置，也就是各关节角度为“0”的位置。另外，下肢各关节的惯用转动方向存在差异，髋关节倾向于使大腿向腹部收拢的方向转动，膝关节无法向外屈伸只能倾向于收拢至大腿后侧的方向转动，踝关节则倾向于屈伸自由度转动方向，将以上几个方向定为转动正方向，且由于左右两侧互为镜像对称的关系，两侧腿关节的转动正方向相反。定义在站立姿势下的关节标定角度分别为：髋关节0°、膝关节0°和踝关节0°；在半蹲姿势下，定义关节标定角度为：髋关节45°、膝关节90°、踝关节−45°。如此一来，利用以上两组静态姿势下的传感器标定数据，可以建立人体生理关节转动角度与电位器传感信号之间的映射模型。行走过程中的各关节运动角度存在范围极限，在传感信号映射模型建立完成后，需要在程序中手动添加一个相应的限制函数，以避免传感角度超过人体生理关节的运动极限。

由于通信信号是通过有线连接的方式进行传输的，因此仅在实验室环境下动力外骨骼周围有限的空间内施展运动动作，进行多组静态实验，以及用原地踏步运动来代表动态实验。如图5-4所示为多个不同静态动作下的动力外骨骼与受试者协同运动图片，从图中可以观察到动力外骨骼机器人能够完整地复现人体的下肢动作，其中包括单腿前伸、左右膝关节弯曲、下蹲动作等，这些动作能够充分地对下肢六个关节的运动协同进行探索。

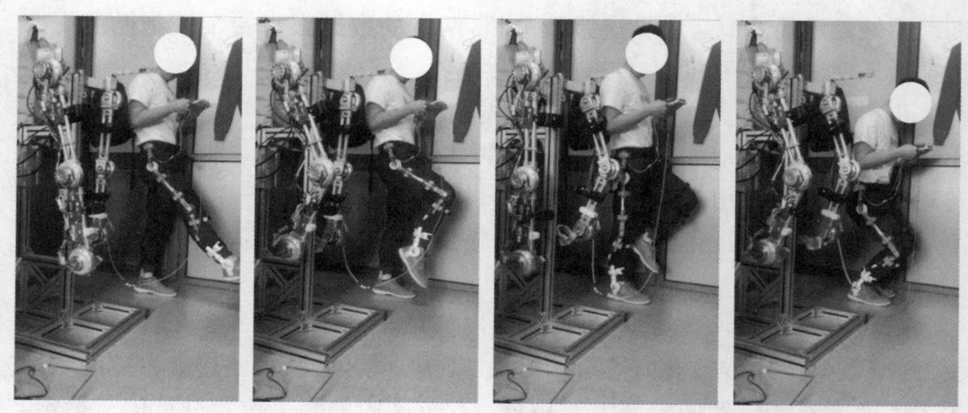

图 5-4 多个不同静态动作下的动力外骨骼与受试者协同运动(参见书末彩图)

图 5-5 所示为动态运动过程中,微处理器将采集的循环周期内人体传感系统与动力外骨骼机器人关节转动角度的数据,分别绘制成的曲线,时间跨度为 5 s,大致包含成年男性三个步态周期的运动数据。

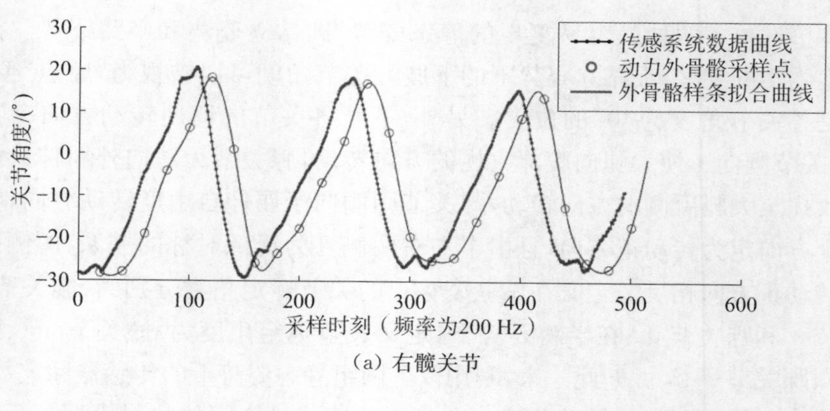

(a) 右髋关节

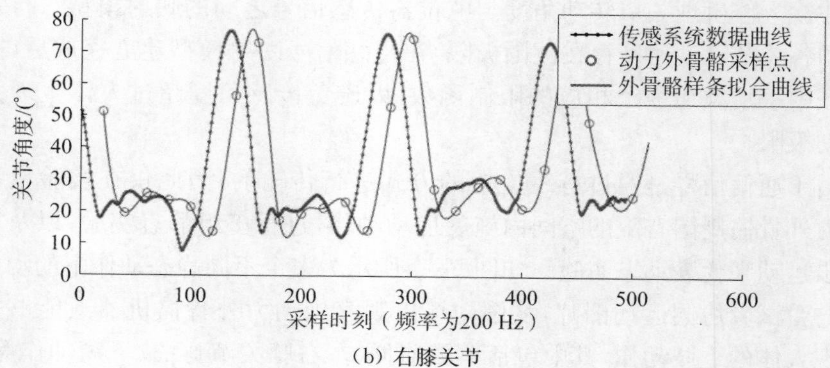

(b) 右膝关节

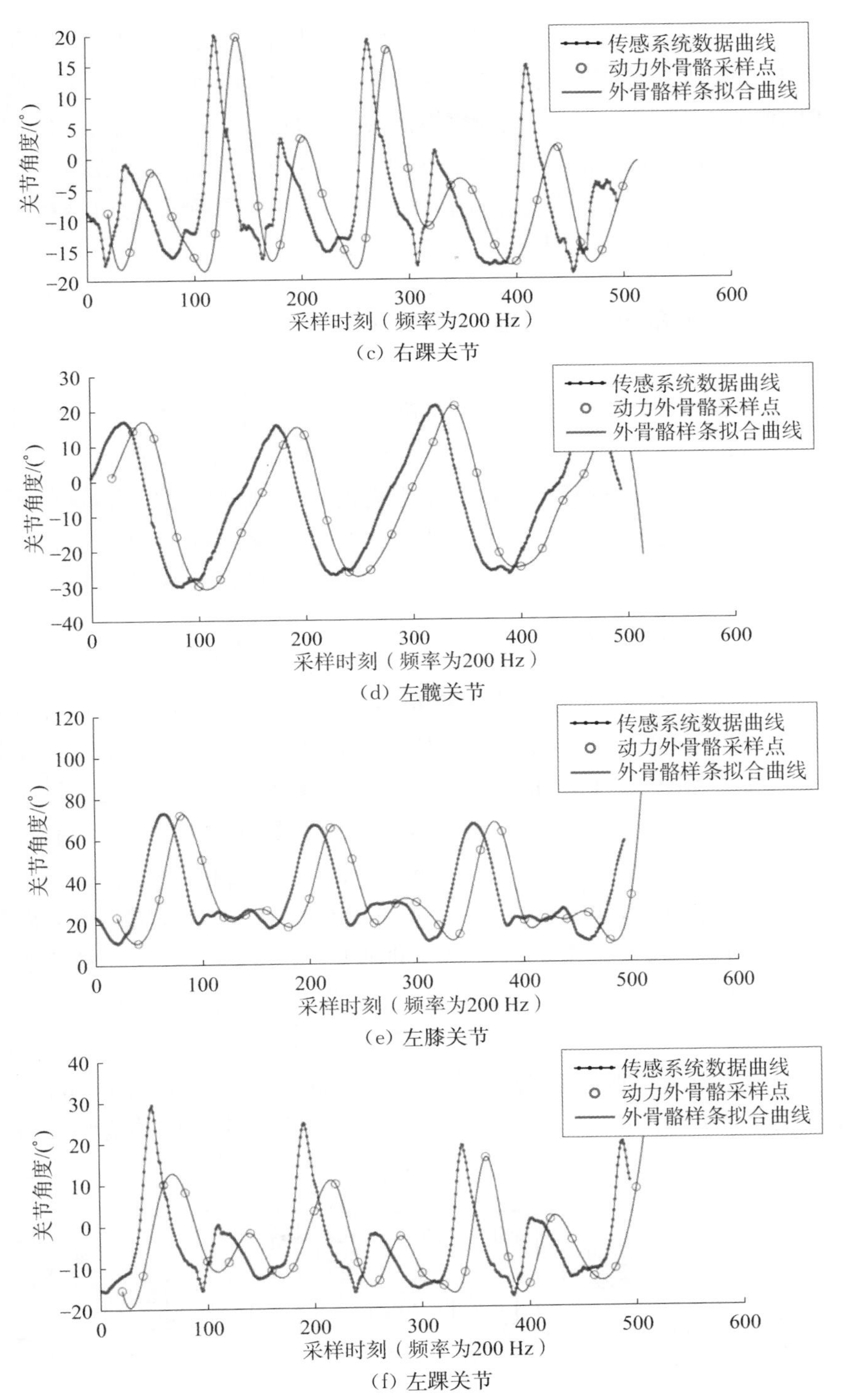

（c）右踝关节

（d）左髋关节

（e）左膝关节

（f）左踝关节

图5－5 人体下肢运动轨迹以及动力外骨骼执行关节运动轨迹

从图 5-5 所示曲线中可以观察出，逐一对比各相应关节，动力外骨骼的步态运动轨迹与人体传感系统的关节运动轨迹是非常相似的，这也从数值方面说明了图 5-4 所示动力外骨骼能够按照传感系统的感知信号复现人体的下肢动作。然而，动力外骨骼的关节轨迹曲线相比人体关节运动轨迹曲线存在一定的“滞后时间”，也就是动力外骨骼机器人的各机械关节运动轨迹在一定程度上滞后于传感系统的信号。

5.5 长短时记忆网络的预测分析

有了动力外骨骼系统的关节运动轨迹，就可以对动力外骨骼系统进行步态轨迹的预测，而非大多数文献中所开展的那些无动力外骨骼系统参与的研究工作，即仅采集人体的运动轨迹对步态轨迹进行预测。事实上，这些预测方法仅是针对人体运动轨迹的预测而非动力外骨骼与人体系统的步态轨迹预测。在这里，本书使用 LSTM 的机器学习算法进行步态轨迹的预测。

5.5.1 长短时记忆网络

LSTM 是一种被广泛使用在时序信号预测与分类的机器学习算法，它是 RNN 的一种特殊类型，可以学习长期依赖信息，但又不像 RNN 那样对信息具有长期依赖的问题，LSTM 通过刻意的设计来避免长期依赖问题。LSTM 的基础结构同 RNN 一样，是一种重复神经网络模块的链式形式，只不过在 RNN 中，重复的模块是一个非常简单的 tanh 层，而 LSTM 拥有四个特殊层进行输入与输出之间的交互，如图 5-6 所示。LSTM 网络中一个关键概念是细胞状态，LSTM 网络就像是一个不断在更新的细胞。LSTM 具有通过精心设计的被称作为“门”的结构来去除或者增加信息到细胞状态的能力。门是一种让信息选择性通过的方法，0 代表不允许任何量通过，1 代表任意量通过。LSTM 拥有三个门来更新细胞状态，依次是遗忘门(forget gate)、输入门(input gate)和输出门(output gate)。其中，遗忘门和输入门是 LSTM 中的能够保持网络

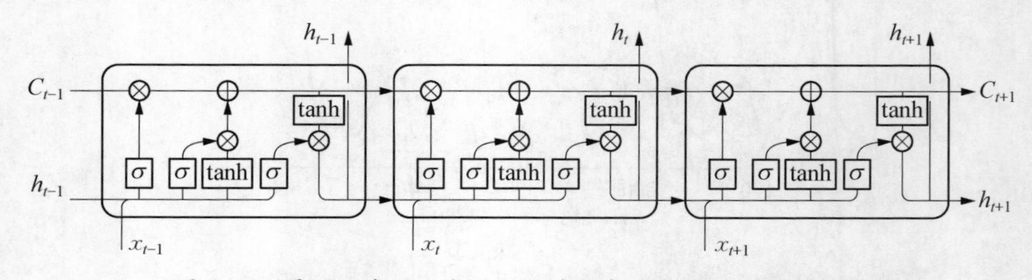

图 5-6 展示了先后三个时刻细胞状态的 LSTM 网络的结构

活性的主要部分，随着网络不断地迭代更新，要决定网络中需要丢弃和保留的信息，如图 5－7 所示。

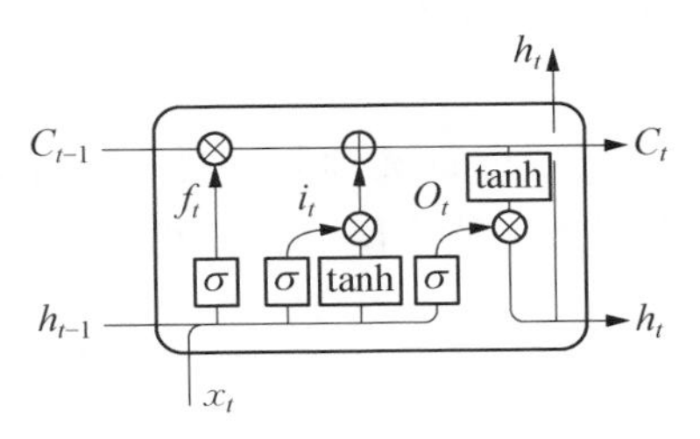

图 5－7　LSTM 网络结构详细流图

在 LSTM 中的第一步是决定会从细胞状态中丢弃什么信息。这个决定是通过一个称为“遗忘门”的 sigmoid 层来完成的。遗忘门会读取上一时刻的输出信息 h_{t-1} 和当前时刻的输入信息 x_t，输出一个 0～1 之间的数值 f_t 给每一个在细胞状态中的数字(1 表示完全保留，0 表示完全舍弃)：

$$f_t = \sigma(W_f \cdot [h_{t-1}, x_t] + b_f) \tag{5-2}$$

下一步是确定什么样的新信息被存放在细胞状态中。这里包含两个步骤：第一，通过一个称为“输入门”的 sigmoid 层决定将要更新的值 i_t；第二，通过一个 tanh 层创建新的细胞状态候选值向量 $\tilde{C}_t$：

$$i_t = \sigma(W_f \cdot [h_{t-1}, x_t] + b_i) \tag{5-3}$$

$$\tilde{C}_t = \tanh(W_c \cdot [h_{t-1}, x_t] + b_c) \tag{5-4}$$

接着把旧的细胞状态 C_{t-1} 与“遗忘门”得到的 f_t 相乘，丢弃确定需要丢弃的信息，再加上“输入门”得到的更新值 i_t 与新的细胞候选值向量 $\tilde{C}_t$ 的乘积，得到新的细胞状态 C_t：

$$C_t = f_t \cdot C_{t-1} + i_t \cdot \tilde{C}_t \tag{5-5}$$

最终，需要确定输出的结果，也就是预测结果。此时的输出结果将会基于细胞当前状态 C_t。首先，当前时刻的输入信息 x_t 会经过一个 sigmoid 层来确定等待输出的结果 o_t。接着，将待输出结果 o_t 与经过 tanh 层处理的细胞状态相乘 C_t，得到当前时刻确定的输出 h_t：

$$o_t = \sigma(W_o \cdot [h_{t-1}, x_t] + b_o) \tag{5-6}$$

$$h_t = o_t \cdot \tanh(C_t) \tag{5-7}$$

对于步态轨迹预测模型而言，LSTM 网络的输入是来自动力外骨骼的关节角度轨迹采样数据，定义为 $X_t = [x_t^{RH}, x_t^{RK}, x_t^{RA}, x_t^{LH}, x_t^{LK}, x_t^{LA}]$，输出则是对下一时刻的各关节角度轨迹的预测值 $Y_{t+1} = [y_{t+1}^{RH}, y_{t+1}^{RK}, y_{t+1}^{RA}, y_{t+1}^{LH}, y_{t+1}^{LK}, y_{t+1}^{LA}]$。

为了对 LSTM 网络进行步态轨迹预测的性能评估，使用均方根误差来量化步态轨迹的预测值和实际观测值之间的差异性：

$$E_{\mathrm{RMSE}} = \frac{1}{n}\sum_{i=1}^{n}(y_i^{joint} - \hat{y}_i^{joint})^2 \quad (joint = \mathrm{RH, RK, RA, LH, LK, LA}) \tag{5-8}$$

5.5.2 运动协同预测结果

LSTM 模型是在 MATLAB(版本号：R2020B)环境下搭建的。LSTM 网络架构是：输入特征的数量和输出响应的数量均为 6，网络中的隐藏单元数量设置为 200 个。训练模型的求解器设为“Adam”并进行 250 轮训练。为了防止梯度爆炸，梯度阈值设为 1，初始学习率为 0.005，在每经过 50 轮训练后通过乘以降低系数 0.5 来降低学习率。

数据集是来自关节角度协同运动实验中动力外骨骼的关节角度轨迹采样数据，包括右髋关节(RH)、右膝关节(RK)、右踝关节(RA)、左髋关节(LH)、左膝关节(LK)、左踝关节(LA)。为了防止训练发散，首先需要将训练数据标准化为具有零平均值和单位方差的数据集。数据集被按照 6∶4 的比例划分为训练数据集和测试数据集。目标是用过往的历史关节轨迹来预测接下来一个时间步长的关节轨迹，这里定义预测时间步长为 1 个采样点。来自外骨骼的历史关节角度轨迹向量作为 LSTM 网络的输入向量，被预测的关节步态轨迹是 LSTM 的输出向量。

1) 使用常规参数的 LSTM 模型

从图 5-8 中的数据曲线可以观察到，下肢两侧左右腿在髋关节、膝关节和踝关节处的步态轨迹预测效果差距比较明显，左右腿髋关节步态预测轨迹和实际的运动轨迹有明显的相似性，但是预测轨迹与实际轨迹不重合，说明髋关节处的预测轨迹过于超前。左右腿膝关节处的预测轨迹表现出了良好的准确性，但是随着预测时间的向后推移，预测轨迹的准确度也逐渐降低，也就是无法准确地预测较长时间的步态轨迹；左右腿踝关节的预测轨迹均表现出了一定的超前量，虽然表现出和实际轨迹具有一定的相似趋势，但整体的预测结果同样偏差较大。

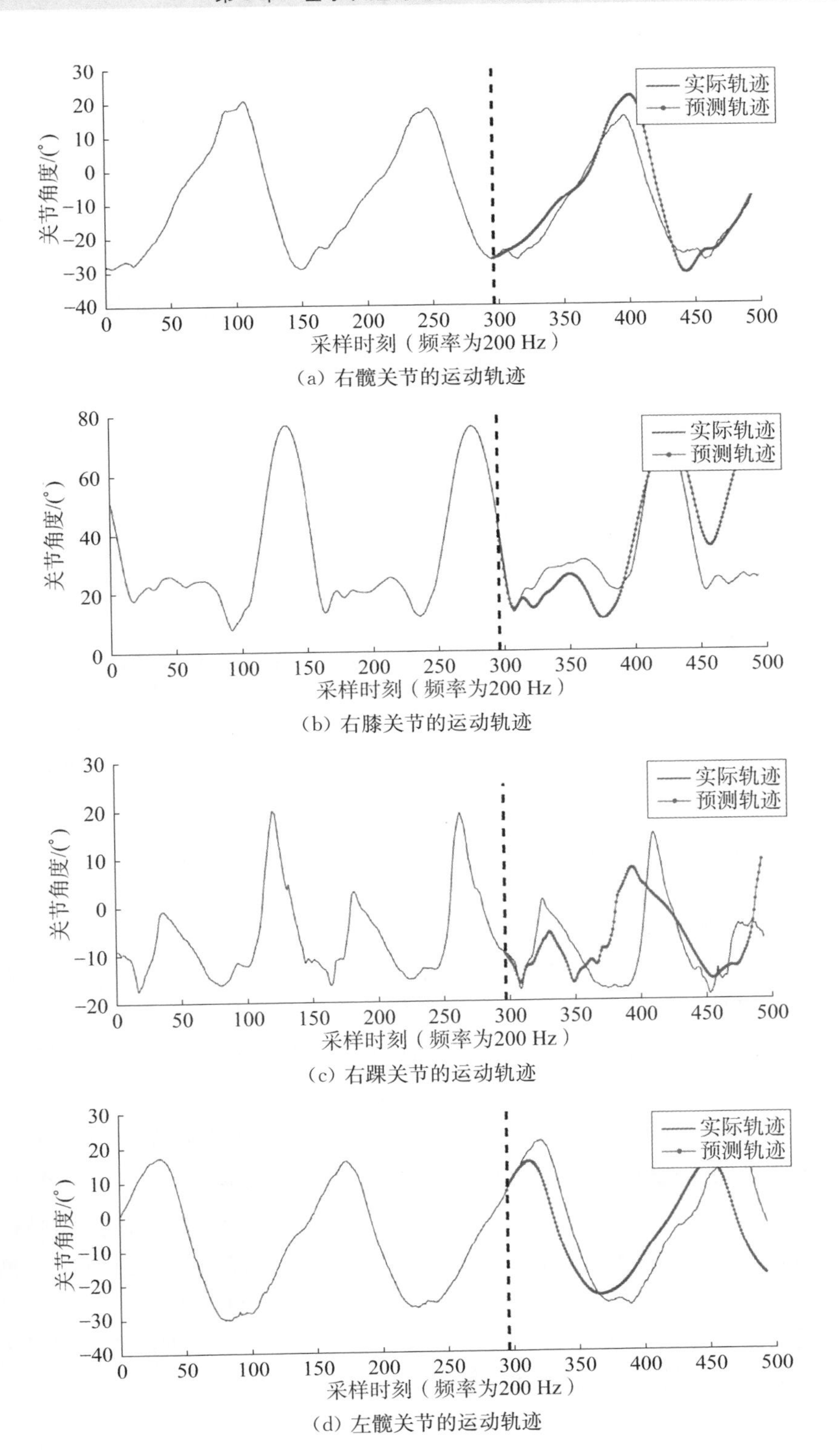

（a）右髋关节的运动轨迹

（b）右膝关节的运动轨迹

（c）右踝关节的运动轨迹

（d）左髋关节的运动轨迹

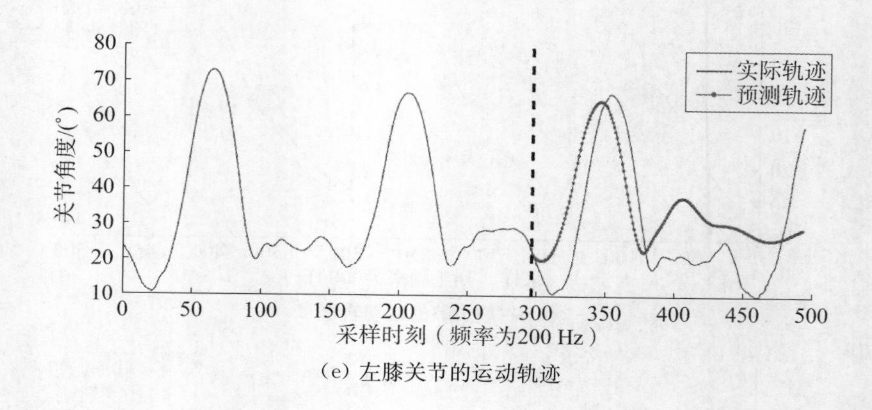

(e) 左膝关节的运动轨迹

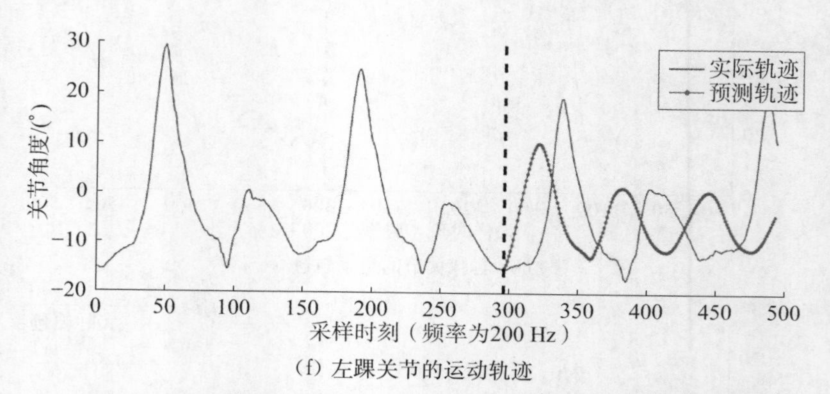

(f) 左踝关节的运动轨迹

图 5-8　使用常规参数的 LSTM 模型对步态轨迹进行预测的结果

2）使用观测值更新网络的 LSTM 模型

对于能够实时获取运动轨迹数据的仿生外骨骼系统，可以利用传感器的实时信号（观测值）对 LSTM 网络进行更新，使得 LSTM 网络能更加满足实时步态轨迹预测的需求。因此，可采用实时观测值对 LSTM 网络进行更新，进而以实时更新的 LSTM 网络对步态轨迹进行预测。

从图 5-9 中的数据曲线中可以观察到，下肢两侧左右腿在髋关节、膝关节和踝关节处的步态轨迹预测效果比较优异。相比常规参数的 LSTM 模型，使用实时观测值更新的 LSTM 模型对步态轨迹的预测准确度更高，无论是在髋关节、膝关节还是踝关节的步态轨迹预测结果中，都可以发现这一现象，整体的预测准确度有明显的提升。为了与常规 LSTM 模型的预测效果进行对比，对两组实验进行了预测轨迹对实际轨迹的均方根误差（RMSE）计算，同时还计算了两者差异的最大值和最小值，见表 5-1。

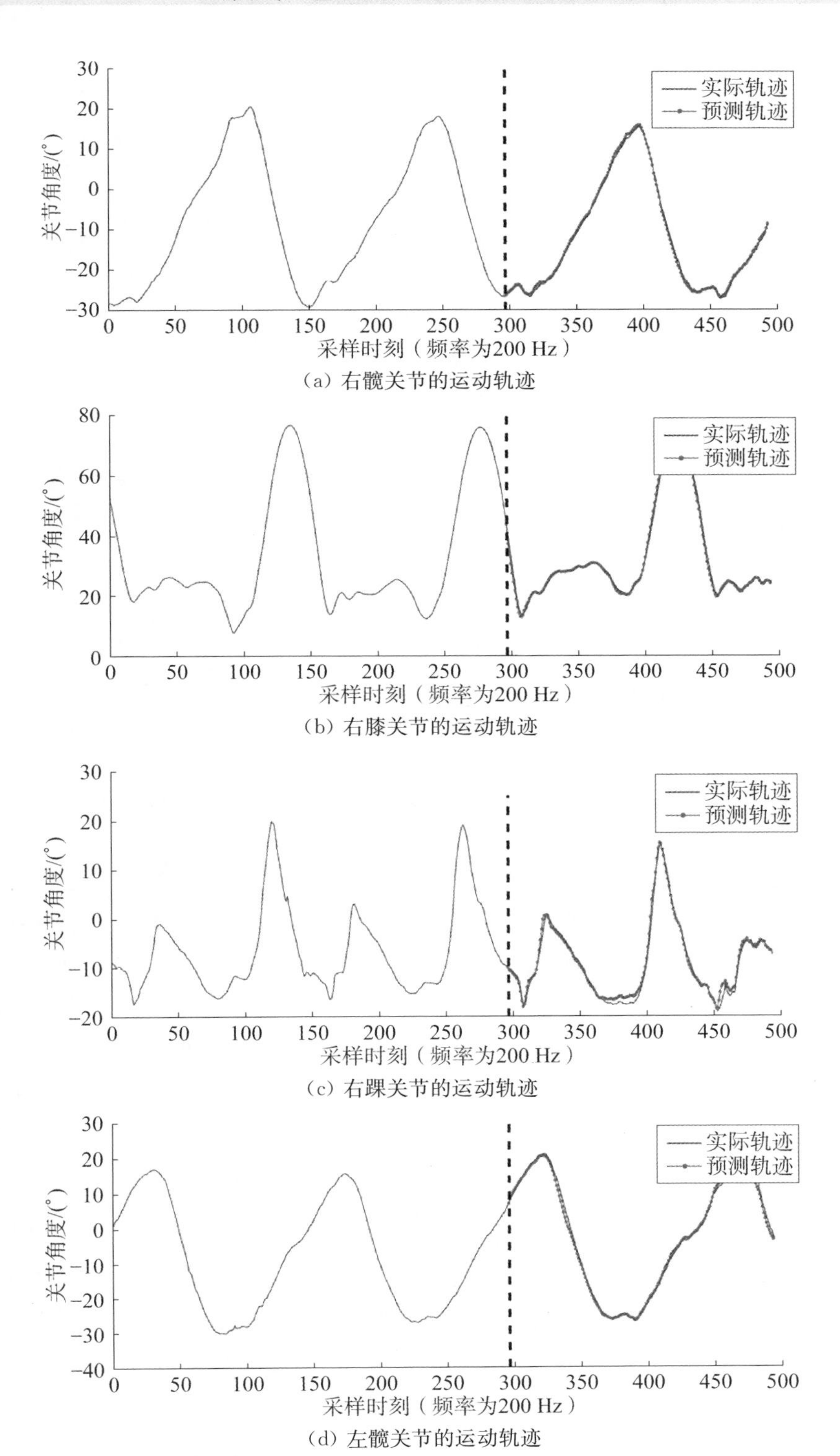

(a) 右髋关节的运动轨迹

(b) 右膝关节的运动轨迹

(c) 右踝关节的运动轨迹

(d) 左髋关节的运动轨迹

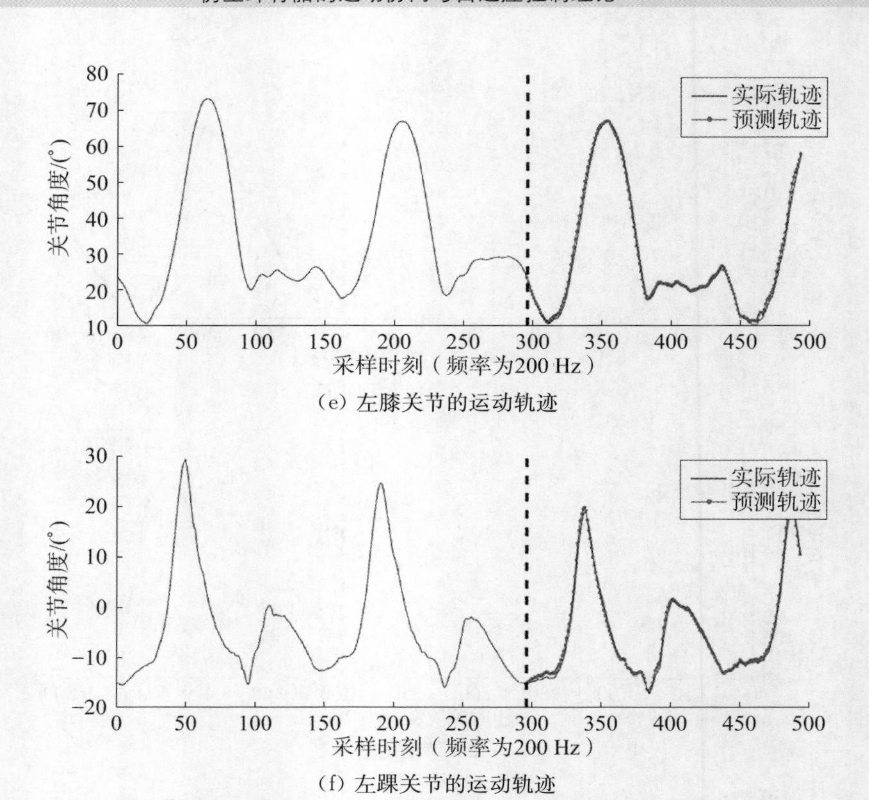

(e) 左膝关节的运动轨迹

(f) 左踝关节的运动轨迹

图 5-9 使用观测值更新的 LSTM 模型对步态轨迹进行预测的结果

表 5-1 两种 LSTM 网络步态轨迹预测的效果

预测方法	关节	误差最大值	误差最小值	RMSE
常规 LSTM 网络	右髋关节	7.4635	0.0433	3.7231
	右膝关节	55.3903	0.0943	20.3326
	右踝关节	12.7076	0.0024	5.4335
	左髋关节	13.4402	0.1798	8.0656
	左膝关节	34.0462	0.0104	12.6061
	左踝关节	33.2746	0.0019	13.2260
基于观测值更新的 LSTM 网络	右髋关节	1.5719	0.0004	0.4662
	右膝关节	1.0915	0.0096	0.3246
	右踝关节	2.9067	0.0014	0.7416
	左髋关节	1.1266	0.0053	0.4665
	左膝关节	1.5941	0.0025	0.5037
	左踝关节	2.3161	0.0019	0.5548

从表5-1的数据中可以明显观察出，在常规的LSTM网络中，最大误差值较大，左右髋关节分别为7.4635、13.4402，左右膝关节分别为55.3903、34.0462，左右踝关节分别为12.7076、33.2746。均方根误差(RMSE)也具有较大的差异，左右髋关节分别为3.7231、8.0656，左右膝关节分别为20.3326、12.6061，左右踝关节分别为5.4335、13.2260。无论是误差最大值或均方根误差，常规的LSTM对于步态轨迹的预测准确度都明显偏低，尤其是膝关节的预测误差过大而导致预测轨迹应用于规划动力外骨骼是不可取的。在基于观测值更新的LSTM网络中，无论是在误差最大值、误差最小值还是在均方根误差等评价因子中，都有明显的减小。在误差最大值因子方面，左右髋关节分别为1.5719、1.1266，左右膝关节分别为1.0915、1.5941，左右踝关节分别为2.9067、2.3161。在均方根误差因子方面，左右髋关节分别为0.4662、0.4665，左右膝关节分别为0.3246、0.5037，左右踝关节分别为0.7416、0.5548。因此，基于实时观测结果的步态预测对于动态运动过程中的动力外骨骼系统而言更加适合。

5.6　本章小结

动力外骨骼系统协同运动依赖于对穿戴者人体运动信息的准确感知和对动力外骨骼机械关节运动的准确规划与控制，机械式传感信号产生机制以及硬件系统的数据处理过程都不可避免地会带来人体与外骨骼运动之间的时间延迟问题。本章介绍了仿生外骨骼关节角度协同运动所需要的硬件系统，包括基于滑动变阻器的关节传感套件与动力外骨骼硬件系统。传感系统和动力执行系统的分离式方案，使得测试阶段可以在人体与动力外骨骼不直接接触的情况下对仿生外骨骼人机系统进行关节角度的协同运动研究。依靠特殊设计的关节传感套装，下肢三个主要关节(髋关节、膝关节和踝关节)在不受限制的条件下，能够被滑动变阻器采集到相应的传感信息，通过指定的站立和半蹲动作来标定传感器与人体关节转动角度之间的映射关系，实现了人体下肢关节角度的准确感知。在所搭建的协同运动框架下，动力外骨骼可以随同人体做出动作，但在实验初始阶段，动力外骨骼与人体动作之间存在一定的时间延迟。时延会阻碍协同运动的效果，因此，本章提出基于LSTM模型的方法，利用关节协同运动过程中的动力外骨骼的实时数据对运动轨迹进行预测。实验结果表明，基于LSTM模型的步态轨迹生成方法能够基于动力外骨骼机械关节轨迹数据进行预测，尤其是采用观测值更新的LSTM模型能够更加准确地“预知”动力外骨骼机械关节的运动轨迹，因而可以用于仿生外骨骼的人机协同运动步态轨迹规划，能够解决使用机械式传感器的协同控制带来的运动滞后问题。

在本章中，首先介绍了具有相同的自由度配置的动力外骨骼系统与人体运动传感系统的设计，传感系统负责感知穿戴者的关节运动轨迹，动力外骨骼则根据微控制器下发的指令执行相应的动作。其次，针对协同动作时延问题，提出使用 LSTM 机器学习模型的方法预测动力外骨骼步态轨迹，以作为动力外骨骼控制系统的参考轨迹。最后，实验结果表明 LSTM 模型能够对步态轨迹进行预测，并基于观测值更新的 LSTM 模型具有更高的预测准确度，预测轨迹对于动力外骨骼的参考轨迹规划具有可行的实际意义。

Chapter 6

第6章 仿生外骨骼本体构型设计

根据人机工程学以及外骨骼机器人研究技术的分析，外骨骼结构设计需要以人体下肢生理结构为出发点，其设计要求主要有以下几个关键点：①人机交互设计合理：应尽可能从仿生学角度出发配置关节自由度，以提供最舒适的人机耦合，同时还要保证工程上具有可行性，方便制造及维护。②穿戴拆卸简易便捷：应该尽量采用模块化设计以便于拆装，另外还要保证仿生外骨骼易于穿戴和脱离。③结构轻巧尺寸可调：在确保提供有效助力的前提下，需要充分考虑结构强度与制造材料之间的权衡，尽可能地减小机械零部件的重量以减少对穿戴者负重的体能消耗，同时在设计上需要考虑到结构的可调节性，以满足不同身高体重的穿戴者。④运动范围安全有效：助力外骨骼的执行器运动行程需要限定在人体生理关节运动范围内，以达到安全助力的效果，因而结构设计时需要充分考虑运动范围因素，必要时还需要添加相应的限位装置。⑤仿生外骨骼的设计从本质上来说还是产品的设计，因此要充分考虑其工程价值，在设计出符合功能需求的基础上尽可能地降低工程实施难度和成本。

6.1 仿生外骨骼结构设计与仿真分析

6.1.1 结构设计

在本书第2章2.2节中已经细致分析了人体下肢的三个主要关节生理结构，即髋关节、膝关节和踝关节。基于前述章节中的理论分析，在研究初期结合人机工程仿生设计对仿生外骨骼模型进行了构型设计，整体构型如图6-1所示，其中主要包括关节串联式三自由度髋关节和踝关节外骨骼设计，以及双侧冗余半包围式单自由度膝关节外骨骼构型设计。以下分别针对下肢三个主要关节的局部构型设计进行分析。

1）关节串联式三自由度髋关节

人体髋关节在生理上是由盆骨处凹状的髋臼以及股骨头凸端构成的类似

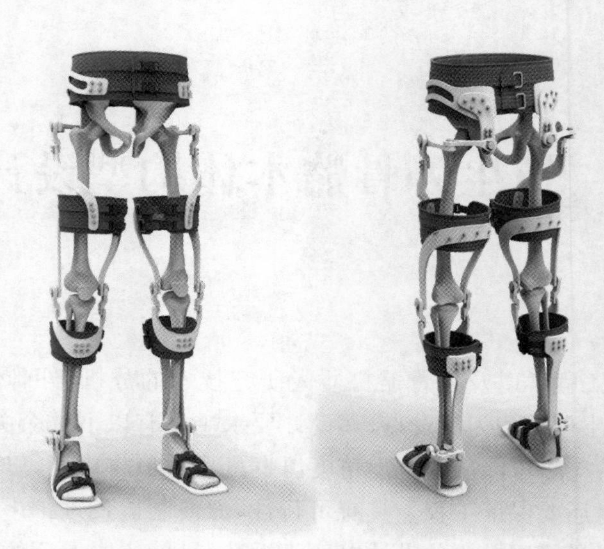

图 6-1 仿生外骨骼构型设计整体图(参见书末彩图)

于球形铰链的结构,具有内在稳定性,如图 6-2 所示。按照本书对人体关节自由度的分析,可将人体髋关节视作三自由度的简化关节模型,即包含屈曲/伸展自由度(绿色轴线,见书末彩图)、外展/内收自由度(红色轴线)、内旋/外旋自由度(蓝色轴线)的三自由度髋关节。

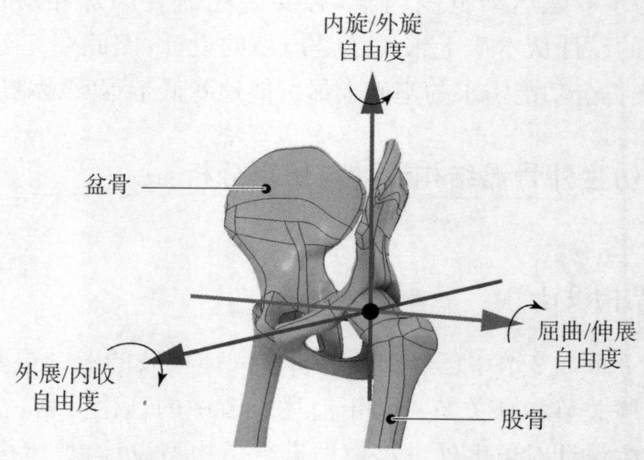

图 6-2 髋关节生理结构与自由度分布(参见书末彩图)

基于以上自由度定义,本书设计了三自由度髋关节外骨骼构型如图 6-3 所示。髋关节主要采用关节串联式设计,其中包含腰部绑带、腰部固定架、背部固定架、展收连杆、屈伸连杆、内外旋连杆、大腿固定架以及大腿绑带。三个转动关节(设计图中的淡黄色零件,见书末彩图)的中心轴线与图 6-2 中的运

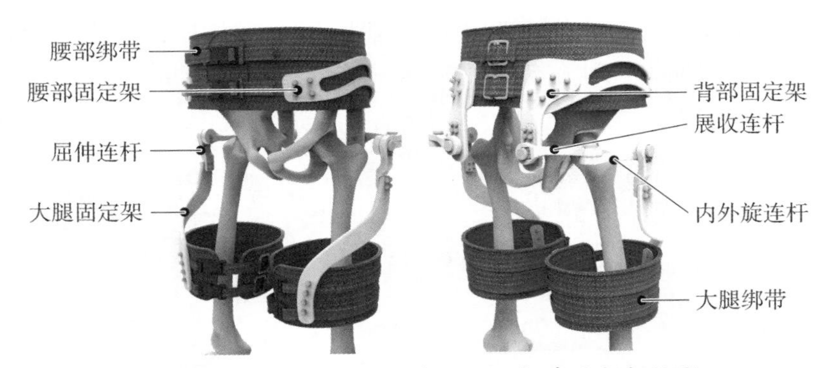

图6-3　仿生外骨骼髋关节构型设计(参见书末彩图)

动自由度轴线保持重合(屈伸自由度、展收自由度)和平行(内外旋自由度)。

2) 双侧冗余半包围式单自由度膝关节

在关节分类中,膝关节实际上是滑膜关节,其运动形式并非简单的绕轴转动,而是由滚动、滑动、旋转等运动组合而成的。但在结构设计中想要完整地通过外部零部件实现膝关节的真实生理运动形式几乎是不可能的,因此大多数研究工作选择膝关节的主要屈曲/伸展自由度作为近似替代运动形式,即包含屈曲/伸展自由度(图6-4中绿色轴线,见书末彩图)的单自由度膝关节。

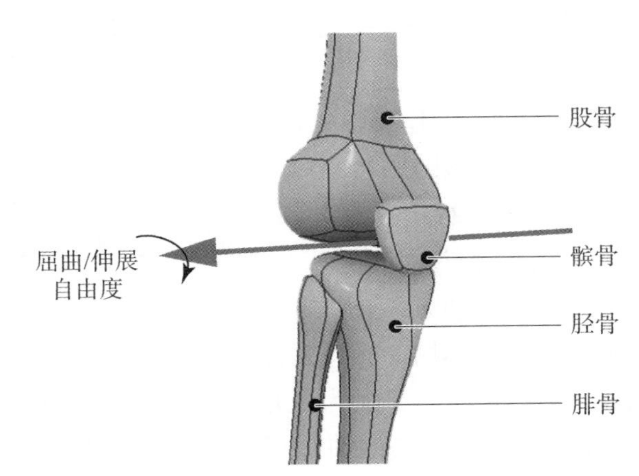

图6-4　膝关节生理结构与自由度分布(参见书末彩图)

基于单自由度膝关节定义,所设计的膝关节外骨骼构型如图6-5所示。为了尽可能地保证穿戴的稳固性,膝关节外骨骼构型方案采用双侧冗余半包围式构型设计,主要包含兼顾承接上方髋关节零件的大腿绑带、大腿后侧固定架、小腿前侧固定架、膝关节屈曲连杆、小腿绑带。大腿后侧固定架以及小腿前侧固定架从左右两侧包裹腿部，增加与绑带的贴合面积，对侧屈伸连杆完全包裹膝关节以保证与生理关节相对齐。

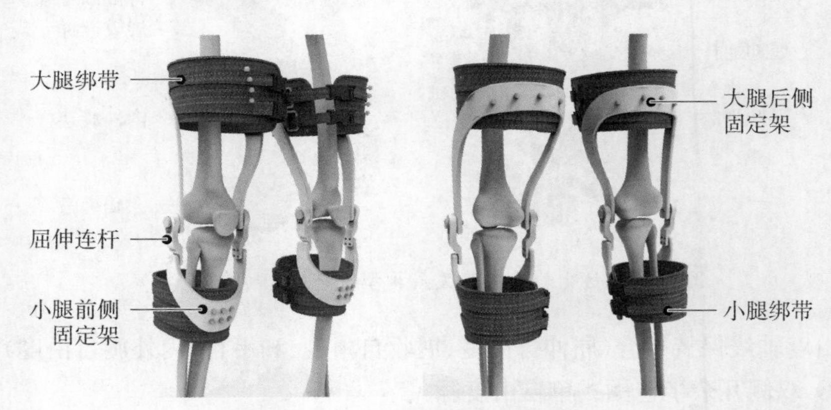

图 6-5 仿生外骨骼膝关节构型设计

3）关节串联式三自由度踝关节

如图 6-6 所示，踝关节由胫骨远端、腓骨远端以及脚掌分布的骨骼群（为了简化表述，图中以单个近似脚掌代替脚掌骨骼群）构成，踝关节的运动形式较上述髋关节和膝关节都更为复杂，其运动自由度也更多。在研究工作中，通常以实际行走效果中踝关节的运动方式对其自由度进行定义，其中屈曲/伸展自由度是主要的运动，外展/内收自由度主要负责实现行走侧向平衡的调整作用，内旋/外旋自由度主要负责与髋关节共同完成转体运动。因此，膝关节可以定义为类似髋关节的包含屈曲/伸展自由度（绿色轴线）、外展/内收自由度（红色轴线）和内旋/外旋自由度（蓝色轴线）的三自由度关节（见书末彩图）。

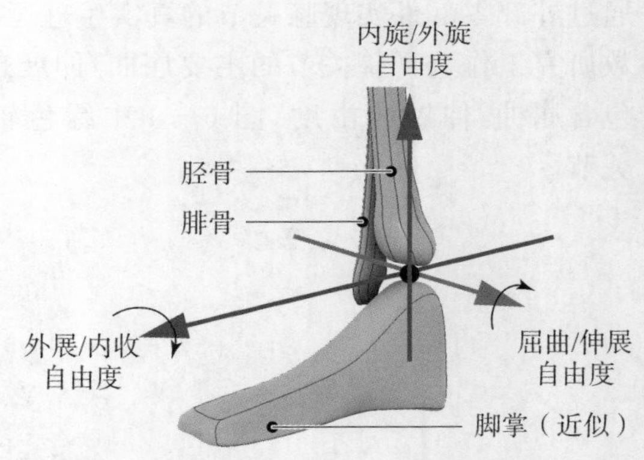

图 6-6 踝关节生理结构与自由度分布（参见书末彩图）

按照三自由度踝关节分析，踝关节外骨骼构型设计方案如图 6-7 所示，与髋关节设计类似，踝关节构型设计采用关节串联式设计，主要包括小腿后侧固定架、踝转角连杆、足底承托件、小腿绑带、脚掌绑带。三个转动关节（图中的淡黄色零件，见书末彩图）的中心轴线与图 6-6 中的运动自由度轴线保持重合（屈伸自由度、展收自由度）和平行（内外旋自由度）。

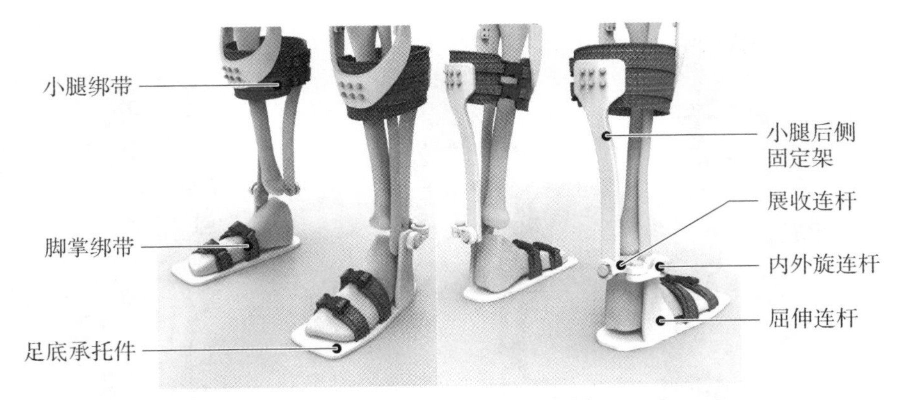

图 6-7　仿生外骨骼踝关节构型设计(参见书末彩图)

6.1.2　仿真分析

按照本书第 2 章中的仿真分析思路，在 MATLAB/Simscape Multibody(版本号：R2020B)仿真环境下搭建人机外骨骼模型，并对其进行仿真分析。为了能够比较真实地模拟人机外骨骼的行走仿真，外骨骼的质量密度参数与实际所选用的聚乳酸材料相同，转动关节设置的阻尼系数和刚度系数均参考来自实物(旋转式滑动变阻器)，这里所展示的仿真内容为依靠 CGA 数据驱动的人体所产生的运动(运动轨迹)，利用仿真得到外骨骼各转动关节的信号，如图 6-8、图 6-9 所示。仿真结束后从相应的模块中观察到人体与外骨骼的各个关节的角度仿真结果如图 6-10、图 6-11 所示。

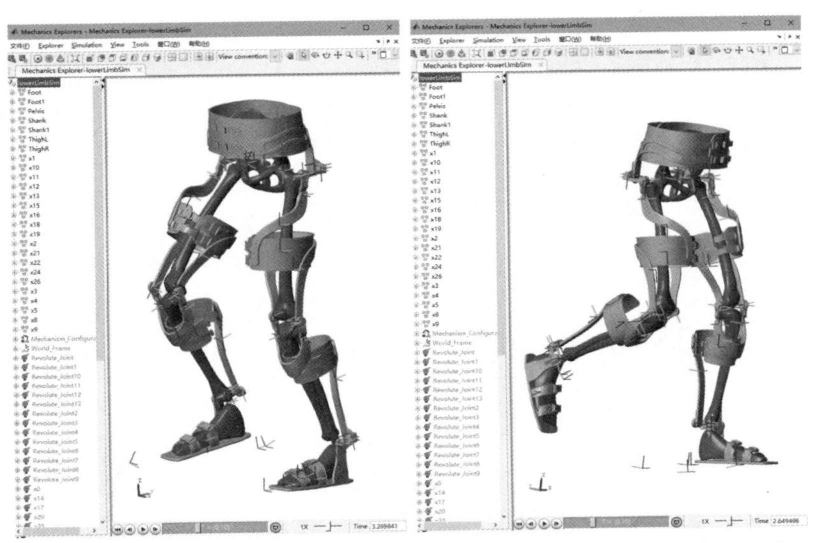

图 6-8　在 MATLAB/Simscape Multibody 中建立的联合仿真模型(参见书末彩图)

图 6-9 人机外骨骼联合运动仿真

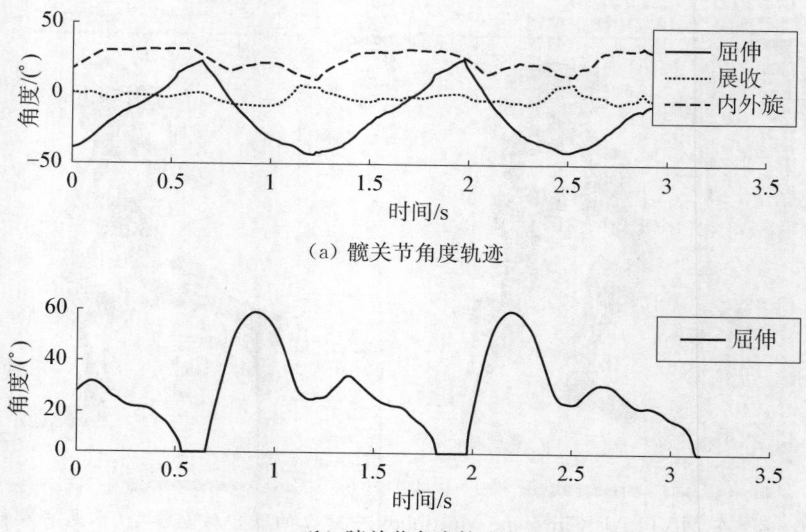

(a) 髋关节角度轨迹

(b) 膝关节角度轨迹

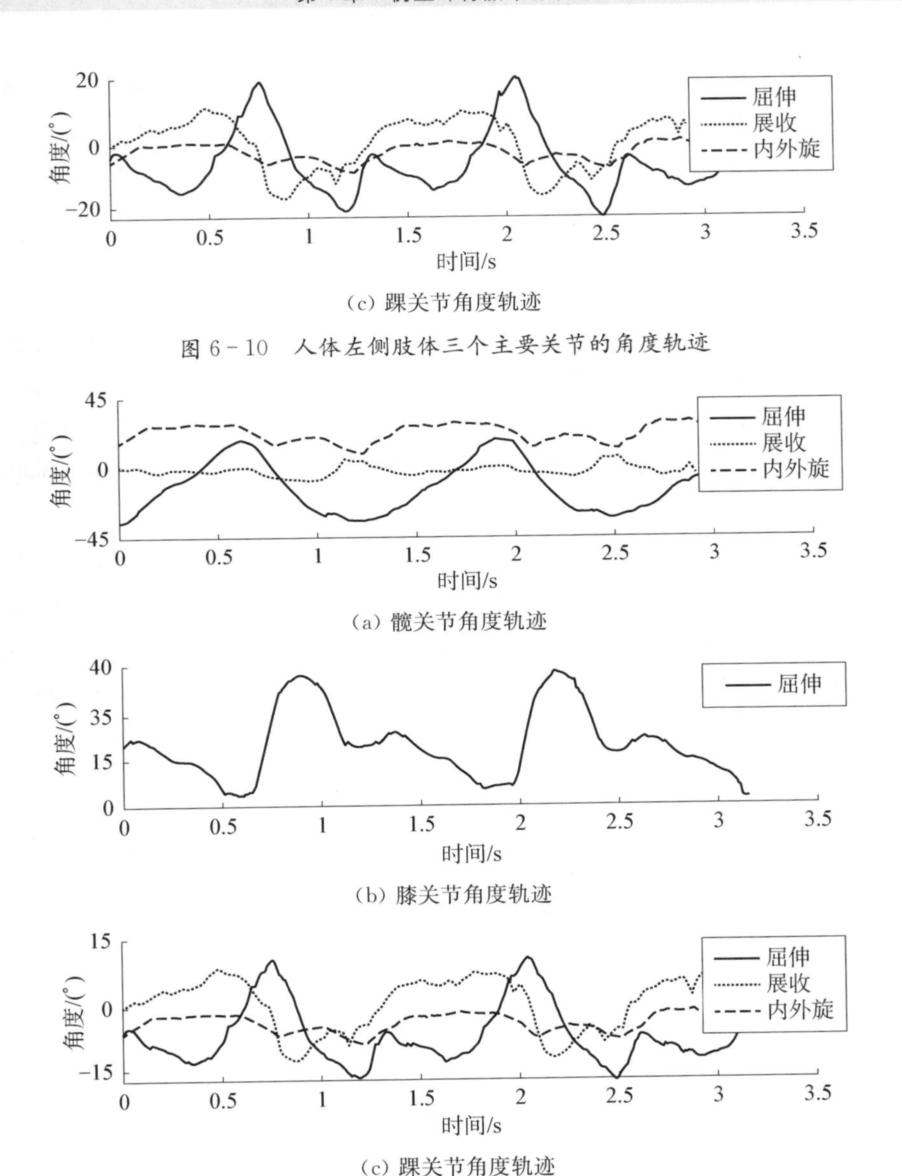

（c）踝关节角度轨迹

图 6-10 人体左侧肢体三个主要关节的角度轨迹

（a）髋关节角度轨迹

（b）膝关节角度轨迹

（c）踝关节角度轨迹

图 6-11 外骨骼左侧肢体三个主要关节的角度轨迹

从图 6-10、图 6-11 中可以观察到，外骨骼测量得到的髋关节、膝关节、踝关节的关节轨迹曲线与人体各关节的轨迹曲线基本相似，仅存在些许的角度偏差以及不顺滑现象。其主要原因可能是：①在仿真环境下，人体与外骨骼的耦合方式为刚性连接，在运动过程中出现的冲击没有柔性元件参与吸收冲击能；②人体结构与外骨骼结构存在相异性，导致外骨骼各关节不能保证在行走中与人体生理关节完全保持重合对齐。不过从整体的结果来看，外骨骼所测量得到的关节轨迹曲线与人体的运动轨迹相当，基本能够满足测量人体运动轨迹的需求。通过以上仿真结果证明了仿生外骨骼自由度布局的有效性与合理性，为进一步研究动力外骨骼研究奠定了坚实的研究基础。

6.2 踝关节执行器的创新设计

在行走过程中，与下肢其他关节相比，踝关节产生的功率是最大的，尤其是在蹬地动作期间。因此，在踝关节施加一定的作用力可以对步行产生帮助。踝关节外骨骼的设计方法既可以是被动式的，也可以是主动式的。本节设计了一种踝关节执行器，该执行器主要是为踝关节单独提供动力，其目的是在协助踝关节主动产生屈伸自由度运动的同时，被动地允许内旋和外翻的踝关节运动。

图 6－12a、b 所示是踝关节沿着人体矢状面转动的背屈和跖屈自由度运动；图 6－12c、d 所示是踝关节沿着人体冠状面转动的内旋和外翻自由度运动。对于每一个自由度，至少由两条肌肉负责其成对的运动。实际行走过程中，踝关节的运动主要发生在矢状面的背屈和跖屈转动自由度上，而内旋和外翻自由度运动主要起到辅助维持平衡的作用，踝关节运动自由度及运动范围见表 2－1。

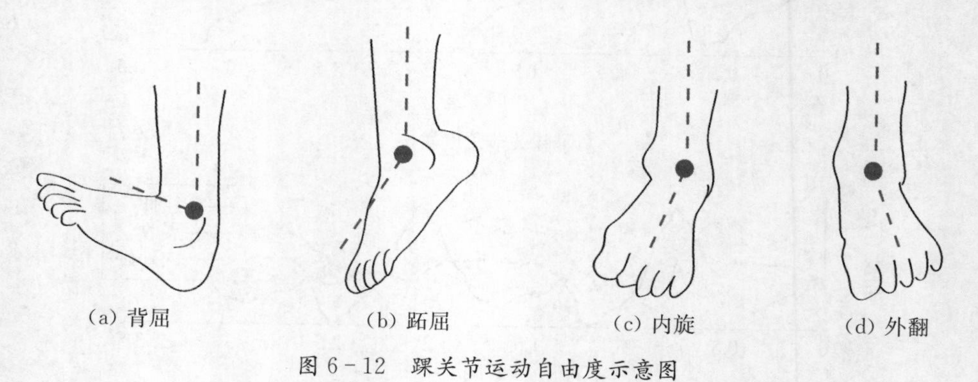

图 6－12 踝关节运动自由度示意图

为了更直观地表达运动过程中踝关节和肢体几何形状的变化，在站立动作下定义了由脚后跟参考点 B、脚背参考点 C、小腿固定点 A 和 D 构成的平行四边形几何参考图形(图 6－13a)。在行走动作期间，脚踝与其相连的足部和小腿共同构成二连杆机构，当腿部动作从站立姿势过渡到脚后跟轻微抬起的姿势，AB 段的长度轻微伸长，而 CD 段的长度轻微缩短，如图 6－13b 所示。当进一步过渡到脚尖即将离地时刻，如图 6－13c 所示，此阶段主要由小腿后部肌肉带动脚后跟快速提升，前脚掌发力蹬地来完成身体的前进运动，AB 段的长度在此期间收缩，而 CD 段的长度伸长，参考几何图形由平行四边形变成梯形。紧接着,如图6-13d所示,当脚掌完全脱离地面期间处于摆动相位时,在小腿前肌肉的带动下,踝关节发生背屈转动,此阶段脚后跟AB段和脚背CD段的长度逐渐回到初始长度。

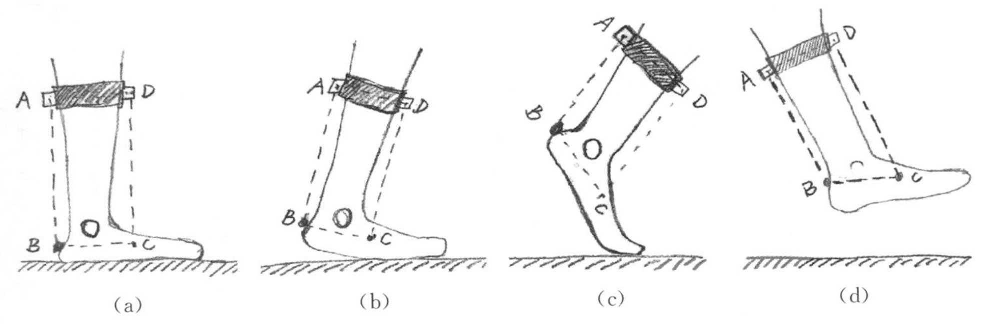

图6-13　不同运动姿态时的几何参考形状变化

在以上过程中(图6-13),由于(a)(b)(c)三个阶段是脚掌与地面接触的时刻,在行走过程中,全身体的大部分重量都集中在站立腿的踝关节上,因此这一阶段的踝关节具有非常大的转动惯量,动作所需要的关节扭矩更大。(d)阶段是脚掌腾空的阶段,此时踝关节的负载相比之下要小得多,动作所需的关节扭矩也较小。根据以上分析,助力的作用点需要以肢体的表面作为参考,在AB段施加动力执行器提供脚后跟提升阶段的踝关节助力更加合适。

根据设计分析并受启发于滑轮组机构,踝关节执行器整体结构设计如图6-14所示。执行器整体传动方式是由齿轮传动和同步带传动共同组成的混

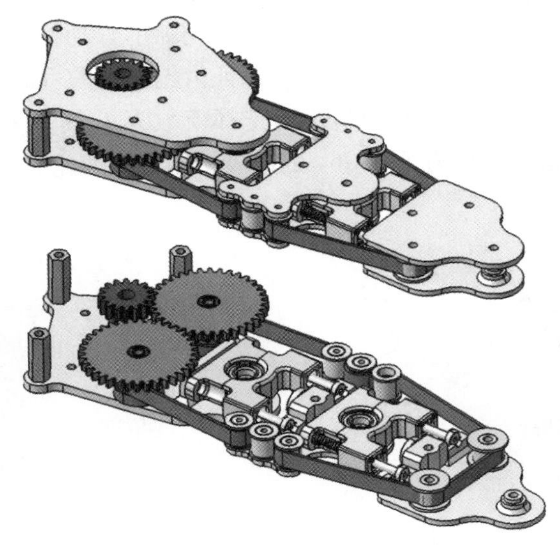

图6-14　踝关节执行器整体结构

合传动系统。运动的传递过程主要是:①来自驱动源(电机)的转动经过输出轴齿轮传递到对称分布的减速器齿轮组;②在双联齿轮的另一端面,皮带绕上立柱并带动滑轮组在平面内移动,在执行器末端的两侧动滑轮由于采用的是皮带轮,因此保证了在末端发生偏转的情况下,左右侧皮带长度能够随着皮带轮的滚动产生差分运动进而保证左右两侧皮带运动的一致性。

电机驱动力输出最常见的传动方式是采用齿轮传动,因为其传动比稳定且承载能力足够强。执行器的延伸端的主要动作在空间内比较自由,这一段的传动方式选择柔性皮带轮的形式,主要借助皮带的柔性以及带轮轮齿保留的齿轮传动的准确传动比的优势。此外,同步带传动不需要使用润滑剂,维护起来也更加方便。

1) 齿轮箱设计

齿轮箱如图 6-15 所示,它是将电机驱动源的动力转换到执行器的其余机械执行结构的重要枢纽。齿轮箱的原理为一级减速齿轮组,包括一个 1 级齿轮和两个 2 级齿轮。其中,图 6-15 所示蓝色部分为 1 级齿轮,利用轴向设计的紧定螺钉,与电机的输出轴直接相连,同时与 2 级齿轮中的一个齿轮相互啮合;两个 2 级齿轮的设计相同,如图 6-15 所示红色零件部分,在齿轮啮合部分中一个既和电机输出齿轮啮合又和侧面 2 级齿轮啮合,而另一个仅和侧面 2 级齿轮相啮合;在绕柱部分,通过开设与皮带厚度相配合的沟槽以使得皮带的两端能够分别固定在 2 级齿轮上,两个 2 级齿轮的主要目的是将电机输出齿轮的单一转动方向分散为两个不同方向的转动,用于皮带的收卷,外壳用于固定齿轮的转动轴,采用上下夹板式设计。在齿轮传动设计中,需要根据实际的负载能力以及制造齿轮的材料来选择合适的模数。在原型功能验证初期,计划使用聚乳酸材料的 3D 打印方式制造非标设计的零件,因此为了保证齿轮传动的可靠性,齿轮模数在本实验室的 3D 打印机有限的制造精度下,选择模数为 1,其中 1 级齿轮的齿数为 $z_1=16$、2 级齿轮的齿数为 $z_2=36$,因此齿轮箱的减速比 $i=z_1/z_2=16/36$。

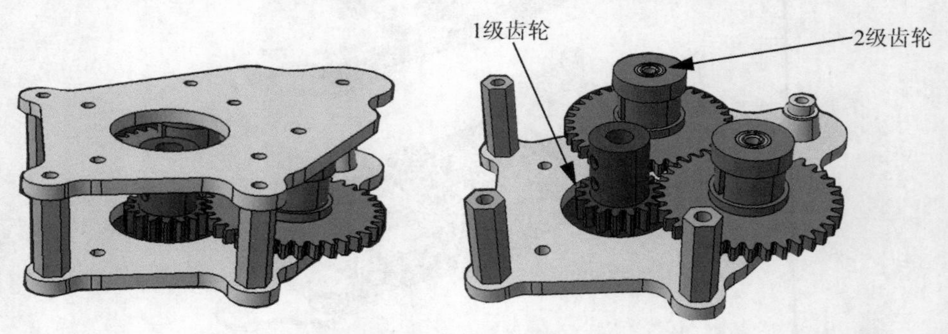

图 6-15 踝关节执行器齿轮箱结构(参见书末彩图)

2）模块化可伸缩单元设计

模块化伸缩单元装配总成如图 6－16 所示，其内部机构按照各自不同的功能作用分为：①线性伸缩单元结构；②导轮组结构；③位置信号传感结构。可扩展模块化的设计意味着能够通过串联组合形式来延伸执行器的行程。在前面所进行的机构运动分析中，伸缩单元需要提供线性运动以及一定程度的转动，因此在有限的空间内集成直线运动以旋转运动需要对结构设计方案进行全方位的考虑设计。位置信号传感机构的用处在于使得整个执行器系统能够对运动状态进行感知，为进一步的运动控制提供有效的传感信息。

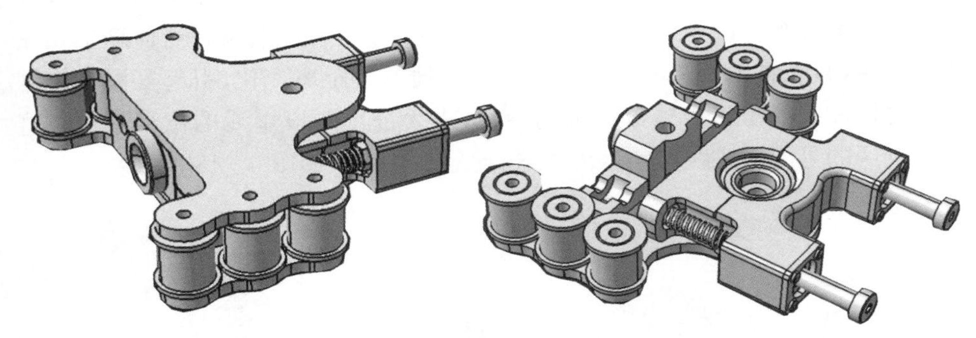

图 6－16　模块化可伸缩单元结构

线性伸缩单元的设计要点包含两个主要的运动自由度：一是能够提供执行器延伸方向的直线运动自由度并在释放压力时能够复原；二是能够使伸缩单元在受到侧向力产生转动时候的被动旋转自由度。对于直线移动自由度，本设计中采用直线轴承方案。转动自由度实现方案是使用轴承。经过多轮迭代优化设计后，线性单元的结构设计如图 6－17a 所示。直线移动自由度由一组（两套）直线轴承来实现，与直线轴承配合的光轴选用的是 3 mm×20 mm 的塞打螺丝，其一端是直径 6 mm 轴肩，另一端是 M2 的螺纹，配合 M2 的螺母

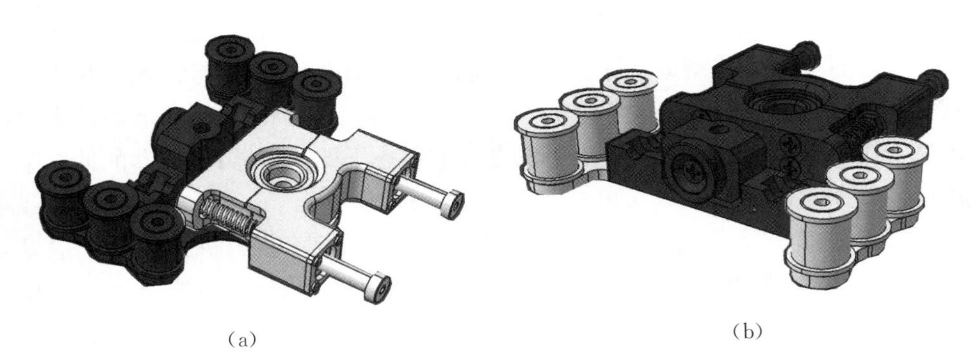

图 6－17　线性伸缩单元结构(a)和导轮组结构(b)

可以将光轴限制在直线轴承内部，同时选用直径 3 mm、线径 0.5 mm 的弹簧作为弹性储能元件布置在光轴的延伸段，弹簧的空心结构能够为光轴提供移动空间，其原理与弹簧避震器类似。

导轮组结构设计如图 6－17b 所示，单个导轮的尺寸需要和选用的同步带相匹配，因此预留给导轮沟槽的宽度为 6 mm，导轮与导轮之间的横向间隔为 2.5 mm，略大于皮带的厚度，主要是保持伸缩单元的运动与经过伸缩单元的同步带保持一致。

针对执行器，在结构上相应地布局了传感元件的设计，用于监测执行器状态。线性执行器的工作机制主要依靠直线轴承中光轴的直线运动。因此，选择了使用非接触式的霍尔感应方案来感知执行器单元伸缩量。当伸缩单元发生运动时，直线轴承两端的活动部件会相应地发生距离变化，引起安置在伸缩段的磁铁和线性霍尔传感器的磁场变化，来表征出各段单元的位移量。在这里所选用的是比例式线性霍尔传感器（型号 A3505），如图 6－18 所示。

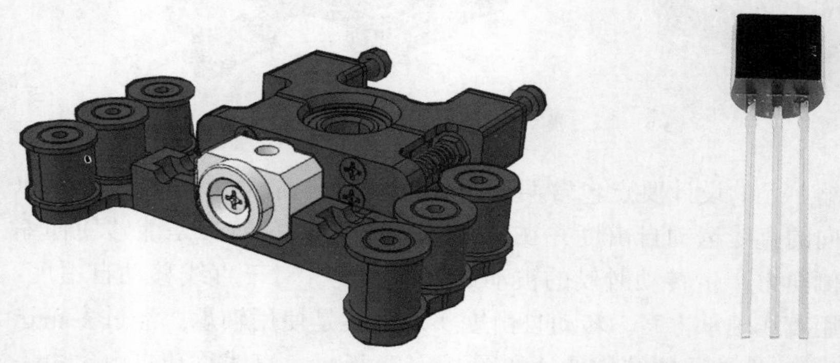

图 6－18 仿生执行器位置信号传感结构设计

3）踝关节执行器原型实物及穿戴验证

在初期的原型样机搭建中，选择步进电机作为电机动力源。同时，使用 FDM 3D 打印的方式制造了除标准零件以外的所有非标设计零件，按照相应的组装顺序，线性执行器的实物如图 6－19 所示。其中，图 6－19a 展示的是未收缩状态下的执行器，图 6－19b 展示的是收缩状态下的执行器；执行器的伸缩距离空间在图中以黄色标识线和相应的箭头表示。

为了对踝关节执行器的设计进行初步验证，在齿轮箱的机架固定了尼龙扎带，配合塑料卡扣与小腿完成固定连结。另外，线性执行器的末端通过螺栓的形式固定在鞋子的脚后跟部位。

(a) 未收缩状态下的执行器

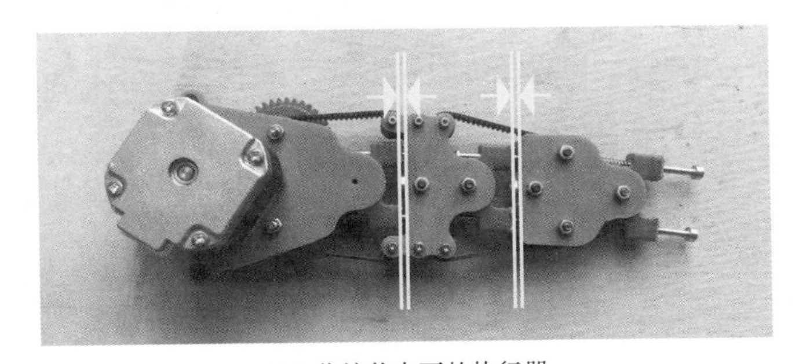

(b) 收缩状态下的执行器

图 6-19　踝关节执行器原型实物(参见书末彩图)

图 6-20 所示为驱动自由度下的踝关节执行器,其中,图(a)为侧面,图(b)为脚后跟抬起情况下的执行器收缩状态,图(c)为站立姿势下执行器伸长状态。图 6-21 是线性执行器的被动自由度展示,其中,图(a)表示内旋自由度下,踝关节执行器能够跟随小腿发生旋转;图(b)表示外旋运动时,执行器同样能够跟随小腿发生旋转。

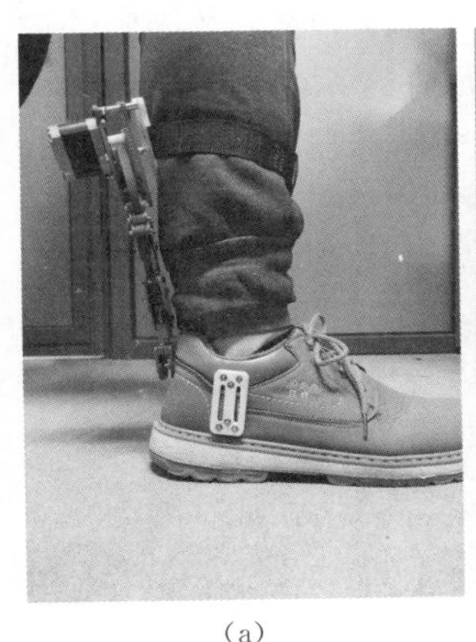

(a)

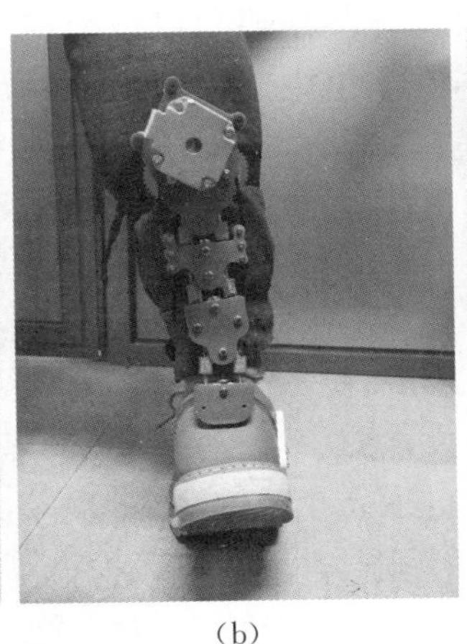

(b)

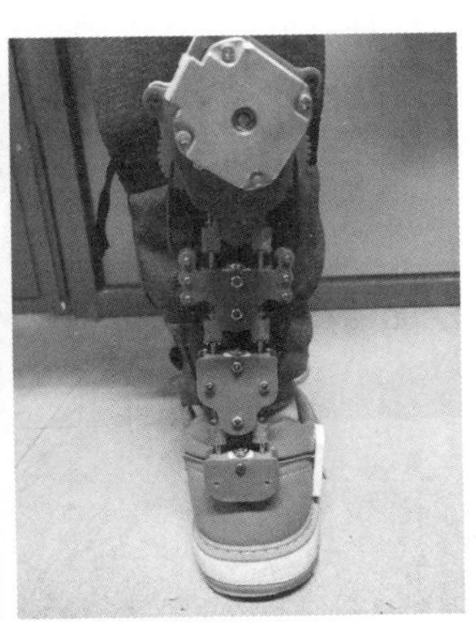

(c)

图 6-20　驱动自由度展示(参见书末彩图)

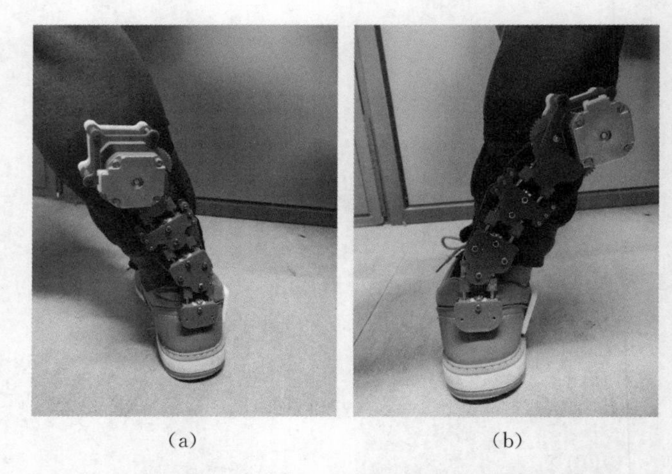

(a) (b)

图 6-21 被动自由度展示(参见书末彩图)

6.3 动力外骨骼样机

6.3.1 关节执行器方案

常见的驱动方式有电机驱动、液压驱动和气压驱动。相比液压驱动和气压驱动方式,电机驱动具有响应速度快、控制精准度高,噪声小、可靠性高、易于维护等优点;不过其缺点是高转速低扭矩的特点导致通常情况下无法单纯地依靠电机直接对机器人系统进行驱动,实际应用中往往会在电机输出末端安装不同形式的减速机来权衡转速和扭矩之间的比例。此外,考虑到仿生外骨骼重量或多或少地需要由人体承担,结构设计方案需要具备体积小、重量轻的属性,同时外骨骼的设计应该尽量避免机械结构对人体下肢以及周围环境的干扰或碰撞。综合考虑,在本书中选用的驱动源是直流无刷外转子盘式电机构成的超扁平关节执行器,如图 6-22 所示。该电机执行器配备霍尔传感器

图 6-22 超扁平关节执行器实物图

以及尺寸相匹配的谐波减速器。额定输出转速 60 r/min 的工况条件下输出扭矩为 23 N·m，瞬时输出扭矩最大可达到 80 N·m，并且可以保持在过载情况下持续工作 5 s，为突发意外情况预留足够的断电时间。该关节执行器由 24 V 直流电压供电，可以利用常见的开关电源和锂电池供电，单个关节执行器的重量为 940 g。关节执行器的详细技术参数见表 6-1。

表 6-1　超扁平关节执行器参数

参数	参数值	单位
输入电压	24DC	V
霍尔元件输入电压	5DC	V
减速比	101∶1	—
瞬时最大扭矩(5 s 过载)	134	N·m
瞬时最大电流(5 s 过载)	40	A
瞬时最大扭矩(30 s 过载)	45	N·m
谁是最大电流(30 s 过载)	22	A
连续输出转速 30 r/min 时的输出扭矩	30	N·m
连续输出转速 30 r/min 时的电流	10	A
L_d* (油脂润滑)	15 000	h
转动惯量	0.2	kg·m²
输出轴分辨率	4 200	Plus/turn
输出轴每个脉冲转动角度	5	arcmin
反向启动扭矩	3	N·m
容许弯矩	72	N·m
质量	940	g

*：L_d 为设计寿命。

6.3.2　动力外骨骼机构

根据设计要求以及所选定的关节执行器方案，本小节将进行仿生外骨骼整机构型设计。仿生外骨骼采用模块化设计，将具有相似特征的结构组件集成在模块化的单元中，模块化不仅可以降低设计难度，而且在穿戴和拆卸机器人时也提供了便利。动力外骨骼的总组装结果如图 6 - 23 所示，其中包含以下主要子装配体：背部组件、腰部延展组件、腿部可伸缩式组件和关节执行器组件。

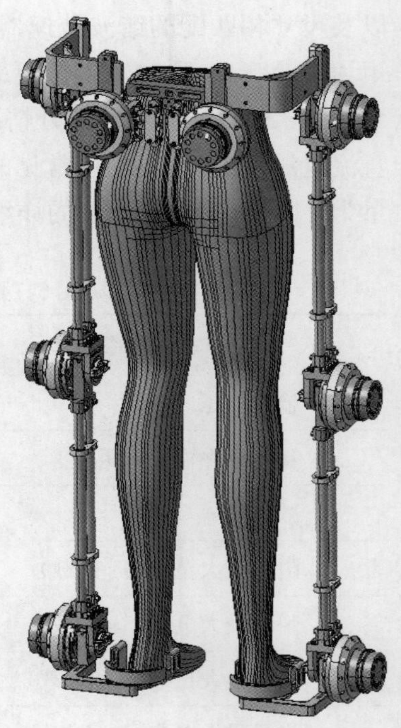

图 6 - 23　仿生外骨骼样机设计总装配图及人体下肢模型(参见书末彩图)

1）模块化关节执行器组件

所选定的驱动关节(髋关节、膝关节、踝关节)在运动形式上几乎是一致的，即在矢状面内转动而产生步态动作，因此将关节电机设计成模块化的单元有利于简化结构设计。模块化关节设计如图 6 - 24 所示，其主要包含动力电机、输出轴以及固定零件。

2）背部组件

背部组件主要用于穿戴者的背部支撑以维持和人体的连接，背部组件两侧分别提供连接髋关节自由度的电机关节模块接口，接口通过法兰盘固定在背部固定架上，如图 6 - 25 所示。

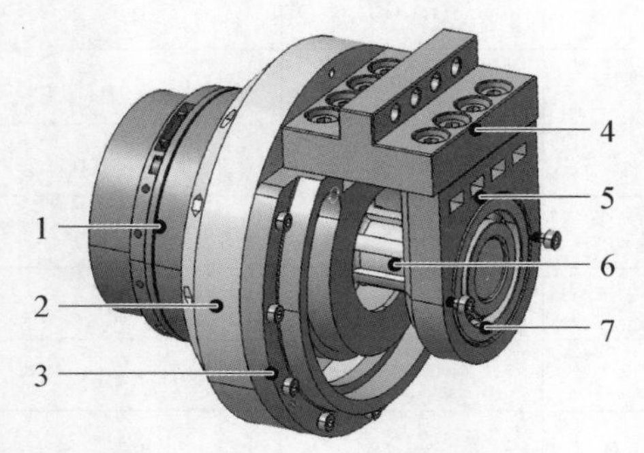

1—盘式直流无刷电机；2—电机固定架；3—固定架法兰盘；4—关节模块固定架；5—电机输出轴支撑端轴承座；7—电机输出支撑端轴承

图 6 - 24　模块化关节执行器组件

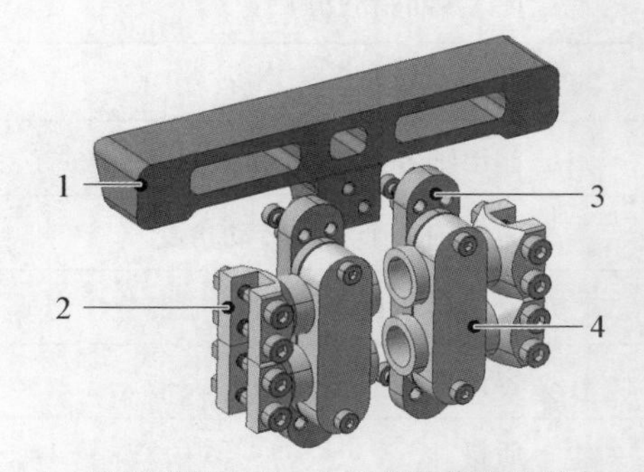

1—背板固定架；2—电机关节模块连接件；3—背板固定法兰盘 1；4—背板固定法兰盘 2

图 6 - 25　背部组件

3）腰部延展组件

腰部延展组件用于连接背部组件和腿部组件，并在使用时提供部分支撑作用。背部的重量通过该组件传递到下肢，因此腰部组件的强度和韧性十分重要。部件的主体由 90°弯折的铝合金板和连接髋关节屈伸自由度电机模块的法兰零件构成，腰部跨度可以根据穿戴者的体型在 400～500 mm 范围内调整，如图 6-26 所示。

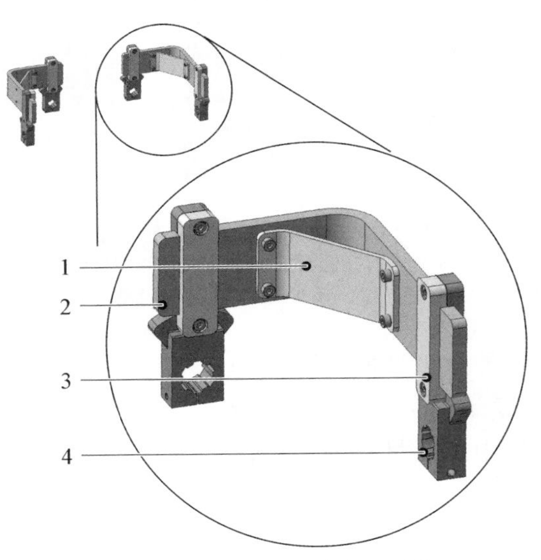

1—90°弯折板；2—弯折板加强零件；
3—电机输出轴连杆法兰；4—电机输出轴连杆
图 6-26 腰部延展组件

4）腿部可伸缩式连杆组件

为了能够适用于不同体型的穿戴者，腿部组件采用的是可伸缩式连杆设计，可以根据穿戴者的身高尺寸调节长度。在外骨骼中，腿部组件共有四组，每一组腿部组件都由两组平行的圆管连接而成，大小圆管嵌套长度可调范围最大为 80 mm，腿部组件的伸缩可调节范围在 260～340 mm，在确定尺寸后使用锁紧零件固定伸缩杆的长度，如图 6-27 所示。

5）加工材料选择

工程材料技术的进步为动力外骨骼的设计制造提供了更多的可能，航空硬铝合金（HAL-5）、钛合金（HULC）、纳米材料（勇士-21），甚至是柔性纺织材料（Soft EXOSUIT）等先进优质的工程材料都已被用于外骨骼的实际样机制造当中，碳纤维材料在汽车领域中被广泛应用。选用合适的材料加合理的结构设计对于设备强度的提升、重量的减轻有很大帮助。

为了满足仿生外骨骼的强度还有设计需求，在制造外骨骼的材料方面需要考虑的因素主要有：①材料本身对人体不存在副作用；②材料的强度要足以支撑人体以及电气设备的重量；③材料的密度要小，也就是在相同的体积下，

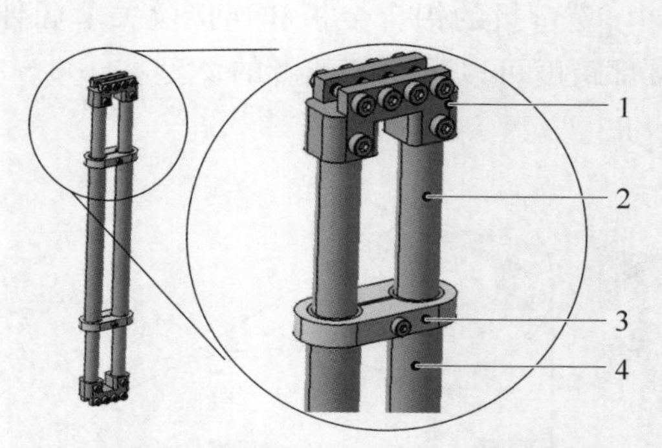

1—电机关节模块连接件；2—嵌套伸缩杆(小)；
3—嵌套伸缩杆锁紧零件；4—嵌套伸缩杆(大)
图 6-27 腿部可伸缩式连杆组件

质量更轻；④材料不能过于昂贵，具有一定的经济性。在目前工业领域中，常用的加工材料有不锈钢、铝合金、钛合金和碳纤维等。为了提供直观的比较结果，这里对以上集中加工材料的综合性能进行分析，每一种材料的参数见表 6-2。

表 6-2 多种工程材料对比

名称	型号	密度	强度比较	经济性
不锈钢	304	7 850 kg/m³	不锈钢＜铝合金＜碳纤维＜钛合金	钛合金＜碳纤维＜铝合金＜不锈钢
铝合金	6061	2 700 kg/m³		
钛合金	Ti-3Al	4 480 kg/m³		
碳纤维	T700	2 000 kg/m³		

在以上材料中，碳纤维和铝合金的密度小，相同体积的情况下，使用这两种材料的质量更轻。在经济性方面，碳纤维的加工通常需要定制特定的模具，因此成本相比能够采用数控加工的铝合金材料而言相对高很多。因此，在本书中，外骨骼的零件加工材料选择的是铝合金材料。

6.3.3 样机实物

按照机构设计将加工所得到的零件分步组装得到以上各组件模块，再将各部分组件进行装配得到如图 6-28 所示动力仿生外骨骼样机实物。为了方便关节电机调试，仿生外骨骼硬件系统被固定在定制的铝型材支架上。该样机于 2019 年参展了“第 21 届中国国际工业博览会”。

图6-28 动力仿生外骨骼样机实物(参见书末彩图)

6.4 本章小结

根据前面章节的理论分析研究工作,本章给出了在研究过程中所设计的外骨骼硬件系统及其相应的实物,主要包括仿生外骨骼构型设计、踝关节执行器设计和实际动力仿生外骨骼系统样机。

(1) 仿生外骨骼结构设计。由三自由度髋关节、单自由度膝关节和两自由度踝关节共同组成仿生外骨骼。采用关节串联式髋关节和踝关节构型设计,以及双侧冗余半包围式膝关节构型设计,使外骨骼转动关节和人体生理关节各自由度转动轴对齐,用于实现髋关节的屈曲/伸展、外展/内收、内旋/外旋运动,膝关节屈曲/伸展运动,踝关节的屈曲/伸展、外展/内收、内旋/外旋运动。

(2) 踝关节执行器设计。结合在行走过程中踝关节的运动机理并在滑轮组机构的启发下,巧妙地利用齿轮与同步带构成的混合传动方案,将电机输出的旋转运动变成模仿肌腱伸缩自由度的运动,为了不对实际踝关节产生阻碍,仿生执行器在主动自由度的运动下,同时能够被动地发生偏转。

(3) 动力仿生外骨骼的结构设计。从人机交互、结构设计、运动范围等整体设计要求出发,结合执行器方案的选择和加工材料的分析,选择盘式直流无刷电机作为执行器方案,选用强度足够且经济性较高的铝合金材料对外骨骼机构设计中的非标零件进行加工,最终研制出了模块化外骨骼样机系统平台并展示了样机实物。

Chapter 7

第7章 仿生外骨骼运动学与动力学分析

本章介绍了仿生外骨骼运动学与动力学分析。机械系统是仿生外骨骼系统的基础和前提,所设计的仿生外骨骼机构需要具有调节功能,从而顺应穿戴者肢体,实现与穿戴者肢体作为一个整体的协调运动。因此,研究者常常从人体运动生物学研究的基础上展开分析。从人体关节运动机理对外骨骼系统进行仿生结构设计,可以确保外骨骼系统结构轻巧、穿戴舒适方便,同时保证外骨骼穿戴的安全性。故而仿生外骨骼机械系统建立在人体下肢运动学生物学分析的基础上十分必要。同时,机械结构设计也是仿生外骨骼进行多体动力学仿真的基础,对后续控制策略验证和分析具有重要意义。

7.1 人体步态分析

仿生外骨骼系统属于典型的人机耦合系统,其控制系统的任务是使外骨骼机构和穿戴者之间进行协调而同步的运动,尽可能地减少机构与人体之间的相互作用力。协助型外骨骼能够在良好的控制策略下以期望的轨迹进行动作,如果能使得这个轨迹与穿戴者的运动轨迹尽可能一致,那么两者之间的相互作用力就可以尽可能地减小甚至消除。因此,分析人体运动步态轨迹是研究外骨骼机器人的一个重要部分,这对下肢关节的运动控制具有指导意义。

人体步态检测的方法有很多,例如基于足底压力的步态检测、基于惯性传感器信号的步态检测、基于 EMG 信号的步态检测等。当获取到人体步态数据后,需要对数据进行处理。数据处理方法包括阈值方法和机器学习等。机器学习方法是在步态分析中对离线步态数据和实时步态数据进行分类的最流行的技术之一。因为这些方法基于大量的数据,而且可以摆脱复杂的生物力学模型和能量损耗方程。许多研究将步态轨迹看作一个数值随时间变化的时间序列形式。这样一来,步态轨迹的预测本质上就是时序的预测,即未来的数值是基于之前的观测值进行预测的结果。Liu 等基于健全人身体关节的步态轨迹，使用深度时空模型来超前一帧生成膝关节轨迹，并且将预测得到的膝关节轨迹应用在膝关节外骨骼上。Zaroug 等使用自动编码来预测下肢运动学轨迹，尤其是线性加速度和角速度，其预测步态轨迹和测量轨迹之间的相关系数为 0.98。此外，人工神经网络方法被大量用来估计步态阶段的参数。Liu 等提出了一种神经网络模型，可以离线检测人体步态的八个相位，检测准确率达到 87.2%～94.5%。Moreira 等应用 LSTM 模型来生成健康人的参考踝关节力矩，在平地行走，实现 4.31%的标准化 RMSE，展示出 LSTM 是具有潜力集成到机器人辅助设备控制中的，来准确地预估健康人的参考踝关节力矩。

步态数据采集和分析是仿生外骨骼控制的重要部分之一，本书使用来自卡内基梅隆大学(Carnegie Mellon University, CMU)动作捕捉数据库中的一组数据展开分析。该数据集是由 mocap 实验室用包含 12 台 Vicon infrared MX-40 摄像机所采集的，这种相机可以记录 120 Hz、400 万像素分辨率的图像。摄像机放置在房间中央约 3 m×8 m 的矩形区域周围内，并捕捉该区域中人体运动时各种姿态数据。数据采集时，受试者穿着带有 41 个标记的黑色连身衣。Vicon 摄像机用红外线识别标记，各种相机拍摄到的图像经过三角测量得到 3D 数据。这个数据集包含人体四肢在内的各个关节在空间中的运动数据。

本书在提取的步态数据中找到了髋关节、膝关节和踝关节的数据。考虑到后期将要开展的工作，文中仅提取髋关节在冠状面和矢状面内的步态数据、膝关节在矢状面内的步态数据和踝关节在矢状面的内的步态数据，并将其用图线直观表示，如图 7-1 所示。图中显示的是某一实验者在 5 s 内正常行走时的步态轨迹，其中横坐标表示运动时间、纵坐标表示各关节的运动角度。图中的数据也符合表 7-1 中人体关节角度运动范围，这在一定程度上保证了数据的有效性。

此外，为了后期计算方便，从这组数据中再截取包含一个周期在内的数据进行插值拟合分析。插值拟合的目的是生成连续可导的步态函数，并将其作为控制跟踪时的期望轨迹函数。在 MATLAB 中，使用拟合工具箱对正常行走过程中人体右腿的各关节的运动轨迹进行拟合。文中选用多项式方法或傅里叶方法进行拟合，为了后期仿真验证的方便，这里截取包含一个步态周期在内的曲线进行拟合分析。如图 7-2 分别为冠状面髋关节、矢状面髋关节、膝关节和矢状面踝关节在某一对应时间段内的步态位移曲线。接下来，所有的踝关节分析均是对矢状面内踝关节运动的分析，矢状面踝关节统称踝关节。

从图 7-2 中可以看出，多项式拟合可以较好地拟合人体关节运动曲线，各关节拟合次数和均方根误差值见表 7-1。

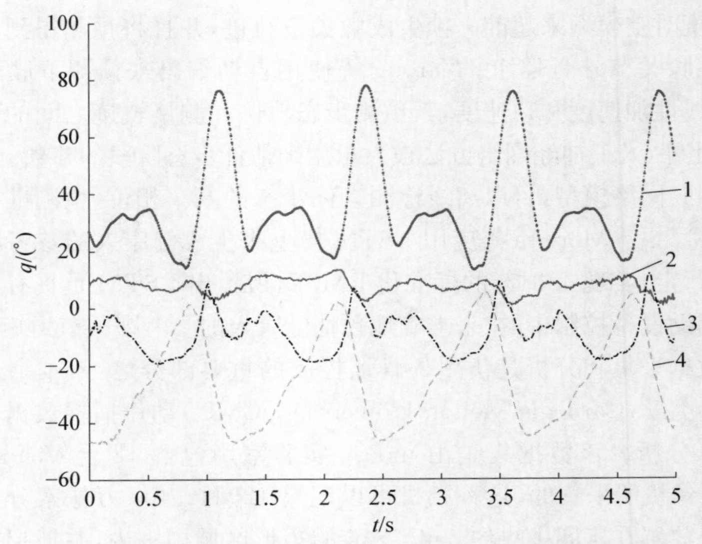

1—膝关节；2—冠状面髋关节；3—踝关节；4—矢状面髋关节

图 7-1 人体关节运动曲线

表 7-1 曲线拟合信息

项目	冠状面髋关节/rad	矢状面髋关节/rad	膝关节/rad	踝关节/rad
多项式次数	6	4	6	5
均方根误差	0.8858	2.9270	2.9411	1.8559

对于多项式次数，随着多项式次数的增大，拟合效果越来越好，但同时计算量也会越来越大。在计算量和拟合精度之间需要做一定的权衡，以保证系统计算的效率。表 7-1 中的多项式次数是多项式拟合的临界最小次数。当多项式次数小于该数时，拟合曲线（图 7-2）将明显异于实际关节运动曲线。

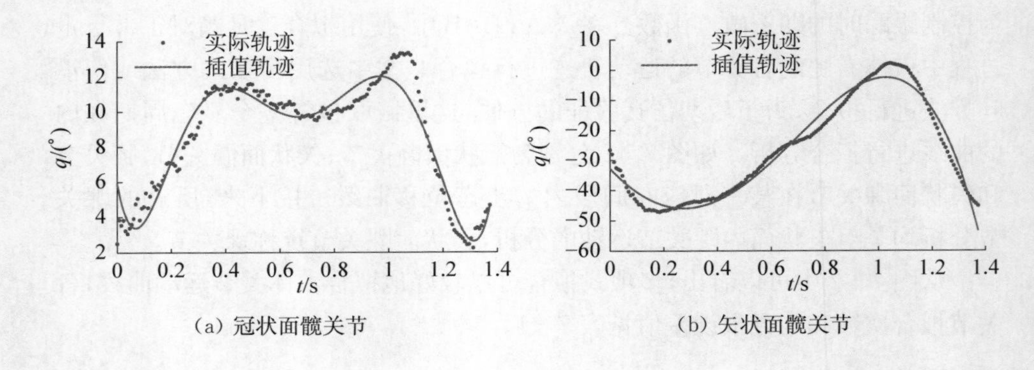

(a) 冠状面髋关节　　(b) 矢状面髋关节

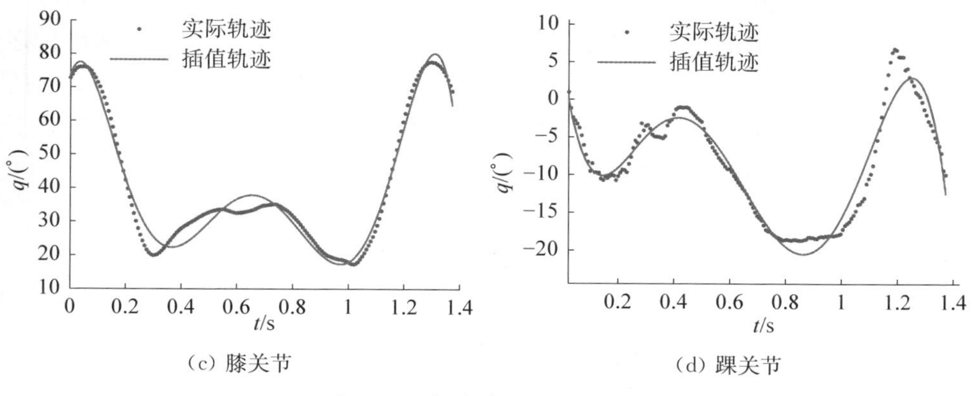

(c) 膝关节　　(d) 踝关节

图 7-2 各关节轨迹拟合曲线

插值拟合后的方程为

$$\left.\begin{aligned}
y_{d1} &= 589.8t^6 - 2\,426t^5 + 3\,744t^4 - 3\,673t^3 + 855.7t^2 + 1\,711.4t + 84.48 \\
y_{d2} &= -105.5t^4 + 71.21t^3 + 159.2t^2 - 95.05t - 32.73 \\
y_{d3} &= -3\,786t^6 + 15\,160t^5 - 22\,450t^4 - 14\,980t^3 - 4\,191t^2 + 241.3t \\
y_{d4} &= -816.9t^5 + 2\,730t^4 - 3\,163t^3 + 1\,492t^2 - 246.1t + 5.3
\end{aligned}\right\} \tag{7-1}$$

式中，$t(0 \leqslant t \leqslant 1.4)$ 表示时间；y_{d1} 表示冠状面髋关节的运动轨迹；y_{d2} 表示矢状面内髋关节的运动轨迹；y_{d3} 表示膝关节的运动轨迹；y_{d4} 表示踝关节的运动轨迹。

7.2 仿生外骨骼运动学分析

本书提及仿生外骨骼的详细结构如图 7-3 所示，在此将其命名为 FL-LLER-Ⅰ(Fighting Lab's Lower Limb Exoskeleton Robot Ⅰ)。在 SolidWorks 软件中建立外骨骼机器人 FL-LLER-Ⅰ的模型，在人体工程学方面，它的机械结构设计是对称的。为了确保安全，采用机械限位装置对每个关节进行了规定的关节角度限制，以防止受试者受到伤害，对应的机械关节角度见表 7-2。该外骨骼机器人通过骨盆运动机构，固定在骨盆支撑板上，每条外骨骼腿有 4 个自由度。它们分别是髋关节在冠状面的内收/外展自由度，髋关节在矢状面内的屈曲/伸展自由度，膝关节在矢状面内的屈曲/伸展自由度和踝关节在矢状面内的屈曲/伸展自由度。外骨骼机器人 FL-LLER-Ⅰ的大腿长和小腿长可以进行无级调节，大腿原始长度为 383 mm，小腿原始长度为 389 mm，大腿小腿长度的调节范围都是 0～100 mm。钛具有很好的重量强度比，但考虑到加工与成本因素，文中的仿生外骨骼部件采用 6061 铝加工制造，在保证机械结构强度的同时减轻了机体重量。经过计算，机体的整体重量为 25.648 kg。如上所述，仿生外骨骼 FL－LLER－Ⅰ的单腿自由度数目基本满足人体在自然步态下所需要的条件。各关节均为主动关节，其驱动方案均采用电机驱动方式。

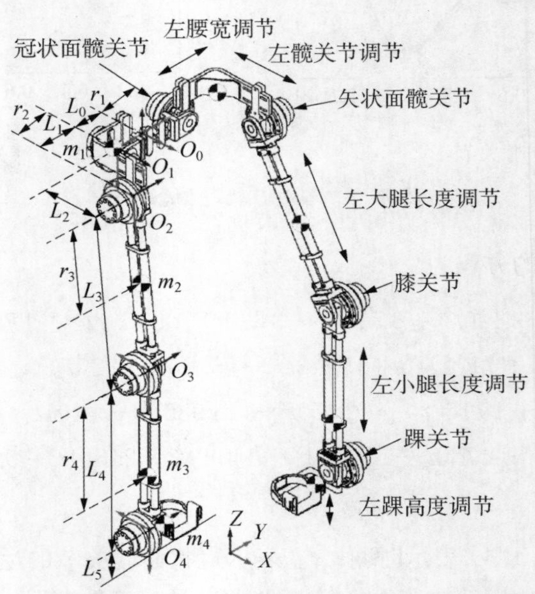

图 7－3 仿生外骨骼 FL－LLER－Ⅰ结构模型(参见书末彩图)

表 7－2 关节限位角度

关节名称	测量维度	普通人关节运动范围/(°)	仿生外骨骼关节运动范围/(°)
髋关节内收/外展	冠状面	－30～60	－10～30
髋关节屈曲/伸展	矢状面	－90～25	－85～20
膝关节屈曲/伸展	矢状面	0～120	0～100
踝关节屈曲/伸展	矢状面	－30～20	－25～15

由于仿生外骨骼 FL－LLER－Ⅰ的设计是对称的，而且两腿可视为两个独立的控制体，其间的运动仅存在一个相位差。因此，可以将仿生外骨骼的每条单腿作为一个控制单元。本书以该外骨骼机器人的右腿轨迹控制为研究对象，对其位置控制模式展开研究。

对于仿生外骨骼 FL-LLER-Ⅰ，为了描述各关节的位置和姿态状态，本书建立如图 7-3 所示各关节坐标系。选定坐标系 O_0 为基准坐标系，两坐标都固定在外骨骼背部中心处，坐标系 O_1 位于冠状面髋关节处，坐标系 O_2 位于冠状面髋关节处，坐标系 O_3 位于膝关节处，坐标系 O_4 位于踝关节处，各关节坐标轴方向如图 7-3 所示。

图 7-3 中，m_1、m_2、m_3、m_4 分别为背部连杆、大腿连杆、小腿连杆、脚底连杆的质量；L_0、L_1、L_2 分别为背部中心到冠状面髋关节轴心、冠状面髋关节轴心到矢状面髋关节电机端面，冠状面髋关节电机端面到矢状面髋关节电机轴心的距离；L_3、L_4、L_5 分别为大腿长度、小腿长度和初始状态下踝关节电机轴心到脚底面的距离。r_1、r_2、r_3、r_4、r_5 分别为冠状面髋关节电机轴心到背部连杆重心的垂直距离、背部连杆重心到矢状面髋关节电机轴心的垂直距离、矢状面髋关节电机轴心到大腿质量中心的距离、膝关节电机轴心到小腿质量中心的距离、矢状面内踝关节电机轴心到脚部关节重心的距离。FL-LLER-Ⅰ的各参数的具体数值见表 7-3。

表 7-3　仿生外骨骼的物理参数

序号	名称	数值	单位	序号	名称	数值	单位
1	m_1	0.956	kg	6	L_1	0.1295	m
2	m_2	5.336	kg	7	L_2	0.1695	m
3	m_3	3.020	kg	8	L_3	0.5310	m
4	m_4	0.512	kg	9	L_4	0.5120	m
5	L_0	0.106	m	10	L_5	0.0005	m

根据图 7-3 中所建立的坐标系关系，列出 FL-LLER-Ⅰ的连杆参数，见表 7-4。

表 7-4　FL-LLER-Ⅰ的连杆参数

i	α_{i-1}	a_{i-1}	d_i	θ_i
1	0°	0	L_0	θ_1
2	90°	0	L_2	θ_2
3	0	L_3	0	θ_3
4	0	L_4	0	θ_4

由图 7－3 和表 7－4,可得各坐标系之间的变换算子为

$$ {}_{1}^{0}\mathrm{T}=\begin{bmatrix} \cos\theta_1 & -\sin\theta_1 & 0 & 0 \\ \sin\theta_1 & \cos\theta_1 & 0 & -L_0 \\ 0 & 0 & 1 & 0 \\ 0 & 0 & 0 & 1 \end{bmatrix} \tag{7-2} $$

$$ {}_{2}^{1}\mathrm{T}=\begin{bmatrix} \cos\theta_2 & -\sin\theta_2 & 0 & 0 \\ 0 & 0 & 1 & -L_1 \\ -\sin\theta_2 & -\cos\theta_2 & 0 & L_2 \\ 0 & 0 & 0 & 1 \end{bmatrix} \tag{7-3} $$

$$ {}_{3}^{2}\mathrm{T}=\begin{bmatrix} \cos\theta_3 & -\sin\theta_3 & 0 & \mathrm{L}_3 \\ \sin\theta_3 & \cos\theta_3 & 0 & 0 \\ 0 & 0 & 1 & 0 \\ 0 & 0 & 0 & 1 \end{bmatrix} \tag{7-4} $$

$$ {}_{4}^{3}\mathrm{T}=\begin{bmatrix} \cos\theta_4 & -\sin\theta_4 & 0 & \mathrm{L}_4 \\ \sin\theta_4 & \cos\theta_4 & 0 & 0 \\ 0 & 0 & 1 & -\mathrm{L}_5 \\ 0 & 0 & 0 & 1 \end{bmatrix} \tag{7-5} $$

最后,得到四个连杆坐标变换矩阵的乘积

$$ {}_{4}^{0}\mathrm{T}={}_{1}^{0}\mathrm{T}{}_{2}^{1}\mathrm{T}{}_{3}^{2}\mathrm{T}{}_{4}^{3}\mathrm{T}=\begin{bmatrix} \mathrm{r}_{11} & \mathrm{r}_{12} & \mathrm{r}_{13} & \mathrm{r}_{14} \\ r_{21} & r_{22} & r_{23} & r_{24} \\ r_{31} & r_{32} & r_{33} & r_{34} \\ 0 & 0 & 0 & 1 \end{bmatrix} \tag{7-6} $$

其中

$$ r_{11}=-c_4(c_1s_2s_3-c_1c_2c_3)-s_4(c_1c_2s_3+c_1c_3s_2) \tag{7-7} $$

$$ r_{12}=s_4(c_1s_2s_3-c_1c_2c_3)-c_4(c_1c_2s_3+c_1c_3s_2) \tag{7-8} $$

$$ r_{13}=-s_1 \tag{7-9} $$

$$ r_{14}=L_1s_1+L_5s_4-L_4(c_1s_2s_3-c_1c_2c_3+L_3c_1c_2) \tag{7-10} $$

$$ r_{21}=-c_4(s_1s_2s_3-c_2c_3s_1)-s_4(c_2s_1s_3+c_3s_1s_2) \tag{7-11} $$

$$ r_{22}=s_4(s_1s_2s_3-c_2c_3s_1)-c_4(c_2s_1s_3+c_3s_1s_2) \tag{7-12} $$

$$r_{23}=c_1 \tag{7-13}$$

$$r_{24}=L_3c_2s_1-L_4(s_1s_1s_3-c_2c_3s_1)-L_1c_1-L_5c_1-L_0 \tag{7-14}$$

$$r_{31}=-c_4(c_2s_3+c_3s_2)-s_4(c_2c_3-s_2s_3) \tag{7-15}$$

$$r_{32}=s_4(c_2s_2+c_3s_2)-c_4(c_2c_3-s_2s_3) \tag{7-16}$$

$$r_{33}=0 \tag{7-17}$$

$$r_{34}=L_2-L_4(c_2s_3+c_3s_2-L_3s_2) \tag{7-18}$$

方程(7-7)～方程(7-18)构成了 FL-LLER-Ⅰ的运动学方程。它们说明了如何计算坐标系 O_4 相对于坐标系 O_0 的位置。运动学方程是描述机器人运动学特性的方程，其意义在于帮助人们理解机器人的运动学特性，从而实现对机器人的精确控制和规划。

7.3　仿生外骨骼动力学分析

仿生外骨骼 FL-LLER-Ⅰ的动力学特性呈强非线性，对其进行动力学建模分析是实现外骨骼高精度运动控制的理论基础。常见的动力学分析方法有牛顿-欧拉法、拉格朗日法、达朗贝尔原理、虚功原理和凯恩法等。由于牛顿-欧拉方程具有很强的几何直观性，并且属于递归形式的动力学求解方法，非常适合于计算机编程，因此本书使用牛顿-欧拉法进行下 FL-LLER-Ⅰ的动力学分析。同机器人连杆运动分析一样，用 v_i 表示坐标系原点 $\{i\}$ 的线速度，ω_i 表示连杆坐标系 $\{i\}$ 的角速度。在任一瞬时时刻，FL-LLER-Ⅰ的每个连杆都具有一定的线速度和角速度。图7-6所示为 FL-LLER-Ⅰ的各连杆矢量。根据连杆间的速度传递关系，连杆 $i+1$ 的角度就等于连杆 i 的角速度引起的分量。参照坐标系 $\{i\}$ 或 $\{i+1\}$，可得到连杆之间的角速度关系为

$$\left.\begin{aligned}&{}^{i}\omega_{i+1}={}^{i}\omega_i+{}^{i}_{i+1}R\dot{\theta}_{i+1}{}^{i+1}\hat{Z}_{i+1}\\&{}^{i+1}\omega_{i+1}={}^{i+1}_{i}R^{i}\omega_i+\dot{\theta}_{i+1}{}^{i+1}\hat{Z}_{i+1}\\&{}^{i+1}\dot{\omega}_{i+1}={}^{i+1}_{i}R^{i}\dot{\omega}_i+{}^{i+1}_{i}R^{i}\omega_i\times\dot{\theta}_{i+1}{}^{i+1}\hat{Z}_{i+1}+\ddot{\theta}_{i+1}{}^{i+1}\hat{Z}_{i+1}\end{aligned}\right\} \tag{7-19}$$

式中，$\dot{\theta}_{i+1}{}^{i+1}\hat{Z}_{i+1}=[0\quad 0\quad \dot{\theta}_{i+1}]^{\mathrm{T}}$。

坐标系 $\{i+1\}$ 的原点的线速度相对于坐标系 $\{i\}$ 原点的线速度为

$${}^{i}v_{i+1}={}^{i}v_i+{}^{i}\omega_i\times{}^{i}P_{i+1} \tag{7-20}$$

上式两边同时左乘 ${}^{i+1}_{i}R$，得

$$ {}^{i+1}v_{i+1} = {}^{i+1}_{i}R({}^{i}v_{i} + {}^{i}\omega_{i} \times {}^{i}P_{i+1}) \tag{7-21} $$

式中的 ${}^{i}P_{i+1}$，在坐标系 $\{i\}$ 中是常数。

各关节的加速度公式为

$$ {}^{i+1}a_{i+1} = {}^{i+1}_{i}R[{}^{i}a_{i} + {}^{i}\omega_{i} \times {}^{i}P_{i+1} + {}^{i}\omega_{i} \times ({}^{i}\omega_{i} \times {}^{i}P_{i+1})] \tag{7-22} $$

各关节质心的加速度为

$$ {}^{i}a_{C_i} = {}^{i}a_{i} + {}^{i}\dot{\omega}_{i} \times {}^{i}P_{C_i} + {}^{i}\omega_{i} \times ({}^{i}\omega_{i} \times {}^{i}P_{C_i}) \tag{7-23} $$

根据牛顿方程以及描述旋转运动的欧拉方程可知，作用在连杆质心的惯性力和惯性力矩为

$$ F_{i} = m a_{C_i} \tag{7-24} $$

$$ N_{i} = {}^{C_i}I\dot{\omega}_{i} + \omega_{i} \times {}^{C_i}I\omega_{i} \tag{7-25} $$

式中，m 表示连杆的质量；${}^{C_i}I$ 表示在坐标系 $\{i\}$ 中，以连杆质心 C_i 为坐标原点的惯性张量。

根据典型连杆在无重力状态下的受力情况，列出力和力矩平衡方程，可得所有作用在连杆 i 上的力为

$$ {}^{i}f_{i} = {}_{i+1}^{i}R\,{}^{i+1}f_{i+1} + {}^{i}F_{i} \tag{7-26} $$

将所有作用在关节质心上的力矩相加，并且令它们的和为零，得到力矩平衡方程为

$$ {}^{i}n_{i} = {}_{i+1}^{i}R\,{}^{i+1}n_{i+1} + {}^{i}N_{i} + {}^{i}P_{C_i} \times {}^{i}F_{i} + {}^{i}P_{i+1} \times {}_{i+1}^{i}R\,{}^{i+1}f_{i+1} \tag{7-27} $$

因此，对于 FL－LLER－Ⅰ，各关节的力矩计算公式为

$$ \tau_{i} = {}^{i}n_{i}^{\mathrm{T}}\,{}^{i}\hat{Z}_{i} \tag{7-28} $$

当用牛顿-欧拉方程对 FL－LLER－Ⅰ进行分析时，可忽略方程中的一些细节，将式(7－28)写成状态空间方程形式：

$$ \boldsymbol{\tau} = \boldsymbol{D}(\boldsymbol{q})\ddot{\boldsymbol{q}} + \boldsymbol{C}(\boldsymbol{q}, \dot{\boldsymbol{q}})\dot{\boldsymbol{q}} + \boldsymbol{G}(\boldsymbol{q}) \tag{7-29} $$

式中，$\boldsymbol{D}(\boldsymbol{q})$ 为 FL－LLER－Ⅰ的 4×4 质量矩阵；$\boldsymbol{C}(\boldsymbol{q}, \dot{\boldsymbol{q}})$ 为 4×1 的离心力和哥氏力矩阵；$\boldsymbol{G}(\boldsymbol{q})$ 为 4×1 重力矩阵。仿生外骨骼动力学模型的建立对制定助力控制策略具有指导作用。

7.4　本章小结

本章的主要内容如下：

(1) 介绍了描述人体的基本面和基本轴，分析了人体各关节尺寸参数和对应的自由度。针对人体生理结构设计了可调节仿生外骨骼 FL-LLER-Ⅰ。

(2) 对人体步态进行讨论。本章选用 CMU 图形实验室动作捕捉数据库中的一组数据，提取了对应关节自由对应的关节位移。为了方便后文的分析，对提取的数据进行了插值拟合处理，获得了一种步态轨迹方程。

(3) 在对应关节处添加笛卡儿坐标系，建立各坐标系之间的变换方程，以描述关节在空间中的运动状态；根据运动学和动力学原理，对 FL-LLER-Ⅰ 进行了运动学分析和动力学建模。

本章工作是后续工作开展的基础和前提，对 FL-LLER-Ⅰ 的控制策略设计具有重要意义。

Chapter 8

第8章 基于轨迹跟踪的仿生外骨骼自适应控制

与传统机器人不同，仿生外骨骼是一种人机闭环的特殊系统，其控制系统的任务是使外骨骼和穿戴者之间协调同步运动，尽量减少人与机器之间的相互作用力。本章根据单腿四自由度仿生外骨骼机构的数学模型，设计并使用鲁棒自适应控制方法进行步态轨迹跟踪控制。首先通过 SolidWorks 环境构建模型，其次运用 MATLAB 拟合工具进行了人体步态插值拟合，然后在 Simulink 仿真软件搭建控制系统并进行仿真分析。最后，对比设计的鲁棒自适应控制器与经典 PD 控制器。仿真结果表明，提出的轨迹跟踪自适应控制系统具有优越性和可行性。

8.1 基于轨迹跟踪的自适应控制算法综述

近年来，随着康复医学的发展和人口老龄化的加剧等因素，外骨骼机器人引起了人们极大的兴趣。外骨骼作为一种助力工具可以应用到多种场景，例如医疗领域中辅助病人康复，工业生产中辅助人体作业以减轻疲劳或者增加负重等。仿生外骨骼是具有多自由度的开链式机构，机器人系统是一个复杂的多输入多输出非线性系统。近年来，越来越多的外骨骼机器人被使用在医疗领域，也有很多仿生公司设计了医用外骨骼，其可以为患者提供助力。但很难实现速度与稳定性之间的平衡，因此对于仿生外骨骼的结构研究仍然具有重要意义。

机械结构和控制策略是外骨骼设计的两个重要因素。外骨骼机器人的助力效果取决于自身的结构设计和使用的控制策略。因此采用合适的控制策略是仿生外骨骼良好性能的必要条件。国内外研究者在这方面进行了大量的研究。Martinez 等设计了一种外骨骼，用来辅助双侧髋膝运动，而不会影响人的运动平衡。Daniel 等在 SolidWorks 中开发了一种外骨骼模型，并进行了动态仿真，最后提出并讨论了外骨骼运动的运动学和动力学参数。Kim 等基于液压外骨骼机器人机构，提出了一种双模式控制方案，该方案可以实现站姿阶段的主动控制和摆动阶段的被动控制，从而达到站立时可承重，摆动时速度快的效果。Li 等根据步态生物力学设计了一种刚-柔耦合可穿戴外骨骼，该机器人具有重量轻、成本低的特点。Zhou 等提出了一种外骨骼，它可以收集健康一侧下肢的能量，并在行走时，受影响的一侧释放能量；还设计了一种基于 RBFNN 轨迹跟踪控制器，实现了对单腿双自由度康复外骨骼系统轨迹跟踪控制。Ren 针对 3 - DOF 外骨骼模型，提出了一种基于 RBFNN 的控制逼近模型，实现对外骨骼机器人的运动控制。同时提出了一种人机交互控制器，将基于步态轨迹的肌肉骨骼模型与迭代控制算法相结合。Wang 等开发了一种基于背部力传感器的控制策略，旨在实现高效、灵活的协同下蹲辅助。

以上控制策略虽然取得了一定的控制效果，但仿生外骨骼作为一种具有多输入多输出的非线性模型，存在较高的不确定性。在人机交互力和外界干扰存在的情况下，其各关节的实际运动角度与人体正常步态的运动规律有一定偏差，当系统受到干扰时，容易出现鲁棒性差的问题。针对以上问题，本书以实现更柔顺的轨迹跟踪控制为目标，根据人体生物学特点设计了一款拟人化仿生外骨骼，并为其设计了一种轨迹跟踪自适应控制算法。本章的主要特色如下：

(1) 根据 7.2 节得到的人体正常步行时的髋关节、膝关节、踝关节步态数据。以人体右腿的步态轨迹跟踪为研究对象，分别对四组步态轨迹进行插值拟合处理，并将得到的拟合函数作为期望轨迹。

(2) 评估控制系统的性能。以插值拟合函数作为期望轨迹，设计了一种鲁棒自适应控制算法，可以实现扰动上确界未知时期望轨迹的跟踪。通过与传统 PD 控制算法比较，证明了鲁棒自适应控制算法的优越性。

8.2　单腿四自由度动力学模型

对于 FL - LLER - Ⅰ，由式(7 - 29)可知，其动态性能可以表示为

$$D(q)\ddot{q} + C(q, \dot{q})\dot{q} + G(q) + \omega = \tau \tag{8-1}$$

式中，$q \in R^n$ 为关节角位移量；$D(q) \in R^{n\times n}$ 为机器人的惯性矩阵；$C(q, \dot{q}) \in R^n$ 表示离心力和哥氏力；$G(q) \in R^n$ 为重力项；$\tau \in R^n$ 为控制力矩；$\omega \in R^n$ 为各种误差和扰动。

假设 1：$q_d \in R^n$ 为期望的关节角度位移，q_d 的一阶导数和二阶导数存在。

假设 2:误差和扰动 ω 的范数满足:

$$\|\omega\| \leqslant d_1 + d_2\|e\| + d_3\|\dot{e}\| \tag{8-2}$$

式中,d_1、d_2 和 d_3 均为正常数;$e = q - q_d$ 和 $\dot{e} = \dot{q} - \dot{q}_d$ 分别为跟踪误差和跟踪误差的导数。

根据机器人系统的动力学特性,可得

$$D(q)\ddot{q}_r + C(q, \dot{q})\dot{q}_r = \tau - \Phi(q, \dot{q}, \dot{q}_r, \ddot{q}_r)P - \omega \tag{8-3}$$

式中,$\Phi(q, \dot{q}, \dot{q}_r, \ddot{q}_r) \in R^{n\times m}$,为已知关节变量函数的回归矩阵;$P \in R^n$,为描述机器人质量特征的未知定常参数向量。

分别引入变量 y 和 q_r,并令

$$y = \dot{e} + \gamma e \tag{8-4}$$

$$\dot{q}_r = \dot{q}_d - \gamma e \tag{8-5}$$

结合式(8-1)、式(8-3)~式(8-5),可得

$$D(q)\dot{y} + C(q, \dot{q})y = \tau - \Phi(q, \dot{q}, \dot{q}_r, \ddot{q}_r)P - \omega \tag{8-6}$$

8.3 鲁棒自适应控制器设计

PD 控制的优点是控制律简单且易于实现,但这类方法的明显缺点就是需要较大的控制能量。自适应控制能够及时修正自己的特性以适应控制对象和外部扰动的动态特性变化,使整个控制系统始终获得满意的控制性能。鲁棒控制是一种保证不确定系统的稳定性并使其达到满意控制效果的控制方法。鲁棒控制器的设计仅需要知道限制不确定性的最大可能值的边界即可。正因为鲁棒控制可以同时补偿结构和非结构不确定性的影响,所以它的控制性能要优于自适应控制方法。通过将三种控制方法结合使用、优劣互补,可以实现对不确定仿生外骨骼的精确控制。

8.3.1 扰动信号上确界未知的控制器设计

当扰动信号的上确界位置时,设计控制器为

$$\tau = -K_p e - K_v \dot{e} + \Phi(q, \dot{q}, \dot{q}_r, \ddot{q}_r)\hat{P} + u \tag{8-7}$$

$$u = -\frac{(\hat{d}f)^2}{\hat{d}f\|y\| + \varepsilon^2}y \tag{8-8}$$

$$\dot{\hat{d}} = \gamma_1 f \| y \|, \ \hat{d}(0) = 0 \tag{8-9}$$

$$\dot{\varepsilon} = -\gamma_2 \varepsilon, \ \varepsilon(0) = 0 \tag{8-10}$$

$\hat{P}$ 的参数估计律取

$$\dot{\hat{P}} = -\Gamma \Phi^{\mathrm{T}}(q, \dot{q}, \dot{q}_{\mathrm{r}}, \ddot{q}_{\mathrm{r}}) y \tag{8-11}$$

式(8-7)～式(8-11)中，$\hat{d}$ 为 d 的估计值，$d = d_1 + d_2 + d_3$，$f = \max(1, \| e \|, \| \dot{e} \|)$，$\gamma_1$、$\gamma_2$ 为任意正常数，Γ 为正定对称阵。且有

$$K_{\mathrm{p}} = K_{\mathrm{p1}} + K_{\mathrm{p2}} B_{\mathrm{p}}(e), \ K_{\mathrm{v}} = K_{\mathrm{v1}} + K_{\mathrm{v2}} B_{\mathrm{v}}(\dot{e})$$

$$K_{\mathrm{p1}} = \mathrm{diag}(k_{\mathrm{p11}}, k_{\mathrm{p12}}, \cdots, k_{\mathrm{p1}n}), \ K_{\mathrm{p2}} = \mathrm{diag}(k_{\mathrm{p21}}, k_{\mathrm{p22}}, \cdots, k_{\mathrm{p2}n})$$

$$K_{\mathrm{v1}} = \mathrm{diag}(k_{\mathrm{v11}}, k_{\mathrm{v12}}, \cdots, k_{\mathrm{v1}n}), \ K_{\mathrm{v2}} = \mathrm{diag}(k_{\mathrm{v21}}, k_{\mathrm{v22}}, \cdots, k_{\mathrm{v2}n})$$

$$B_{\mathrm{p}}(e) = \mathrm{diag}\left(\frac{1}{\alpha_1 + |e_1|}, \frac{1}{\alpha_2 + |e_2|}, \cdots, \frac{1}{\alpha_n + |e_n|}\right)$$

$$B_{\mathrm{v}}(e) = \mathrm{diag}\left(\frac{1}{\beta_1 + |\dot{e}_1|}, \frac{1}{\beta_2 + |\dot{e}_2|}, \cdots, \frac{1}{\beta_n + |\dot{e}_n|}\right)$$

式中，k_{p1i}、k_{p2i}、k_{v1i}、k_{v2i}、α_i、$\beta_i (i = 1, 2, \cdots, n)$ 均大于零。

对式(8-1)所示仿生外骨骼系统，在扰动信号未知情况下，采用式(8-7)、式(8-8)可保证系统全局渐进稳定。定义李雅普诺夫方程函数为

$$V = \frac{1}{2}[y^{\mathrm{T}} D(q) y + e^{\mathrm{T}}(K_{\mathrm{p1}} + \gamma K_{\mathrm{v1}}) e + \tilde{P}^{\mathrm{T}} \Gamma^{-1} \tilde{P}] + \frac{1}{2}(\gamma_1^{-1} \tilde{d}^2 + \gamma_2^{-1} \varepsilon^2) \tag{8-12}$$

对式(8-12)求导，得

$$\dot{V} = -\gamma e^{\mathrm{T}} K_{\mathrm{p}} e - \dot{e}^{\mathrm{T}} K_{\mathrm{v}} \dot{e} - e^{\mathrm{T}}[K_{\mathrm{p2}} B_{\mathrm{p}}(e) + \gamma K_{\mathrm{v2}} B_{\mathrm{v}}(\dot{e})] \dot{e} + y^{\mathrm{T}}(u - \omega) + \gamma_1^{-1} \tilde{d} \dot{\tilde{d}} + \gamma_2^{-1} \varepsilon \dot{\varepsilon} \tag{8-13}$$

分析式(8-13)得

$$\dot{V} \leqslant y^{\mathrm{T}}(u - \omega) + \gamma_1^{-1} \tilde{d} \dot{\tilde{d}} + \gamma_2^{-1} \varepsilon \dot{\varepsilon} \tag{8-14}$$

将控制律式(8-7)、式(8-8)代入式(8-14)中得

$$\dot{V}\leqslant y^{\mathrm{T}}u-y^{\mathrm{T}}\omega+\gamma_1^{-1}\tilde{d}\dot{\tilde{d}}+\gamma_2^{-1}\varepsilon\dot{\varepsilon}=y^{\mathrm{T}}\left[-\frac{(\hat{d}f)^2}{\hat{d}f\|y\|+\varepsilon^2}\right]y-y^{\mathrm{T}}\omega+\gamma_1^{-1}\tilde{d}\dot{\tilde{d}}-\varepsilon^2$$

由于

$$y^{\mathrm{T}}y=\|y\|^2 \tag{8-15}$$

$$-y^{\mathrm{T}}\omega\leqslant\|y\|\cdot\|\omega\| \tag{8-16}$$

$$\|\omega\|\leqslant d_1+d_2\|e\|+d_3\|\dot{e}\|\leqslant df \tag{8-17}$$

$$\dot{\tilde{d}}=-\dot{\hat{d}}=-\gamma_1 f\|y\| \tag{8-18}$$

可得

$$\dot{V}\leqslant-\frac{\varepsilon^4}{\hat{d}f\|y\|+\varepsilon^2}\leqslant 0 \tag{8-19}$$

由上述分析可知，该控制方案是渐近稳定的，即当 $t\to\infty$ 时，$e\to 0$，保证了仿生外骨骼关节跟踪的稳态误差为 0。

8.3.2 轨迹跟踪自适应控制方法实现

仿生外骨骼的轨迹跟踪自适应控制方案是通过改进的鲁棒自适应 PD 控制方案实现的，其总体控制结构如图 8-1 所示。

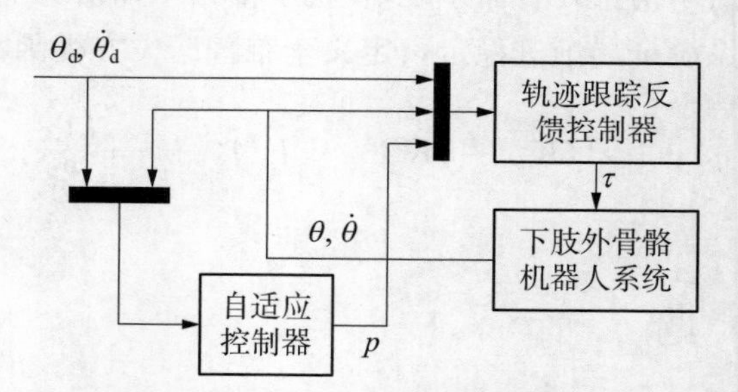

图 8-1 轨迹跟踪自适应控制结构

自适应控制是基于位置跟踪误差，对仿生外骨骼的重力进行补偿，以便自动适应模型参数不确定性的变化。同时，增强了系统的鲁棒性，提高了系统的容错能力。

由式(8-4)、式(8-5)可得

$$y=\dot{q}-\dot{q}_{\mathrm{r}} \tag{8-20}$$

将式(8－20)代入自适应律式(8－11)，可得 $\dot{\hat{P}}$，即得 P 值。

8.3.3　动态方程线性化

为了实现控制律式(8－7)、式(8－8)和自适应律式(8－11)，需要对式(8－21)进行整理：

$$D(q)\ddot{q}_{\mathrm{r}}+C(q,\dot{q})\dot{q}_{\mathrm{r}}+G(q)=\Phi(q,\dot{q},\dot{q}_{\mathrm{r}},\ddot{q}_{\mathrm{r}})P \tag{8-21}$$

针对文中控制的仿生外骨骼右腿四关节有动态方程：

$$\begin{bmatrix} D_{11} & D_{12} & D_{13} & D_{14} \\ D_{21} & D_{22} & D_{23} & D_{24} \\ D_{31} & D_{32} & D_{33} & D_{34} \\ D_{41} & D_{42} & D_{43} & D_{44} \end{bmatrix} \begin{bmatrix} \ddot{q}_1 \\ \ddot{q}_2 \\ \ddot{q}_3 \\ \ddot{q}_4 \end{bmatrix} + \begin{bmatrix} C_{11} & C_{12} & C_{13} & C_{14} \\ C_{21} & C_{22} & C_{23} & C_{24} \\ C_{31} & C_{32} & C_{33} & C_{34} \\ C_{41} & C_{42} & C_{43} & 0 \end{bmatrix} \begin{bmatrix} \dot{q}_1 \\ \dot{q}_2 \\ \dot{q}_3 \\ \dot{q}_4 \end{bmatrix} + \begin{bmatrix} G_1 g \\ G_2 g \\ G_3 g \\ G_4 g \end{bmatrix} = \begin{bmatrix} \tau_1 \\ \tau_2 \\ \tau_3 \\ \tau_4 \end{bmatrix} \tag{8-22}$$

式中，$g=9.8$。通过式(7－22)可以得到每一个关节的动态方程。其中，第一个关节的动态方程可整理为

$$\begin{bmatrix} \phi_{11} & \phi_{12} & \phi_{13} & \phi_{14} \end{bmatrix} \begin{bmatrix} p_1 \\ p_2 \\ p_3 \\ p_4 \end{bmatrix} = \tau_1 \tag{8-23}$$

第二个关节的动态方程可整理为

$$\begin{bmatrix} \phi_{21} & \phi_{22} & \phi_{23} & \phi_{24} \end{bmatrix} \begin{bmatrix} p_1 \\ p_2 \\ p_3 \\ p_4 \end{bmatrix} = \tau_2 \tag{8-24}$$

第三个关节的动态方程可整理为

$$\begin{bmatrix} \phi_{31} & \phi_{32} & \phi_{33} & \phi_{34} \end{bmatrix} \begin{bmatrix} p_1 \\ p_2 \\ p_3 \\ p_4 \end{bmatrix} = \tau_3 \tag{8-25}$$

第四个关节的动态方程可整理为

$$\begin{bmatrix}\phi_{41} & \phi_{42} & \phi_{43} & \phi_{44}\end{bmatrix}\begin{bmatrix}p_1\\p_2\\p_3\\p_4\end{bmatrix}=\tau_4 \tag{8-26}$$

在式(8.23)～式(8.26)中，取 $P=[p_1 \quad p_2 \quad p_3 \quad p_4]^{\mathrm{T}}$，并令 $p_1=m_1$、$p_2=m_2$、$p_3=m_3$、$p_4=m_4$。通过MATLAB程序计算知，$\Phi(q,\dot{q},\dot{q}_r,\ddot{q}_r)$ 为不包含有 m_1、m_2、m_3 和 m_4 的矩阵，由此可得，本控制算法可以实现变负载的单腿四关节仿生外骨骼控制。

8.4　控制仿真实验及分析

对于PD控制方式可以对各关节独立地使用PD线性反馈控制律，保证系统稳定渐进性，且控制器容易设计而被广泛应用于工业机器人控制中，本章搭建PD控制模型，系统的初始状态为

$$[q_1 \quad \dot{q}_1 \quad q_2 \quad \dot{q}_2 \quad q_3 \quad \dot{q}_3 \quad q_4 \quad \dot{q}_4]^{\mathrm{T}}=[6 \quad 0 \quad -30 \quad 0 \quad 60 \quad 0 \quad 5 \quad 0]^{\mathrm{T}},$$

控制参数取

$$K_p=\mathrm{diag}(20\,000,\ 20\,000,\ 8\,000,\ 8\,000),\ K_d=\mathrm{diag}(2\,000,\ 2\,000,\ 800,\ 800)。$$

仿真结果如图8-2～图8-5所示。

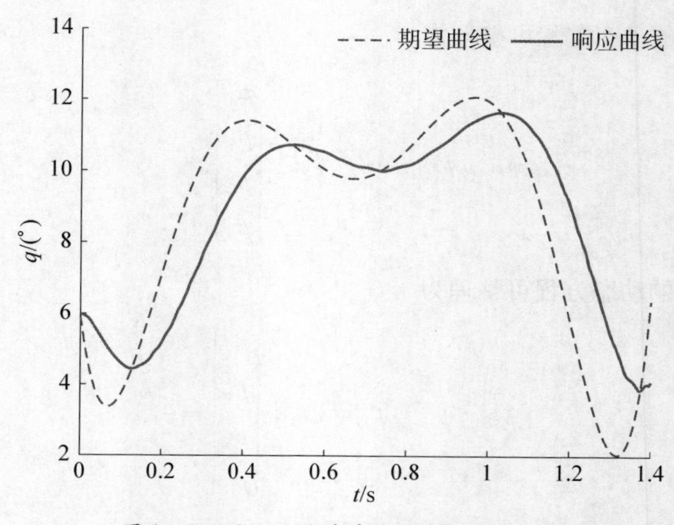

图8-2　冠状面髋关节轨迹PD跟踪曲线

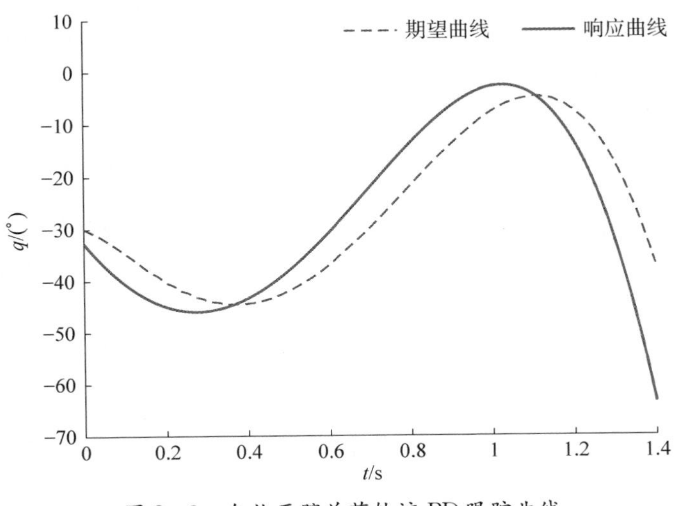

图 8-3　矢状面髋关节轨迹 PD 跟踪曲线

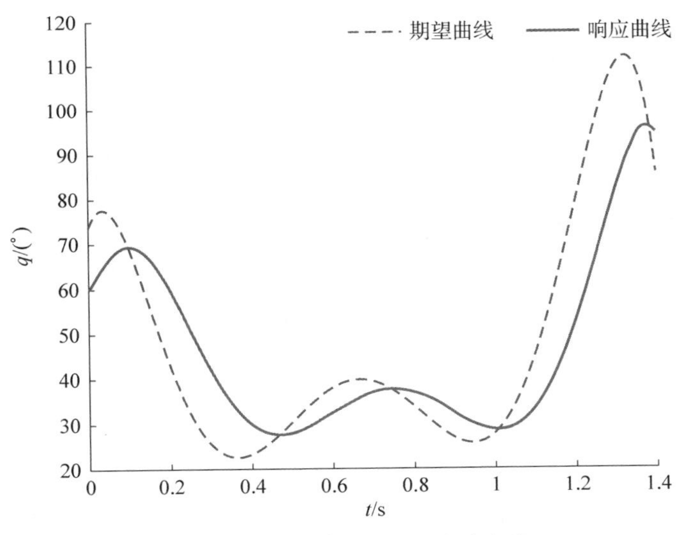

图 8-4　膝关节轨迹 PD 跟踪曲线

鲁棒自适应 PD 控制算法结合自适应控制、鲁棒控制和 PD 控制的优点于一体，可以同时应对系统中存在的不确定现象而保持其稳定性。设置系统的扰动误差、位置指令和初始状态分别为

$$d_1=2,\ d_2=3,\ d_3=6,\ \omega=d_1+d_2\|e\|+d_3\|\dot{e}\|$$

$$[q_1\quad \dot{q}_1\quad q_2\quad \dot{q}_2\quad q_3\quad \dot{q}_3\quad q_4\quad \dot{q}_4]^{\mathrm{T}}=[0.1\quad 0\quad 0.1\quad 0\quad 0.1\quad 0\quad 0.1\quad 0]^{\mathrm{T}}$$

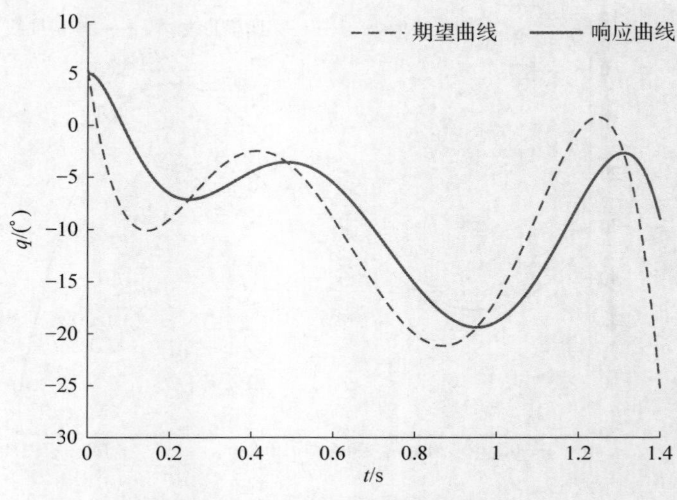

图 8-5 踝关节轨迹 PD 跟踪曲线

控制器参数取

$$K_{p1}=\mathrm{diag}(180,\ 190,\ 180,\ 180),\ K_{p2}=\mathrm{diag}(150,\ 150,\ 150,\ 150)$$

$$K_{v1}=\mathrm{diag}(180,\ 180,\ 180,\ 180),\ K_{v2}=\mathrm{diag}(150,\ 150,\ 150,\ 150)$$

$$\alpha_i=\beta_i=1(i=1,\ 2),\ \gamma=5,\ \gamma_1=\gamma_2=20$$

仿真结果如图 8-6~图 8-10 所示。

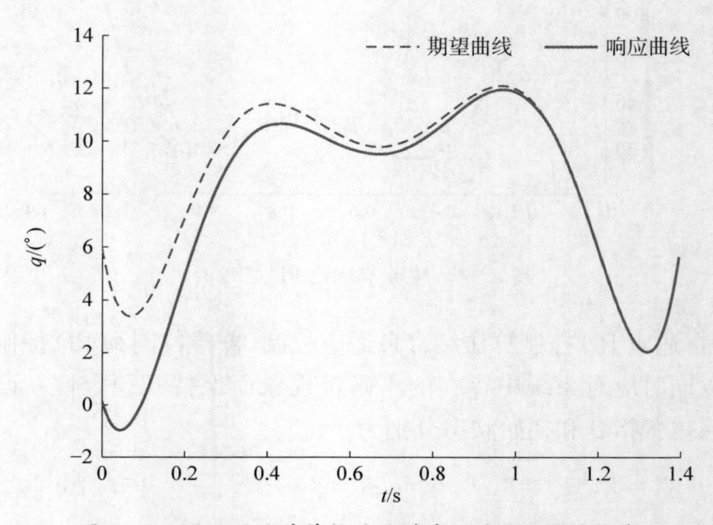

图 8-6 冠状面髋关节轨迹改进自适应 PD 跟踪曲线

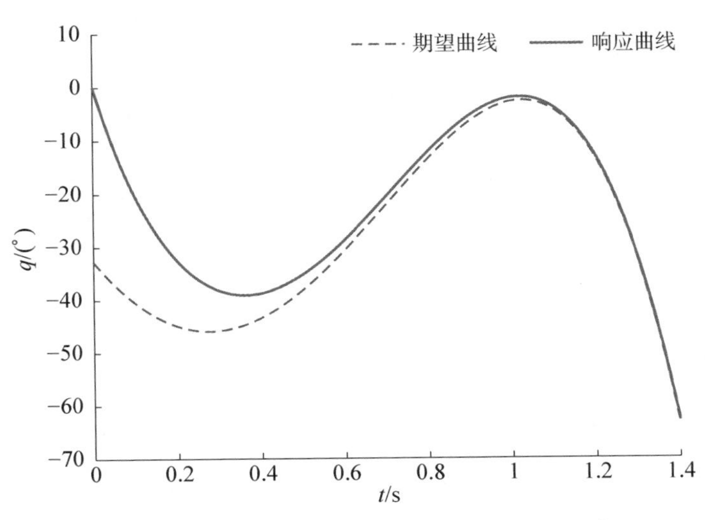

图 8-7　矢状面髋关节轨迹自适应 PD 跟踪曲线

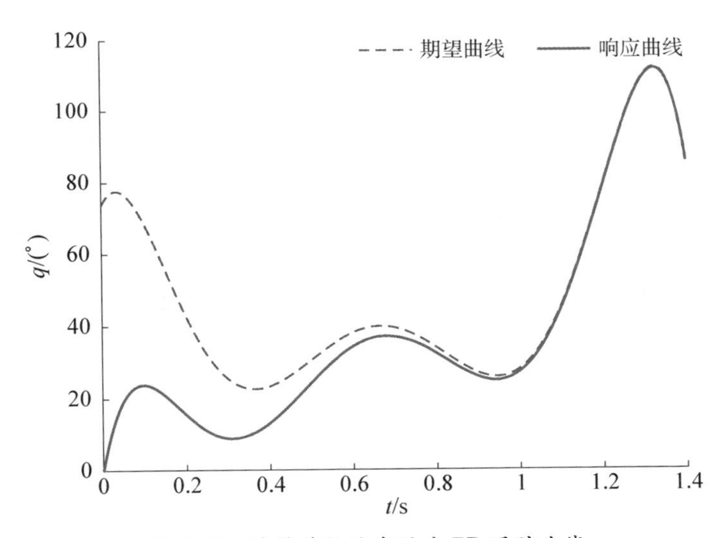

图 8-8　膝关节轨迹自适应 PD 跟踪曲线

对比图 8-2～图 8-9 可以看出，经过优化之后的 PD 控制只能达到同趋势的效果，并不能实现最终的期望效果。然而改进后的鲁棒自适应 PD 控制方法的动态响应性能明显优于经典 PD 控制方法。从图 8-10 可以看出，在扰动上确界未知的情况下，鲁棒自适应 PD 控制器在所设计的外骨骼机器人上，轨迹跟踪误差最终为零，表现出了良好的跟踪效果。控制器自适应参数逼近值基本稳定在预设值附近，分别为 $p_1=1.52$、$p_2=6.50$、$p_3=3.00$、$p_4=0.5$。

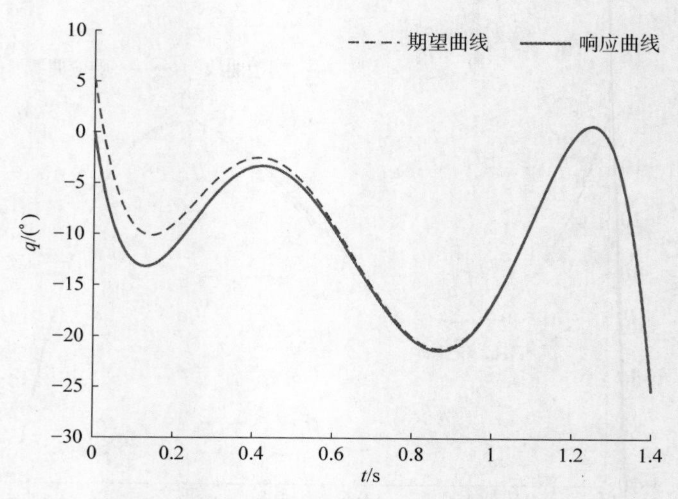

图 8-9 踝关节轨迹自适应 PD 跟踪曲线

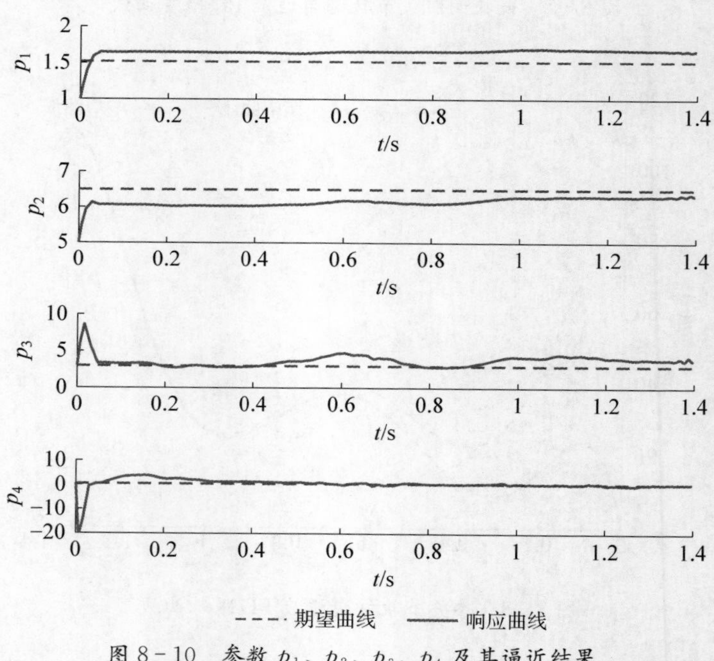

图 8-10 参数 p_1、p_2、p_3、p_4 及其逼近结果

8.5 本章小结

本章针对第 7 章提出的仿生外骨骼 FL-LLER-Ⅰ，设计了一种鲁棒自适

应控制策略。根据 Lyapunov 理论，证明了控制系统的稳定性。仿真结果表明，与传统 PD 控制策略相比，在扰动上确界未知的情况下，本章提出的鲁棒自适应控制性能明显更优越，最终轨迹跟踪误差为零，表现出了良好的跟踪效果。本章的主要内容包括：

(1) 针对仿生外骨骼 FL-LLER-Ⅰ，在 MATLAB 中利用 S-Function 函数建立控制算法，设计了一种仿生外骨骼鲁棒自适应控制器。

(2) 调节控制器参数，在仿真环境中实现了对期望轨迹的跟踪控制，仿真结果表明，改进的鲁棒自适应控制方法具有可行性。

本章分别使用经典 PD 控制和改进的鲁棒自适应控制方法进行了仿真验证，虽然仿真结果表明鲁棒自适应控制策略优于经典 PD 控制方法，但其跟踪性能仍有改进的空间。本书后续章节将就减小轨迹跟踪误差做进一步讨论。

Chapter 9

第9章 基于 MIMO 的仿生外骨骼模糊自适应控制

本章介绍了基于 MIMO 的仿生外骨骼模糊自适应控制算法。使用鲁棒自适应控制策略在跟踪误差和计算效率上的表现并不能令人满意。此外，传统的模糊自适应控制方法对于存在较大干扰等外界因素时，控制效果会明显变差。为了减弱这些外界因素的干扰，可以采用模糊补偿器。同时，为了减小模糊逼近的计算量、提高运算效率，对不同的扰动项加以区分，并分别逼近。仿真实验表明，与自适应 PD 控制方法和传统模糊控制方法相比，改进后的带补偿的模糊自适应控制方法有更好的综合性能。它不仅可以实现仿生外骨骼 FL－LLER－Ⅰ的步态轨迹跟踪，而且可以很好地抑制摩擦、扰动和负载变化等因素的影响。

9.1 基于 MIMO 的模糊自适应控制综述

随着科技的不断发展，机器人技术在医疗和工业领域中得到了广泛的应用。外骨骼是一种能够辅助人类行走的新型智能机器人，具有广泛的应用前景。在外骨骼的控制中，模糊自适应控制是一种有效的控制方法，具有很高的应用价值，其是一种基于模糊逻辑和自适应算法相结合的控制方法。该方法可以根据系统的实时反馈信息，自动调整控制参数，使得系统能够更好地适应不同的环境和任务需求。在外骨骼的控制中，自适应模糊控制可以根据患者的身体状况和行走需求，自动调整机器人的运动参数，从而实现更加精准和安全的运动控制。国内外研究人员在外骨骼机器人控制方面做了大量的工作。Tanyildizi 等利用 MATLAB/Simulink 程序，结合数学模型和模糊逻辑方法对双摆系统进行了控制仿真。仿真结果表明，所设计的控制方法具有较高的跟踪成功率且对负载变化有鲁棒性。Razzaghian 研究了一种基于模糊神经网络补偿器的新型分数阶 Lyapunov 鲁棒控制器，用于外骨骼机器人系统。所提出的算法保证了外骨骼机器人轨迹跟踪的有限时间收敛性和鲁棒性。REZA 提出了一种基于模糊的控制算法，用于外骨骼从坐到站和站到坐期间的运动。

Zhong建立了一个模糊逻辑顺从自适应控制器。实验结果证明模糊自适应控制在MIMO系统中有良好的协作效果。Chen针对具有不确定MIMO的外骨骼机器人开发了基于扰动观测器的自适应模糊控制方法，并用实验证明了该方法的有效性。Yang等研究了下肢携行外骨骼系统稳定性控制问题，提出了具有固定重力补偿的模糊自适应位置控制算法，并在自己设计的下肢携行外骨骼实验中应用，仿真结果表明，所提出的控制方法能够使外骨骼准确迅速地跟踪人体运动。Zhang为了实现辅助康复系统的稳定运行控制，讨论了一种自适应模糊控制方案，并通过详细的仿真研究和人机交互测试，验证了设计和控制方法的可行性。Sun等针对双自由度外骨骼系统提出了一种简约自适应模糊解耦控制方法；他们同时考虑了一般的MIMO系统和特殊的外骨骼机器人系统，通过实验验证所提出的简约模糊自适应控制算法具有良好地跟踪人类步行步态轨迹的性能，从而证实了所提出算法的有效性。Yang等表示，对于2-DOF外骨骼系统，在实际工作中，会不可避免地出现不确定性和扰动，这种不确定性和扰动可以通过模糊集理论来描述，并通过模糊隶属度函数进行逼近，还通过实验证明了模糊自适应控制算法对下肢康复训练的有效性。

可靠的外骨骼机器人平台和有效的控制算法尤为重要。外骨骼控制器开发、机械设计和佩戴者运动意图识别方面仍然受到限制。以上控制策略多以模糊控制算法为主，虽然取得了一定的控制效果，但外骨骼作为一种典型的多输入多输出系统，工作期间，一般需要人将其穿戴在身上，与人共同形成一个复杂的不确定机械系统。当用户穿戴外骨骼行走时，必然会出现人机交互。如果下肢助推器外骨骼的跟随性能不好，出现较大误差就会影响穿戴者的运动体验，甚至达不到运动助力的效果。

针对以上问题，本章以实现更柔顺的轨迹跟踪控制为目标，为仿生外骨骼FL-LLER-Ⅰ设计一种模糊自适应控制方法。结合仿生外骨骼FL-LLER-Ⅰ的行走特点，在Simulink中搭建FL-LLER-Ⅰ的动力学仿真模型和模糊自适应控制器，对冠状面髋关节、矢状面髋关节、膝关节和踝关节4个驱动电机分别采用自适应PD控制算法、传统模糊逻辑控制算法和带补偿的模糊自适应控制算法进行仿真分析，并比较了FL-LLER-Ⅰ在三种控制算法下的关节运动轨迹跟踪效果，验证了本书所提出控制方法的有效性。

9.2　摩擦、外加干扰和负载变化情况的模糊补偿控制

考虑到FL-LLER-Ⅰ的不确定部分同时包含摩擦、外加干扰和负载变化。其中负载变化与加速度有关，则用逼近外加干扰的模糊系统可表示为

$\hat{\boldsymbol{F}}(\boldsymbol{q}, \dot{\boldsymbol{q}}, \ddot{\boldsymbol{q}} \mid \Theta)$。为了减少模糊规则的数量,将不确定项进行 $\hat{\boldsymbol{F}}(\boldsymbol{q}, \dot{\boldsymbol{q}}, \ddot{\boldsymbol{q}} \mid \Theta)$ 进行分解,并根据基于传统模糊补偿的控制器设计方法,来设计控制律。

FL - LLER - Ⅰ的单腿动态方程为

$$\boldsymbol{D}(\boldsymbol{q})\ddot{\boldsymbol{q}} + \boldsymbol{C}(\boldsymbol{q}, \dot{\boldsymbol{q}})\dot{\boldsymbol{q}} + \boldsymbol{G}(\boldsymbol{q}) + \boldsymbol{F}(\boldsymbol{q}, \dot{\boldsymbol{q}}, \ddot{\boldsymbol{q}}) = \boldsymbol{\tau} \tag{9-1}$$

式中,$\boldsymbol{D}(\boldsymbol{q})$ 为惯性矩阵;$\boldsymbol{C}(\boldsymbol{q}, \dot{\boldsymbol{q}})$ 为向心力和哥氏力矩阵;$\boldsymbol{G}(\boldsymbol{q})$ 为重力项;$\boldsymbol{F}(\boldsymbol{q}, \dot{\boldsymbol{q}}, \ddot{\boldsymbol{q}})$ 为由摩擦力 $\boldsymbol{F}_{\mathrm{r}}$、扰动 $\boldsymbol{\tau}_{\mathrm{d}}$、负载变化的不确定项组成的未知非线性函数。

假设 $\boldsymbol{D}(\boldsymbol{q})$、$\boldsymbol{C}(\boldsymbol{q}, \dot{\boldsymbol{q}})$ 和 $\boldsymbol{G}(\boldsymbol{q})$ 为已知,且所有状态变量可测得。定义滑模函数为

$$\boldsymbol{s} = \dot{\tilde{\boldsymbol{q}}} + \boldsymbol{\Lambda}\tilde{\boldsymbol{q}} \tag{9-2}$$

式中,$\boldsymbol{\Lambda}$ 为正定矩阵;$\tilde{\boldsymbol{q}}(t)$ 为跟踪误差;$\tilde{\boldsymbol{q}}(t) = q - q_{\mathrm{d}}$,$q_{\mathrm{d}}$ 为理想角度。

定义

$$\dot{\boldsymbol{q}}_{\mathrm{r}}(t) = \dot{\boldsymbol{q}}_{\mathrm{d}}(t) + \boldsymbol{\Lambda}\tilde{\boldsymbol{q}}(t) \tag{9-3}$$

由于 $\boldsymbol{s} = \dot{\tilde{\boldsymbol{q}}} + \boldsymbol{\Lambda}\tilde{\boldsymbol{q}} = \dot{\boldsymbol{q}} - \dot{\boldsymbol{q}}_{\mathrm{d}} + \boldsymbol{\Lambda}\tilde{\boldsymbol{q}}$,因此有

$$\boldsymbol{D}\dot{\boldsymbol{s}} = \boldsymbol{D}\ddot{\boldsymbol{q}} - \boldsymbol{D}\ddot{\boldsymbol{q}}_{\mathrm{r}} = \boldsymbol{\tau} - \boldsymbol{C}\dot{\boldsymbol{q}} - \boldsymbol{G} - \boldsymbol{F} - \boldsymbol{D}\ddot{\boldsymbol{q}}_{\mathrm{r}} \tag{9-4}$$

其中 $\boldsymbol{D}(\boldsymbol{q}) = \boldsymbol{D}(m_{\mathrm{n}}, \boldsymbol{q})$,$\boldsymbol{C}(\boldsymbol{q}, \dot{\boldsymbol{q}}) = \boldsymbol{C}(m_{\mathrm{n}}, \boldsymbol{q}, \dot{\boldsymbol{q}})$,$\boldsymbol{G}(\boldsymbol{q}) = \boldsymbol{G}(m_{\mathrm{n}}, \boldsymbol{q})$

对于 $\boldsymbol{e}(\boldsymbol{q}, \dot{\boldsymbol{q}}, \ddot{\boldsymbol{q}}, t) = \boldsymbol{e}_{\mathrm{D}}[\boldsymbol{D}(\boldsymbol{q})\ddot{\boldsymbol{q}}] + \boldsymbol{e}_{\mathrm{C}}[\boldsymbol{C}(\boldsymbol{q}, \dot{\boldsymbol{q}})\dot{\boldsymbol{q}}] + \boldsymbol{e}_{\mathrm{G}}[\boldsymbol{G}(\boldsymbol{q})]$

令 $\boldsymbol{e}_{\mathrm{D}} = \boldsymbol{D}(m_{\mathrm{nc}}, \boldsymbol{q})\ddot{\boldsymbol{q}} - \boldsymbol{D}(m_{\mathrm{n}}, \boldsymbol{q})\ddot{\boldsymbol{q}}$,$\boldsymbol{e}_{\mathrm{C}} = \boldsymbol{C}(m_{\mathrm{nc}}, \boldsymbol{q}, \dot{\boldsymbol{q}})\dot{\boldsymbol{q}} - \boldsymbol{C}(m_{\mathrm{n}}, \boldsymbol{q}, \dot{\boldsymbol{q}})\dot{\boldsymbol{q}}$

$$\boldsymbol{e}_{\mathrm{G}} = \boldsymbol{G}(m_{\mathrm{nc}}, \boldsymbol{q}) - \boldsymbol{G}(m_{\mathrm{n}}, \boldsymbol{q})$$

则 $\boldsymbol{e}(\boldsymbol{q}, \dot{\boldsymbol{q}}, \ddot{\boldsymbol{q}}) = \boldsymbol{e}_{\mathrm{D}}[\boldsymbol{D}(\boldsymbol{q})\ddot{\boldsymbol{q}}] + \boldsymbol{e}_{\mathrm{C}}[\boldsymbol{C}(\boldsymbol{q}, \dot{\boldsymbol{q}})\dot{\boldsymbol{q}}] + \boldsymbol{e}_{\mathrm{G}}[\boldsymbol{G}(\boldsymbol{q})]$

式中,m_{n} 为已知的名义值;m_{nc} 为实际值。

不确定部分可表示为

$$\boldsymbol{F}(\boldsymbol{q}, \dot{\boldsymbol{q}}, \ddot{\boldsymbol{q}}) = \boldsymbol{e}(\boldsymbol{q}, \dot{\boldsymbol{q}}, \dot{\boldsymbol{q}}, t) + \boldsymbol{F}_{\mathrm{r}}(\dot{\boldsymbol{q}}) + \boldsymbol{\tau}_{\mathrm{d}} \tag{9-5}$$

仿生外骨骼单侧腿的动态方程可表示为

$$D(\boldsymbol{q})\ddot{\boldsymbol{q}} + C(\boldsymbol{q}, \dot{\boldsymbol{q}})\dot{\boldsymbol{q}} + G(\boldsymbol{q}) + \boldsymbol{e}(\boldsymbol{q}, \dot{\boldsymbol{q}}, \dot{\boldsymbol{q}}, t) + \boldsymbol{F}_{\mathrm{r}}(\dot{\boldsymbol{q}}) + \boldsymbol{\tau}_{\mathrm{d}} = \boldsymbol{\tau} \tag{9-6}$$

式(9-5)又可以分解为

$$\boldsymbol{F}(\boldsymbol{q}, \dot{\boldsymbol{q}}, \ddot{\boldsymbol{q}}) = \boldsymbol{F}^1(\boldsymbol{q}, \dot{\boldsymbol{q}}) + \boldsymbol{F}^2(\boldsymbol{q}, \dot{\boldsymbol{q}}) \tag{9-7}$$

其中

$$\boldsymbol{F}^1(\boldsymbol{q},\dot{\boldsymbol{q}})=e_{\mathrm{C}}[\boldsymbol{C}(\boldsymbol{q},\dot{\boldsymbol{q}})\dot{\boldsymbol{q}}]+e_{\mathrm{G}}[\boldsymbol{G}(\boldsymbol{q})]+\boldsymbol{F}_{\mathrm{r}}(\dot{\boldsymbol{q}})+\boldsymbol{\tau}_{\mathrm{d}},\ \boldsymbol{F}^2(\boldsymbol{q},\dot{\boldsymbol{q}})=e_{\mathrm{D}}[\boldsymbol{D}(\boldsymbol{q})\ddot{\boldsymbol{q}}]$$

模糊自适应控制律设计为

$$\boldsymbol{\tau}=\boldsymbol{D}(\boldsymbol{q})\ddot{\boldsymbol{q}}_{\mathrm{r}}+\boldsymbol{C}(\boldsymbol{q},\dot{\boldsymbol{q}})\dot{\boldsymbol{q}}_{\mathrm{r}}+\boldsymbol{G}(\boldsymbol{q})+\hat{\boldsymbol{F}}^1(\boldsymbol{q},\dot{\boldsymbol{q}}\mid\boldsymbol{\Theta}^1)+\hat{\boldsymbol{F}}^2(\boldsymbol{q},\dot{\boldsymbol{q}}\mid\boldsymbol{\Theta}^2)-\boldsymbol{K}_{\mathrm{D}}\boldsymbol{s} \tag{9-8}$$

自适应律设计为

$$\dot{\boldsymbol{\Theta}}_i^1=-\boldsymbol{\Gamma}_{1i}^{-1}s_i\boldsymbol{\xi}^1(\boldsymbol{q},\dot{\boldsymbol{q}})\quad(i=1,2,\cdots,n) \tag{9-9}$$

$$\dot{\boldsymbol{\Theta}}_i^2=-\boldsymbol{\Gamma}_{2i}^{-1}s_i\boldsymbol{\xi}^2(\boldsymbol{q},\dot{\boldsymbol{q}})\quad(i=1,2,\cdots,n) \tag{9-10}$$

定义 Lyapunov 函数为

$$V(t)=\frac{1}{2}\left(\boldsymbol{s}^{\mathrm{T}}\boldsymbol{D}\boldsymbol{s}+\sum_{i=1}^{n}\tilde{\boldsymbol{\Theta}}_i^1\Gamma_{1i}\tilde{\boldsymbol{\Theta}}_i^1+\sum_{i=1}^{n}\tilde{\boldsymbol{\Theta}}_i^2\Gamma_{2i}\tilde{\boldsymbol{\Theta}}_i^2\right) \tag{9-11}$$

式中，$\Gamma_i>0$；$\tilde{\boldsymbol{\Theta}}_i=\boldsymbol{\Theta}_i^*-\boldsymbol{\Theta}_i$，$\boldsymbol{\Theta}_i^*$ 为理想参数。由式(9－4)、式(9－11)可得

$$\dot{V}(t)=-\boldsymbol{s}^{\mathrm{T}}(\boldsymbol{D}\ddot{\boldsymbol{q}}_{\mathrm{r}}+\boldsymbol{C}\dot{\boldsymbol{q}}_{\mathrm{r}}+\boldsymbol{G}+\boldsymbol{F}-\boldsymbol{\tau})+\sum_{i=1}^{n}\tilde{\boldsymbol{\Theta}}_i^{1^{\mathrm{T}}}\Gamma_{1i}\dot{\tilde{\boldsymbol{\Theta}}}_i^1+\sum_{i=1}^{n}\tilde{\boldsymbol{\Theta}}_i^{2^{\mathrm{T}}}\Gamma_{2i}\dot{\tilde{\boldsymbol{\Theta}}}_i^2 \tag{9-12}$$

用模糊系统 $\hat{F}(\boldsymbol{q},\dot{\boldsymbol{q}},\ddot{\boldsymbol{q}}\mid\boldsymbol{\Theta})$ 来逼近 $F(\boldsymbol{q},\dot{\boldsymbol{q}},\ddot{\boldsymbol{q}})$，逼近误差可分别表示为

$$\left.\begin{aligned}\boldsymbol{w}^1&=\boldsymbol{F}^1(\boldsymbol{q},\dot{\boldsymbol{q}})-\hat{F}^1(\boldsymbol{q},\dot{\boldsymbol{q}}\mid\boldsymbol{\Theta}^{1*})\\\boldsymbol{w}^2&=\boldsymbol{F}^2(\boldsymbol{q},\dot{\boldsymbol{q}})-\hat{F}^2(\boldsymbol{q},\dot{\boldsymbol{q}}\mid\boldsymbol{\Theta}^{2*})\end{aligned}\right\} \tag{9-13}$$

则

$$\begin{aligned}\dot{V}(t)=&-\boldsymbol{s}^{\mathrm{T}}\boldsymbol{K}_{\mathrm{D}}\boldsymbol{s}-\boldsymbol{s}^{\mathrm{T}}(\boldsymbol{w}^1+\boldsymbol{w}^2)+\sum_{i=1}^{n}[\tilde{\boldsymbol{\Theta}}_i^{1^{\mathrm{T}}}\Gamma_{1i}\dot{\tilde{\boldsymbol{\Theta}}}_i^1-s_i\tilde{\boldsymbol{\Theta}}_i^{1^{\mathrm{T}}}\boldsymbol{\xi}^1(\boldsymbol{q},\dot{\boldsymbol{q}})]+\\&\sum_{i=1}^{n}[\tilde{\boldsymbol{\Theta}}_i^{2^{\mathrm{T}}}\Gamma_{2i}\dot{\tilde{\boldsymbol{\Theta}}}_i^2-s_i\tilde{\boldsymbol{\Theta}}_i^{2^{\mathrm{T}}}\boldsymbol{\xi}^2(\boldsymbol{q},\dot{\boldsymbol{q}})]\\=&-\boldsymbol{s}^{\mathrm{T}}\boldsymbol{K}_{\mathrm{D}}\boldsymbol{s}-\boldsymbol{s}^{\mathrm{T}}(\boldsymbol{w}^1+\boldsymbol{w}^2)\end{aligned} \tag{9-14}$$

为了消除逼近误差造成的影响，设计鲁棒自适应律为

$$\begin{aligned}\boldsymbol{\tau}=&\boldsymbol{D}(\boldsymbol{q})\ddot{\boldsymbol{q}}_{\mathrm{r}}+\boldsymbol{C}(\boldsymbol{q},\dot{\boldsymbol{q}})\dot{\boldsymbol{q}}_{\mathrm{r}}+\boldsymbol{G}(\boldsymbol{q})+\hat{\boldsymbol{F}}^1(\boldsymbol{q},\dot{\boldsymbol{q}}\mid\boldsymbol{\Theta}^1)+\hat{\boldsymbol{F}}^2(\boldsymbol{q},\dot{\boldsymbol{q}}\mid\boldsymbol{\Theta}^2)-\\&\boldsymbol{K}_{\mathrm{D}}\boldsymbol{s}-\boldsymbol{W}\mathrm{sgn}(\boldsymbol{s})\end{aligned} \tag{9-15}$$

式中，$\boldsymbol{W}=\mathrm{diag}[w_{M_1}, \cdots, w_{M_n}]$，$w_{M_i} \geqslant |w_i^1|+|w_i^2|$，$i=1, 2, \cdots, n$。

模糊系统设计为

$$\boldsymbol{F}(\boldsymbol{q}, \dot{\boldsymbol{q}}, \ddot{\boldsymbol{q}} \mid \boldsymbol{\Theta})=\begin{bmatrix} \hat{\boldsymbol{F}}_1^1(\boldsymbol{q}, \dot{\boldsymbol{q}} \mid \boldsymbol{\Theta}_1^1)+\hat{\boldsymbol{F}}_1^2(\boldsymbol{q}, \dot{\boldsymbol{q}} \mid \boldsymbol{\Theta}_1^2) \\ \hat{\boldsymbol{F}}_2^1(\boldsymbol{q}, \dot{\boldsymbol{q}} \mid \boldsymbol{\Theta}_2^1)+\hat{\boldsymbol{F}}_2^2(\boldsymbol{q}, \dot{\boldsymbol{q}} \mid \boldsymbol{\Theta}_2^2) \\ \vdots \\ \hat{\boldsymbol{F}}_n^1(\boldsymbol{q}, \dot{\boldsymbol{q}} \mid \boldsymbol{\Theta}_n^1)+\hat{\boldsymbol{F}}_n^2(\boldsymbol{q}, \dot{\boldsymbol{q}} \mid \boldsymbol{\Theta}_n^2) \end{bmatrix} \tag{9-16}$$

9.3 数值模拟与比较

为了说明该方法的优越性，本章考虑了一个数值模型，并对三种算法进行了比较。它们是基于上界未知的PD自适应控制算法、基于上界未知的模糊控制算法，以及改进的带模糊补偿的自适应模糊控制算法。

定义参考期望轨迹为 $y_{m1}=y_{m2}=y_{m3}=y_{m4}=\sin(t)$，对于FL-LLER-Ⅰ系统，关节的初始状态是 $\boldsymbol{q}(0)=[0.5 \quad 0.25 \quad 0.5 \quad 0.25]^{\mathrm{T}}$，$\dot{\boldsymbol{q}}(0)=[0 \quad 0 \quad 0 \quad 0]^{\mathrm{T}}$。分别用上述三种控制算法进行计算。对于改进的带模糊补偿的自适应模糊控制，取参数 $\boldsymbol{\Lambda}=\mathrm{diag}([20, 10, 10, 10])$，$\boldsymbol{K}_{\mathrm{D}}=\mathrm{diag}([10, 10, 10, 10])$，$\boldsymbol{W}=\mathrm{diag}([2, 2, 2, 2])$，$\boldsymbol{\Gamma}_{ij}=0.01$，$i, j=1, 2, 3, 4$。

仿真结果如图9-1、图9-2所示。图中Method1表示自适应PD控制方法，Method2表示传统模糊逻辑控制方法，Method3表示带补偿的模糊自适应控制算法。从关节位置跟踪曲线可以看出，三种控制器都可以实现期望轨迹的精确跟踪。相比之下，在这三种方法中，PD自适应控制方法的调节时间较长、响应速度较慢，传统模糊逻辑控制的响应速度最快，带补偿的模糊控制方法介于两者之间。

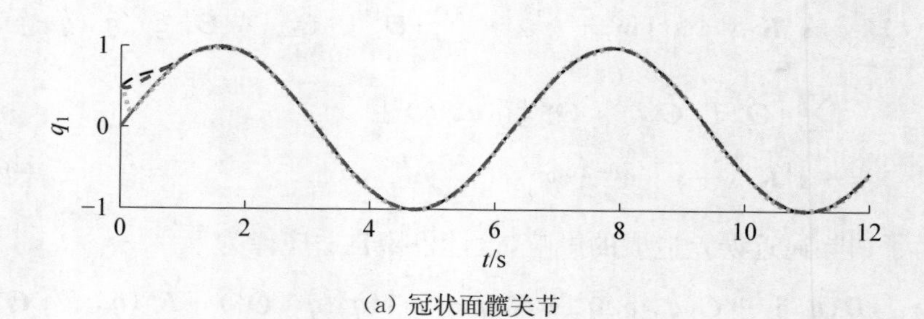

(a) 冠状面髋关节

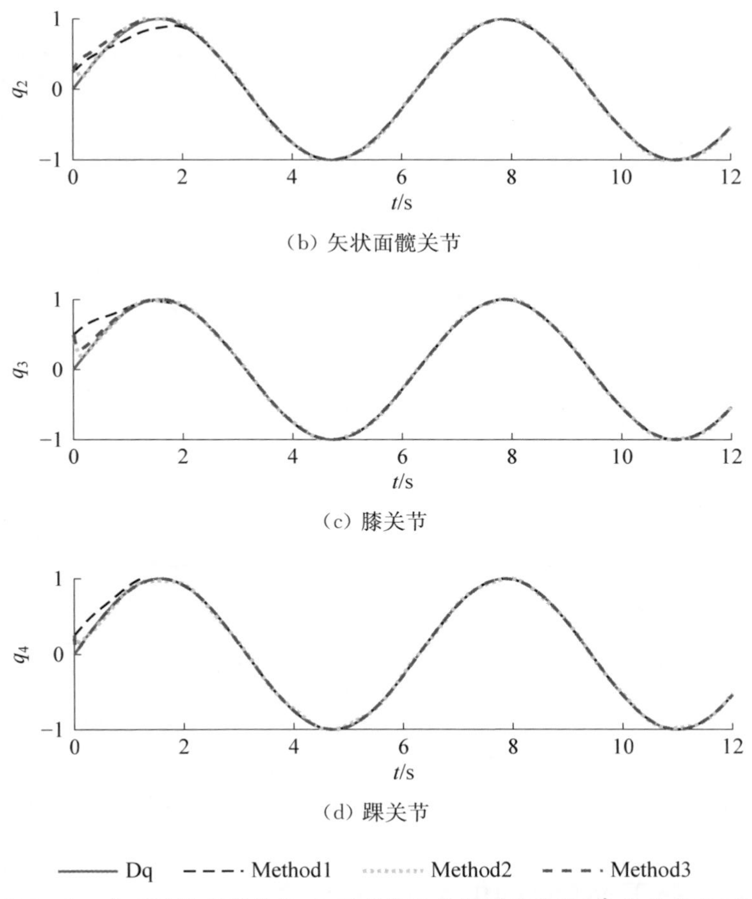

(b) 矢状面髋关节

(c) 膝关节

(d) 踝关节

图 9-1　在不同控制器作用下,各关节的位置跟踪轨迹(参见书末彩图)

从最终的误差曲线即图 9-2 中可以看出,传统模糊自适应控制方法的误差曲线呈波动状态,带补偿模糊控制算法和 PD 自适应控制算法的稳态误差均为 0。因此,综合分析可知,带补偿模糊自适应控制算法具有更好的综合性能。

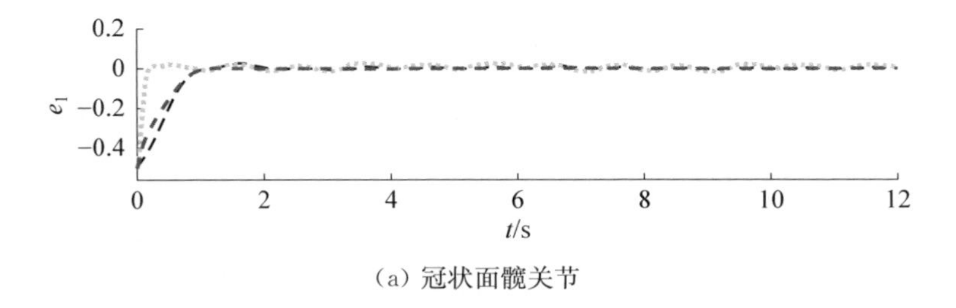

(a) 冠状面髋关节

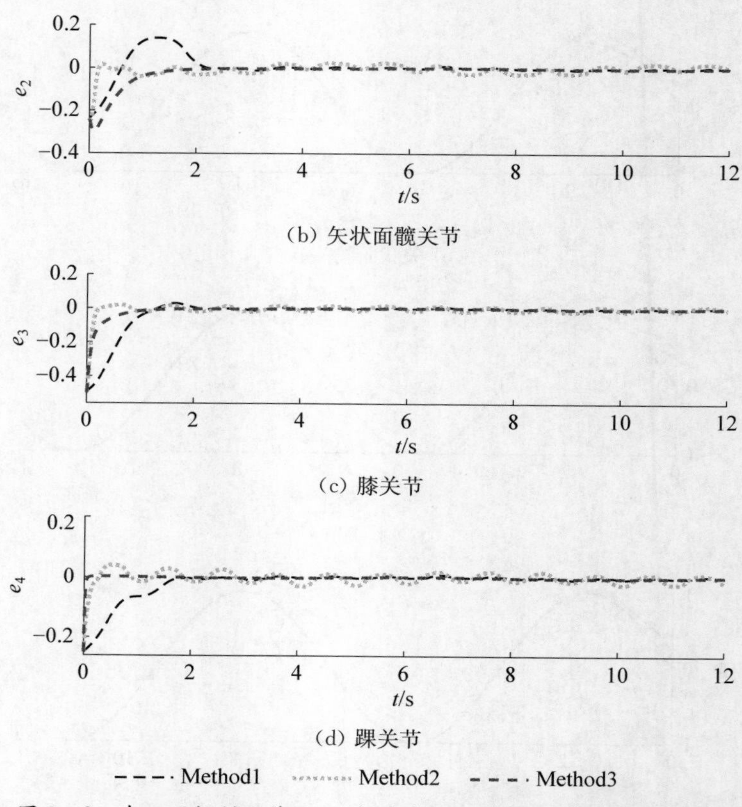

(b) 矢状面髋关节

(c) 膝关节

(d) 踝关节

图 9-2 在不同控制器作用下,各关节的跟踪误差(参见书末彩图)

9.4 基于MIMO的仿生外骨骼仿真分析

本章以实验室外骨骼 FL-LLER-Ⅰ右侧腿为研究对象。根据实际模型进行仿真参数设定,控制目标是使四关节的输出 q_1、q_2、q_3、q_4 分别跟踪期望轨迹 y_{d1}、y_{d2}、y_{d3}、y_{d4}:

$$\left.\begin{aligned}
y_{d1} &= (589.8t^6 - 2\,426t^5 + 3\,744t^4 - 3\,673t^3 + 855.7t^2 + 1\,711.4t + 84.48) \times \frac{\pi}{180} \\
y_{d2} &= (-105.5t^4 + 71.21t^3 + 159.2t^2 - 95.05t - 32.73) \times \frac{\pi}{180} \\
y_{d3} &= (-3\,786t^6 + 15\,160t^5 - 22\,450t^4 - 14\,980t^3 - 4\,191t^2 + 241.3t) \times \frac{\pi}{180} \\
y_{d4} &= (-816.9t^5 + 2\,730t^4 - 3\,163t^3 + 1\,492t^2 - 246.1t + 5.3) \times \frac{\pi}{180}
\end{aligned}\right\} \tag{9-17}$$

定义模糊隶属度函数为

$$\mu_{\mathrm{N}_i}^{i}(x_i)=\exp\left[-\left(\frac{x_i-\bar{x}_i^1}{\pi/24}\right)^2\right](i=1,2,3,4,5) \tag{9-18}$$

式中，$\bar{x}_i^1$ 分别为 $-\pi/6$、$-\pi/12$、0、$\pi/12$ 和 $\pi/6$；N_i 分别为 NB、NS、ZO、PS、PB。

人在正常行走过程中，会与外骨骼之间相互作用而产生变化的交互力。为了保证系统的稳定性，根据上述设计步骤，改进了一种基于摩擦、外加干扰和负载变化的自适应控制算法。取控制器设计参数 $\lambda_1=20$、$\lambda_2=10$、$\lambda_3=10$、$\lambda_1=10$、$\Gamma_1=\Gamma_2=\Gamma_3=\Gamma_4=0.01$；取系统的初始状态为 $q_1(0)=q_2(0)=q_3(0)=q_4(0)$，$\dot{q}_1(0)=\dot{q}_2(0)=\dot{q}_3(0)=\dot{q}_4(0)$，$\ddot{q}_1(0)=\ddot{q}_2(0)=\ddot{q}_3(0)=\ddot{q}_4(0)$；取摩擦项为 $\boldsymbol{F}(\dot{\boldsymbol{q}})$，干扰项 $\boldsymbol{\tau}_{\mathrm{d}}$ 为

$$\boldsymbol{F}(\dot{\boldsymbol{q}})=[3\dot{q}_1+0.2\mathrm{sgn}(\dot{q}_1)\quad 2\dot{q}_2+0.2\mathrm{sgn}(\dot{q}_2)\quad 3\dot{q}_3+0.2\mathrm{sgn}(\dot{q}_3)\quad 2\dot{q}_4+0.2\mathrm{sgn}(\dot{q}_4)]^{\mathrm{T}}$$

$$\boldsymbol{\tau}_{\mathrm{d}}=[0.05\sin(20t)\quad 0.1\sin(20t)\quad 0.05\sin(20t)\quad 0.1\sin(20t)]^{\mathrm{T}}$$

在鲁棒控制律中，取 $\boldsymbol{W}=\mathrm{diag}([2,2,2,2])$。

采用控制律式(9-8)、自适应律式(9-9)和(9-10)以及鲁棒控制律式(9-15)，得到仿真结果如图9-3、图9-4所示。

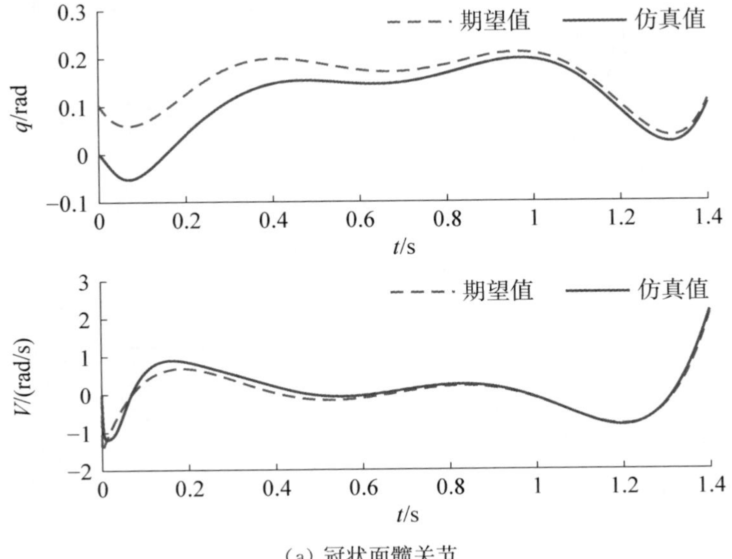

(a) 冠状面髋关节

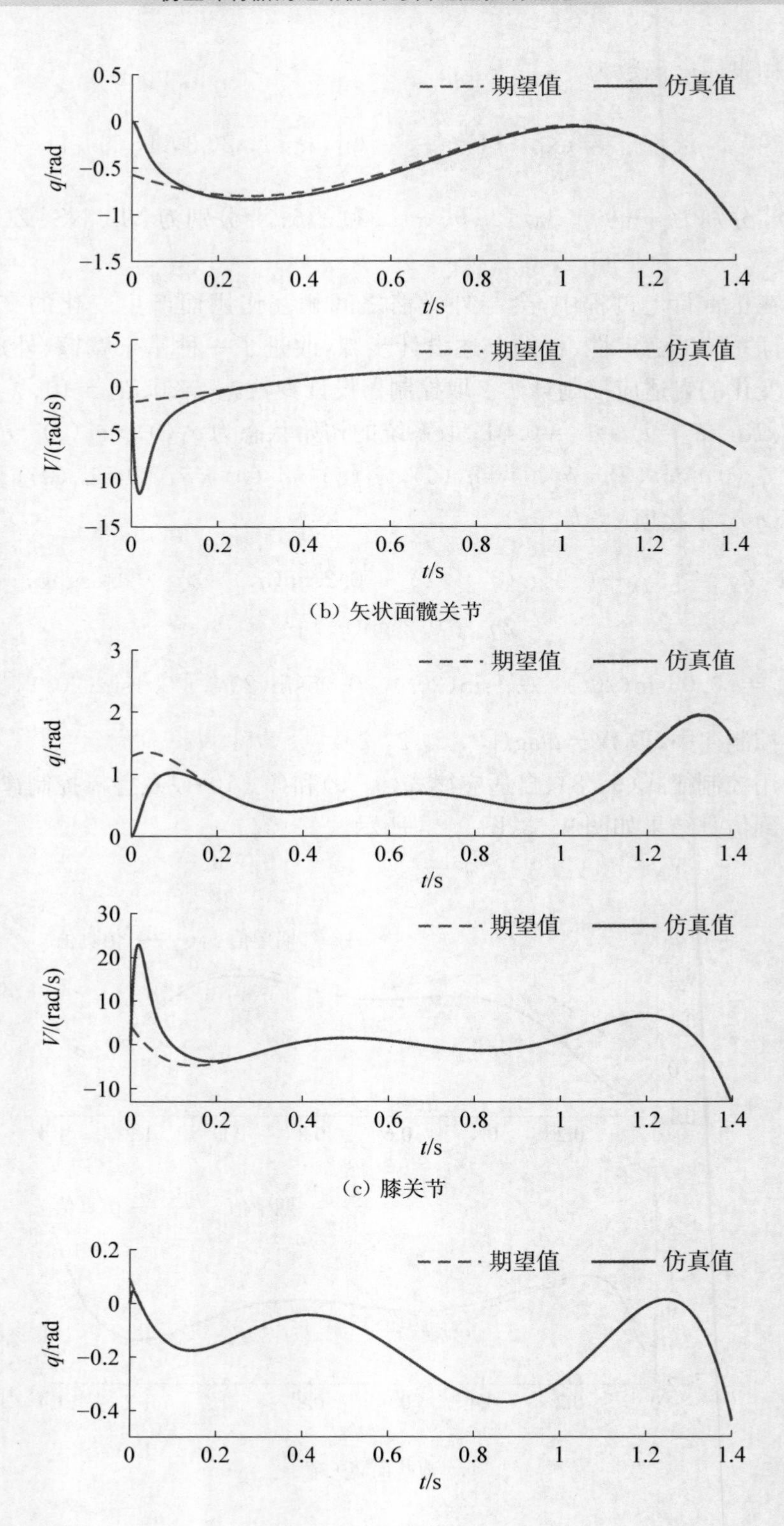
期望值
仿真值
q/rad
t/s
V/(rad/s)
(b) 矢状面髋关节
(c) 膝关节

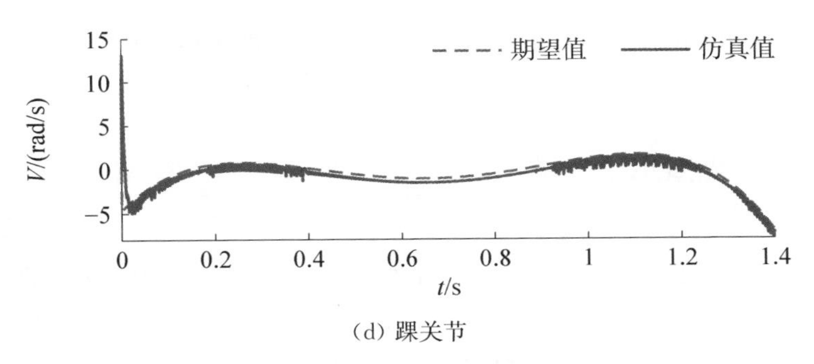

(d) 踝关节

图 9-3　各关节的位置跟踪轨迹和速度跟踪轨迹

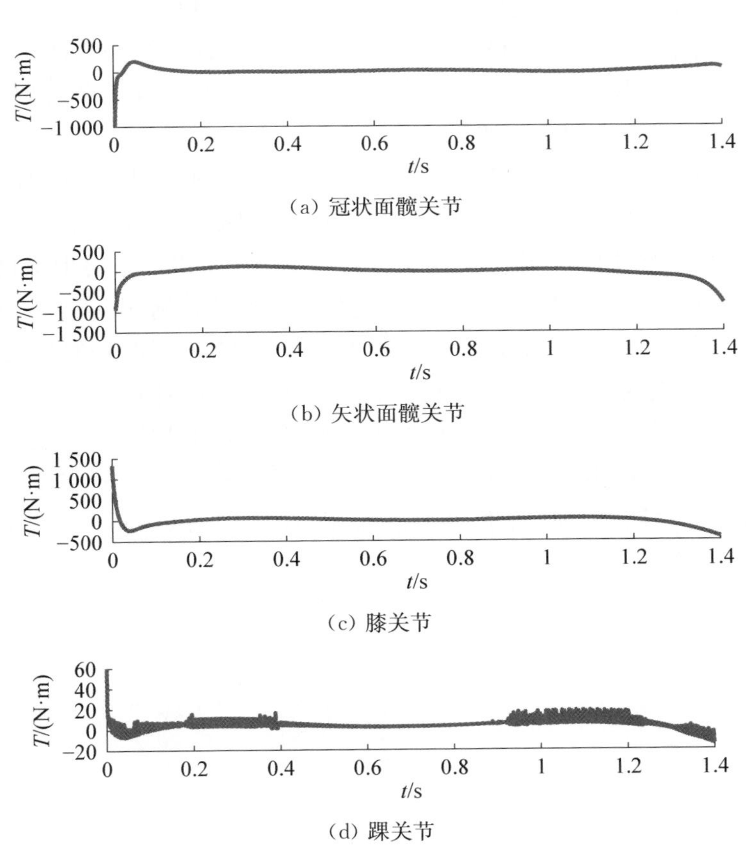

(a) 冠状面髋关节

(b) 矢状面髋关节

(c) 膝关节

(d) 踝关节

图 9-4　各关节的控制力矩输入

从图 9-3 中可以看出，右腿髋关节在冠状面和矢状面内，均可以跟踪到轨迹。矢状面内的膝关节和踝关节也可以跟踪到期望轨迹。从图 9-4 中可以看到，踝关节输入出现了抖动现象，这说明控制系统仍有不足，但总体看来，改进后的控制器具有一定的可行性。需要注意的是，所设计带补偿的模糊自适应控制算法，可以补偿外部扰动、摩擦和负载变化所带来的影响而保持系统的良好性能。

9.5 本章小结

针对减小轨迹跟踪误差、提高计算效率，本章提出了一种改进的模糊自适应控制方法来控制仿生外骨骼 FL－LLER－Ⅰ的 4－DOF 右侧单腿。为了证明所提出控制方法的有效性，利用 Lyapunov 方法证明了闭环系统的稳定性，并将设计的算法与 PD 自适应控制算法、传统模糊控制算法进行对比，验证设计的算法的优越性。仿真和分析结果表明，本章设计的控制算法可以更好地应用于 FL－LLER－Ⅰ系统，在存在外部干扰的情况下，各关节可以成功追踪到目标轨迹。本章主要内容如下：

(1) 针对 FL－LLER－Ⅰ，设计一种基于模糊补偿的自适应控制方法，该控制方法可以对扰动项加以区分并分别逼近，可以提高系统的计算效率。

(2) 设计的控制器可以实现仿生外骨骼 FL－LLER－Ⅰ的步态轨迹跟踪，而且可以很好地抑制摩擦、扰动和负载变化等因素的影响。

(3) 与自适应 PD 控制方法和传统模糊控制方法相比，仿真实验表明，本章设计的带补偿的模糊自适应控制方法有更好的综合性能。

总之，仿真结果表明，本章设计的带补偿的模糊自适应控制方法可以实现 FL－LLER－Ⅰ的轨迹跟踪，但从踝关节速度跟踪图(图 9－3)中可以看出，系统输入出现了抖振现象，说明该方法对于 FL－LLER－Ⅰ的步态控制还有不足。

hapter 10

第 10 章 基于 Backstepping 的仿生外骨骼模糊自适应控制

本章介绍了基于 Backstepping 的仿生外骨骼模糊自适应控制算法。为了解决速度曲线抖振现象，本章针对 FL－LLER－Ⅰ的控制性能提高，继续探索新的自适应控制方法。影响仿生外骨骼的因素包括人机耦合效应、系统不确定性和干扰等。针对仿生外骨骼的这些问题，提出了一种 Backstepping 模糊自适应控制器；利用本书第 2 章第 2.2 节得到的人体步态函数作为期望轨迹；用模糊系统逼近外骨骼建模信息和人机系统协作时的不确定因素，并通过 Lyapunov 理论证明闭环系统的稳定性；搭建步态采集实验系统，完成平地行走和爬楼梯状态下的步态采集实验，验证控制方案的有效性。

10.1 基于 Backstepping 的模糊自适应控制综述

外骨骼是一种典型的辅助人体运动的机器人，被广泛应用于助力行走和康复等领域。控制算法的稳定性和未知模型参数对于外骨骼的性能和安全有着至关重要的作用。外骨骼可以为人们提供运动支持，还可以增强操作者的力量、速度和耐力，但在外骨骼控制器开发、机械设计和佩戴者运动意图识别方面仍然受到限制。外骨骼的控制方式可以分为位置控制、力控制和力位混合控制三种。例如，利用力控制方法，设计了一个干扰观测器并将其集成到控制器中，以补偿外部干扰和作用在液压执行器活塞杆上的等效交互力。

针对 Backstepping 方法在外骨骼控制中的应用，Wang 等提出了一种用于下背部支撑的新型可穿戴助力装置，为了消除运动中的摩擦力影响，采用基于鲁棒自适应积分反演控制的位移跟踪控制器来处理摩擦。Sun 等提出了一种模型和一种用于全向康复训练助行器的自适应反演跟踪控制方法，开发的自适应反演控制器，可以在识别模型的基础上补偿交互作用力并适应用户质量的变化，以保证轨迹跟踪误差和速度跟踪误差的渐近稳定性。Su 等针对液压缸驱动的外骨骼控制系统调试困难的问题，提出了一种反演控制法来控制单自由度关节液压外骨骼系统,并与 PID 控制算法进行了比较。Narayan 等为儿科外骨骼系统设计了一种鲁棒自适应反演控制策略,在模型不确定性和外部干扰的影响下,去跟踪被动辅助康复期间所需要的步态。Khamar 等针对膝关节外骨骼提出了一种结合非线性观测器的反演滑模控制(sliding mode control, SMC)方法,以减少不确定性、外部干扰对整个系统建模的影响,从而实现高精度的位置跟踪效果。Kiptas 等开发了一种主动式足踝矫形器原型,并提出了一种自适应反演控制算法来跟踪所需的步态轨迹,以减少未知干扰的影响。Wang 等提出了一种基于反演设计的 NDOPPC 控制器,以实现仿生外骨骼出色的瞬态和稳态跟踪性能。Ren 等针对一类输入饱和的非线性系统,基于反演技术设计了一种控制器,成功地解决了自适应模糊动态事件触发控制问题。

总之,反演自适应控制方法在外骨骼机器人位置跟踪控制中有着广泛的应用。与前文相比,本章针对单腿 4 - DOF 仿生外骨骼 FL - LLER - Ⅰ位置跟踪控制,设计了一种新的基于 Backstepping 的模糊自适应控制算法。其主要特色如下:

(1) 设计基于 Backstepping 的模糊自适应控制器,用模糊系统逼近包含仿生外骨骼建模信息、不确定性和干扰等因素,实现了无需模型信息的控制。

(2) 在 Simulink 中,以正常人体步态为期望轨迹,用基于 Backstepping 的模糊自适应控制器和第 4 章提出的带补偿模糊自适应控制器让 FL - LLER - Ⅰ跟踪期望轨迹,对两种控制算法的性能做了对比。

(3)在 MATLAB/Simulink 中,构建了仿真模型和算法,并设计平地行走实验和上楼梯实验对所提出的方法进行了有效性验证。

10.2 基于 Backstepping 的自适应模糊控制系统搭建

10.2.1 系统描述

仿生外骨骼 FL - LLER - Ⅰ的动态系统方程为

$$\boldsymbol{D}(\boldsymbol{q})\ddot{\boldsymbol{q}} + \boldsymbol{C}(\boldsymbol{q}, \dot{\boldsymbol{q}})\dot{\boldsymbol{q}} + \mathbf{G}(\boldsymbol{q}) + \boldsymbol{d} = \boldsymbol{\tau} \tag{10-1}$$

式中, $\boldsymbol{q}, \dot{\boldsymbol{q}}, \ddot{\boldsymbol{q}} \in \mathbf{R}^n$, 分别表示关节的角度、角速度和角加速度; $\boldsymbol{D}(\boldsymbol{q}) \in \mathbf{R}^{n\times n}$, 为机器人的惯性矩阵; $\boldsymbol{C}(\boldsymbol{q}, \dot{\boldsymbol{q}}) \in \mathbf{R}^n$, 表示离心力和哥氏力; $\boldsymbol{G}(\boldsymbol{q}) \in \mathbf{R}^n$, 为重力项; $\boldsymbol{d} \in \mathbf{R}^n$, 为外界扰动; $\boldsymbol{\tau} \in \mathbf{R}^n$, 为控制力矩。假设系统的参数是未知但有界的,且具有以下特性:

(1) 惯性矩阵 $\boldsymbol{D}(\boldsymbol{q})$ 是正定对称矩阵，且 $\boldsymbol{D}(\boldsymbol{q})$ 有界，即存在 $\sigma_0 > 0$，$\sigma_0 \in \boldsymbol{R}$，$0 < \boldsymbol{D}(\boldsymbol{q}) \leqslant \sigma_0 \boldsymbol{I}$。

(2) 惯性矩阵 $\boldsymbol{D}(\boldsymbol{q})$ 和向心力和哥氏力矩阵 $\boldsymbol{C}(\boldsymbol{q}, \dot{\boldsymbol{q}})$ 存在以下关系：

$$\dot{\boldsymbol{q}}^{\mathrm{T}}(\dot{\boldsymbol{D}} - 2\boldsymbol{C})\dot{\boldsymbol{q}} = 0 \tag{10-2}$$

为了应用 Backstepping 方法，定义 $\boldsymbol{x}_1 = \boldsymbol{q}$，$\boldsymbol{x}_2 = \dot{\boldsymbol{q}}$，则式(10-1)可写为

$$\left.\begin{aligned} &\dot{\boldsymbol{x}}_1 = \boldsymbol{x}_2 \\ &\dot{\boldsymbol{x}}_2 = \boldsymbol{D}^{-1}(\boldsymbol{x}_1)\boldsymbol{\tau} - \boldsymbol{D}^{-1}(\boldsymbol{x}_1)\boldsymbol{C}(\boldsymbol{x}_1, \boldsymbol{x}_2)\boldsymbol{x}_2 - \boldsymbol{D}^{-1}(\boldsymbol{x}_1)\boldsymbol{G}(\boldsymbol{x}_1) - \boldsymbol{D}^{-1}(\boldsymbol{x}_1)\boldsymbol{d} \\ &\boldsymbol{y} = \boldsymbol{x}_1 \end{aligned}\right\} \tag{10-3}$$

式中，$\boldsymbol{D}^{-1}(\boldsymbol{x}_1)$ 和 $\boldsymbol{C}(\boldsymbol{x}_1, \boldsymbol{x}_2)$ 都是未知的线性光滑函数。

10.2.2　Backstepping 控制器的设计及稳定性分析

假设 $\boldsymbol{q}_{\mathrm{d}}$ 为期望轨迹，且 $\boldsymbol{q}_{\mathrm{d}}$ 具有二阶导数。控制目标是使轨迹 $\boldsymbol{q}$ 跟踪指令轨迹 $\boldsymbol{q}_{\mathrm{d}}$。定义位置跟踪误差为

$$\boldsymbol{e}_1 = \boldsymbol{q} - \boldsymbol{q}_{\mathrm{d}} \tag{10-4}$$

设 $\boldsymbol{a}_1$ 为 $\boldsymbol{x}_2$ 的估计值，定义加速度跟踪误差为

$$\boldsymbol{e}_2 = \boldsymbol{x}_2 - \boldsymbol{a}_1 \tag{10-5}$$

通过选取 $\boldsymbol{a}_1$ 的值，可使得 $\boldsymbol{e}_2$ 趋近于 0。此时有

$$\dot{\boldsymbol{e}}_1 = \dot{\boldsymbol{x}}_1 - \dot{\boldsymbol{q}}_{\mathrm{d}} = \boldsymbol{x}_2 - \dot{\boldsymbol{q}}_{\mathrm{d}} = \boldsymbol{e}_2 + \boldsymbol{a}_1 - \dot{\boldsymbol{q}}_{\mathrm{d}} \tag{10-6}$$

取虚拟控制项为

$$\boldsymbol{a}_1 = -\boldsymbol{\lambda}_1 \boldsymbol{e}_1 + \dot{\boldsymbol{q}}_{\mathrm{d}} \tag{10-7}$$

针对式(10-3)中的第一个子系统，取 Lyapunov 方程为

$$V_1 = \frac{1}{2}\boldsymbol{e}_1^{\mathrm{T}}\boldsymbol{e}_1 \tag{10-8}$$

则

$$\dot{V}_1 = \boldsymbol{e}_1^{\mathrm{T}}\dot{\boldsymbol{e}}_1 = -\boldsymbol{\lambda}_1 \boldsymbol{e}_1^{\mathrm{T}}\boldsymbol{e}_1 + \boldsymbol{e}_1^{\mathrm{T}}\boldsymbol{e}_2 \tag{10-9}$$

由式(10-9)可知，当 $\boldsymbol{e}_2 = 0$ 时，则第一个子系统稳定。那么继续设计控制律，由式(10-3)、式(10-5)得

$$\dot{\boldsymbol{e}}_2=\dot{\boldsymbol{x}}_2-\dot{\boldsymbol{\alpha}}_1=-\boldsymbol{D}^{-1}\boldsymbol{C}\boldsymbol{x}_2-\boldsymbol{D}^{-1}\boldsymbol{G}-\boldsymbol{D}^{-1}\boldsymbol{d}+\boldsymbol{D}^{-1}\boldsymbol{\tau}-\dot{\boldsymbol{\alpha}}_1 \tag{10-10}$$

取控制律为

$$\boldsymbol{\tau}=-\boldsymbol{\lambda}_2\boldsymbol{e}_2-\boldsymbol{e}_1-\boldsymbol{\Lambda} \tag{10-11}$$

设计 Lyapunov 方程为

$$V_2=V_1+\frac{1}{2}\boldsymbol{e}_2^{\mathrm{T}}\boldsymbol{D}\boldsymbol{e}_2 \tag{10-12}$$

$$\begin{aligned}\dot{V}_2&=\dot{V}_1+\frac{1}{2}\boldsymbol{e}_2^{\mathrm{T}}\boldsymbol{D}\dot{\boldsymbol{e}}_2+\frac{1}{2}\dot{\boldsymbol{e}}_2^{\mathrm{T}}\boldsymbol{D}\boldsymbol{e}_2+\frac{1}{2}\boldsymbol{e}_2^{\mathrm{T}}\dot{\boldsymbol{D}}\boldsymbol{e}_2\\&=-\boldsymbol{\lambda}_1\boldsymbol{e}_1^{\mathrm{T}}\boldsymbol{e}_1+\boldsymbol{e}_1^{\mathrm{T}}\boldsymbol{e}_2+\boldsymbol{e}_2^{\mathrm{T}}\boldsymbol{D}\dot{\boldsymbol{e}}_2+\frac{1}{2}\boldsymbol{e}_2^{\mathrm{T}}\dot{\boldsymbol{D}}\boldsymbol{e}_2\\&=-\boldsymbol{\lambda}_1\boldsymbol{e}_1^{\mathrm{T}}\boldsymbol{e}_1+\boldsymbol{e}_1^{\mathrm{T}}\boldsymbol{e}_2+\boldsymbol{e}_2^{\mathrm{T}}\boldsymbol{D}(\dot{\boldsymbol{x}}_2-\dot{\boldsymbol{\alpha}}_1)+\frac{1}{2}\boldsymbol{e}_2^{\mathrm{T}}\dot{\boldsymbol{D}}\boldsymbol{e}_2\\&=-\boldsymbol{\lambda}_1\boldsymbol{e}_1^{\mathrm{T}}\boldsymbol{e}_1+\boldsymbol{e}_1^{\mathrm{T}}\boldsymbol{e}_2+\boldsymbol{e}_2^{\mathrm{T}}\boldsymbol{D}(-\boldsymbol{D}^{-1}\boldsymbol{C}\boldsymbol{x}_2-\boldsymbol{D}^{-1}\boldsymbol{G}-\boldsymbol{D}^{-1}\boldsymbol{d}+\boldsymbol{D}^{-1}\boldsymbol{\tau}-\dot{\boldsymbol{\alpha}}_1)+\boldsymbol{e}_2^{\mathrm{T}}\boldsymbol{C}\boldsymbol{e}_2\\&=-\boldsymbol{\lambda}_1\boldsymbol{e}_1^{\mathrm{T}}\boldsymbol{e}_1+\boldsymbol{e}_1^{\mathrm{T}}\boldsymbol{e}_2+\boldsymbol{e}_2^{\mathrm{T}}(-\boldsymbol{C}\boldsymbol{x}_2+\boldsymbol{C}\boldsymbol{e}_2-\boldsymbol{G}-\boldsymbol{d}-\boldsymbol{D}\dot{\boldsymbol{\alpha}}_1+\boldsymbol{\tau})\\&=-\boldsymbol{\lambda}_1\boldsymbol{e}_1^{\mathrm{T}}\boldsymbol{e}_1+\boldsymbol{e}_1^{\mathrm{T}}\boldsymbol{e}_2+\boldsymbol{e}_2^{\mathrm{T}}(-\boldsymbol{C}\boldsymbol{\alpha}_1-\boldsymbol{D}\dot{\boldsymbol{\alpha}}_1-\boldsymbol{G}+\boldsymbol{\tau})-\boldsymbol{e}_2^{\mathrm{T}}\boldsymbol{d}\end{aligned} \tag{10-13}$$

令 $\boldsymbol{\zeta}=-\boldsymbol{C}\boldsymbol{\alpha}_1-\boldsymbol{D}\dot{\boldsymbol{\alpha}}_1-\boldsymbol{G}$，则

$$\dot{V}_2=-\boldsymbol{\lambda}_1\boldsymbol{e}_1^{\mathrm{T}}\boldsymbol{e}_1+\boldsymbol{e}_1^{\mathrm{T}}\boldsymbol{e}_2+\boldsymbol{e}_2^{\mathrm{T}}(\boldsymbol{\zeta}+\boldsymbol{\tau})-\boldsymbol{e}_2^{\mathrm{T}}\boldsymbol{G}-\boldsymbol{e}_2^{\mathrm{T}}\boldsymbol{d} \tag{10-14}$$

将控制律式(10-11)代入式(10-14)得

$$\begin{aligned}\dot{V}_2&=-\boldsymbol{\lambda}_1\boldsymbol{e}_1^{\mathrm{T}}\boldsymbol{e}_1+\boldsymbol{e}_1^{\mathrm{T}}\boldsymbol{e}_2+\boldsymbol{e}_2^{\mathrm{T}}(\boldsymbol{\zeta}-\boldsymbol{\lambda}_2\boldsymbol{e}_2-\boldsymbol{e}_1-\boldsymbol{\Lambda})-\boldsymbol{e}_2^{\mathrm{T}}\boldsymbol{d}\\&=-\boldsymbol{\lambda}_1\boldsymbol{e}_1^{\mathrm{T}}\boldsymbol{e}_1-\boldsymbol{\lambda}_2\boldsymbol{e}_2^{\mathrm{T}}\boldsymbol{e}_2+\boldsymbol{e}_2^{\mathrm{T}}(\boldsymbol{\zeta}-\boldsymbol{\Lambda})-\boldsymbol{e}_2^{\mathrm{T}}\boldsymbol{d}\end{aligned} \tag{10-15}$$

由式(10-15)可知，$\boldsymbol{\zeta}$ 包含了仿生外骨骼系统的建模信息。为了实现无需建模信息的控制，采用模糊系统逼近 $\boldsymbol{\zeta}$。 假设 $\boldsymbol{\Lambda}$ 为逼近非线性函数 $\boldsymbol{\zeta}$ 的模糊系统，采用单值模糊化、乘积推理机和重心平均反模糊化。

假设模糊系统是由 $U\subseteq\mathbf{R}^n$ 到 $\mathbf{R}$ 的映射，$U=U_1\times\cdots\times U_n$，$U_i\subset\mathbf{R}$，$i=1, 2, \cdots, n$。 模糊系统有 N 条模糊规则，第 i 条模糊规则可表示为

$\mathbf{R}^{(i)}$: IF x_i is F_1^i and…and x_n is F_n^i, THEN y^i is C^i ($i=1, 2, \cdots, N$)

式中，$\boldsymbol{x}=[x_1, x_2, \cdots, x_n]^{\mathrm{T}}\in U$，$F_{\mathrm{j}}^i$ 为 x_{j} ($j=1, 2, \cdots, n$) 的隶属函数，$y\subset\mathbf{R}$ 为模糊系统的输出，输出可表示为

$$y(x_j)=\frac{\sum_{i=1}^{N}\bar{y}^i\left[\prod_{j=1}^{n}\mu_{F_j^i}(x_j)\right]}{\sum_{i=1}^{N}\left[\prod_{j=1}^{n}\mu_{F_j^i}(x_j)\right]}=\boldsymbol{\xi}^{\mathrm{T}}(\boldsymbol{x})\boldsymbol{\theta} \tag{10-16}$$

式中，$\boldsymbol{\xi}(\boldsymbol{x})=[\xi_1(x),\ \xi_2(x),\ \cdots,\ \xi_N(x)]^{\mathrm{T}}$；$\xi_i(x)=\dfrac{\prod_{j=1}^{n}\mu_{F_j^i}(x_j)}{\sum_{i=1}^{N}\left[\prod_{j=1}^{n}\mu_{F_j^i}(x_j)\right]}$；$\boldsymbol{\theta}=[\theta_1,\ \theta_2,\ \cdots,\ \theta_N]^{\mathrm{T}}$。

针对 $\boldsymbol{\zeta}$ 的模糊逼近，采用分别逼近 $\boldsymbol{\zeta}(1)$、$\boldsymbol{\zeta}(2)$、$\boldsymbol{\zeta}(3)$ 和 $\boldsymbol{\zeta}(4)$ 的形式，相应的模糊系统的设计为

$$\left.\begin{aligned}
&\varphi_1(\boldsymbol{x})=\frac{\sum_{i=1}^{N}\bar{y}^{1i}\prod_{j=1}^{n}\mu_j^i(x_j)}{\sum_{i=1}^{N}\left[\prod_{j=1}^{n}\mu_j^i(x_i)\right]}=\boldsymbol{\xi}_1^{\mathrm{T}}(\boldsymbol{x})\theta_1,\ \varphi_2(\boldsymbol{x})=\frac{\sum_{i=1}^{N}\bar{y}^{2i}\prod_{j=1}^{n}\mu_j^i(x_j)}{\sum_{i=1}^{N}\left[\prod_{j=1}^{n}\mu_j^i(x_i)\right]}=\boldsymbol{\xi}_2^{\mathrm{T}}(\boldsymbol{x})\theta_2\\
&\varphi_3(\boldsymbol{x})=\frac{\sum_{i=1}^{N}\bar{y}^{3i}\prod_{j=1}^{n}\mu_j^i(x_j)}{\sum_{i=1}^{N}\left[\prod_{j=1}^{n}\mu_j^i(x_i)\right]}=\boldsymbol{\xi}_3^{\mathrm{T}}(\boldsymbol{x})\theta_3,\ \varphi_4(\boldsymbol{x})=\frac{\sum_{i=1}^{N}\bar{y}^{4i}\prod_{j=1}^{n}\mu_j^i(x_j)}{\sum_{i=1}^{N}\left[\prod_{j=1}^{n}\mu_j^i(x_i)\right]}=\boldsymbol{\xi}_4^{\mathrm{T}}(\boldsymbol{x})\theta_4
\end{aligned}\right\} \tag{10-17}$$

定义

$$\boldsymbol{\Phi}=[\varphi_1,\ \varphi_2,\ \varphi_3,\ \varphi_4]^{\mathrm{T}}=\begin{bmatrix}\boldsymbol{\xi}_1^{\mathrm{T}} & 0 & 0 & 0\\ 0 & \boldsymbol{\xi}_2^{\mathrm{T}} & 0 & 0\\ 0 & 0 & \boldsymbol{\xi}_3^{\mathrm{T}} & 0\\ 0 & 0 & 0 & \boldsymbol{\xi}_4^{\mathrm{T}}\end{bmatrix}\begin{bmatrix}\theta_1\\ \theta_2\\ \theta_3\\ \theta_4\end{bmatrix}=\boldsymbol{\xi}(x)\boldsymbol{\theta} \tag{10-18}$$

定义最优的逼近常量 $\boldsymbol{\theta}^*$，对于给定的任意小常量 $\boldsymbol{\varepsilon}(\boldsymbol{\varepsilon}>0)$ 满足 $\|\boldsymbol{f}-\boldsymbol{\Phi}^*\|\leqslant\boldsymbol{\varepsilon}$，令逼近误差 $\boldsymbol{e}_3=\boldsymbol{\theta}^*-\boldsymbol{\theta}$，设计自适应控制律为

$$\dot{\boldsymbol{\theta}}=\boldsymbol{r}[\boldsymbol{z}_2^{\mathrm{T}}\boldsymbol{\xi}^{\mathrm{T}}(\boldsymbol{x})]^{\mathrm{T}}-2k\boldsymbol{\theta} \tag{10-19}$$

对于整个控制系统，设计 Lyapunov 函数为

$$V=\frac{1}{2}\boldsymbol{e}_1^{\mathrm{T}}\boldsymbol{e}_1+\frac{1}{2}\boldsymbol{e}_2^{\mathrm{T}}\boldsymbol{D}\boldsymbol{e}_2+\frac{1}{2\delta}\boldsymbol{e}_3^{\mathrm{T}}\boldsymbol{e}_3\quad(\delta>0) \tag{10-20}$$

对式(10-20)求导得

$$\begin{aligned}\dot{V}&=\dot{V}_2-\frac{1}{\delta}\boldsymbol{e}_3^{\mathrm{T}}\dot{\boldsymbol{\theta}}\\&=-\boldsymbol{\lambda}_1\boldsymbol{e}_1^{\mathrm{T}}\boldsymbol{e}_1-\boldsymbol{\lambda}_2\boldsymbol{e}_2^{\mathrm{T}}\boldsymbol{e}_2+\boldsymbol{e}_2^{\mathrm{T}}[\boldsymbol{\zeta}-\boldsymbol{\xi}(\boldsymbol{x})\boldsymbol{\theta}^*]+\boldsymbol{e}_2^{\mathrm{T}}[\boldsymbol{\xi}(\boldsymbol{x})\boldsymbol{\theta}^*-\boldsymbol{\xi}(\boldsymbol{x})\boldsymbol{\theta}]-\\&\quad\boldsymbol{e}_2^{\mathrm{T}}\boldsymbol{d}-\frac{1}{\delta}\boldsymbol{e}_3^{\mathrm{T}}\dot{\boldsymbol{\theta}}\end{aligned}\tag{10-21}$$

则

$$\begin{aligned}\dot{V}&\leqslant-\boldsymbol{\lambda}_1\boldsymbol{e}_1^{\mathrm{T}}\boldsymbol{e}_1-\boldsymbol{\lambda}_2\boldsymbol{e}_2^{\mathrm{T}}\boldsymbol{e}_2+\|\boldsymbol{e}_2^{\mathrm{T}}\|\cdot\|\boldsymbol{\zeta}-\boldsymbol{\xi}(\boldsymbol{x})\boldsymbol{\theta}^*\|+\boldsymbol{e}_2^{\mathrm{T}}\boldsymbol{\xi}(\boldsymbol{x})\boldsymbol{e}_3+\\&\quad\|\boldsymbol{e}_2^{\mathrm{T}}\|\cdot\|\boldsymbol{d}\|-\frac{1}{\delta}\boldsymbol{e}_3^{\mathrm{T}}\dot{\boldsymbol{\theta}}\\&\leqslant-\boldsymbol{\lambda}_1\boldsymbol{e}_1^{\mathrm{T}}\boldsymbol{e}_1-\boldsymbol{\lambda}_2\boldsymbol{e}_2^{\mathrm{T}}\boldsymbol{e}_2+\frac{1}{2}\|\boldsymbol{e}_2^{\mathrm{T}}\|^2+\frac{1}{2}\varepsilon^2+\boldsymbol{e}_3^{\mathrm{T}}\left\{[\boldsymbol{e}_2^{\mathrm{T}}\boldsymbol{\xi}(\boldsymbol{x})]^{\mathrm{T}}-\frac{1}{\delta}\dot{\boldsymbol{\theta}}\right\}+\\&\quad\frac{1}{2}\|\boldsymbol{e}_2^{\mathrm{T}}\|^2+\frac{1}{2}\|\boldsymbol{d}\|^2\end{aligned}\tag{10-22}$$

将自适应律式(10-19)代入式(10-22)中得

$$\begin{aligned}\dot{V}&\leqslant-\boldsymbol{\lambda}_1\boldsymbol{e}_1^{\mathrm{T}}\boldsymbol{e}_1-\boldsymbol{\lambda}_2\boldsymbol{e}_2^{\mathrm{T}}\boldsymbol{e}_2+\frac{1}{2}\|\boldsymbol{e}_2^{\mathrm{T}}\|^2+\boldsymbol{e}_3^{\mathrm{T}}[\boldsymbol{e}_2^{\mathrm{T}}\boldsymbol{\xi}(\boldsymbol{x})]^{\mathrm{T}}-\\&\quad\frac{1}{\delta}\boldsymbol{e}_3^{\mathrm{T}}\{\delta[\boldsymbol{e}_2^{\mathrm{T}}\boldsymbol{\xi}(\boldsymbol{x})]^{\mathrm{T}}-2k\boldsymbol{\theta}\}+\frac{1}{2}\varepsilon^2+\frac{1}{2}\boldsymbol{d}^{\mathrm{T}}\boldsymbol{d}\\&=-\boldsymbol{\lambda}_1\boldsymbol{e}_1^{\mathrm{T}}\boldsymbol{e}_1-\boldsymbol{\lambda}_2\boldsymbol{e}_2^{\mathrm{T}}\boldsymbol{e}_2+\boldsymbol{e}_2^{\mathrm{T}}\boldsymbol{e}_2+\frac{1}{2}\varepsilon^2+\frac{2k}{\delta}\boldsymbol{e}_3^{\mathrm{T}}\boldsymbol{\theta}+\frac{1}{2}\boldsymbol{d}^{\mathrm{T}}\boldsymbol{d}\\&=-\boldsymbol{\lambda}_1\boldsymbol{e}_1^{\mathrm{T}}\boldsymbol{e}_1-(\boldsymbol{\lambda}_2-1)\boldsymbol{e}_2^{\mathrm{T}}\boldsymbol{e}_2+\frac{k}{\delta}(2\boldsymbol{\theta}^{*\mathrm{T}}\boldsymbol{\theta}-2\boldsymbol{\theta}^{\mathrm{T}}\boldsymbol{\theta})+\frac{1}{2}\varepsilon^2+\frac{1}{2}\boldsymbol{d}^{\mathrm{T}}\boldsymbol{d}\end{aligned}\tag{10-23}$$

因为 $(\boldsymbol{\theta}-\boldsymbol{\theta}^*)^{\mathrm{T}}(\boldsymbol{\theta}-\boldsymbol{\theta}^*)\geqslant0$ 得，$2\boldsymbol{\theta}^{*\mathrm{T}}\boldsymbol{\theta}-2\boldsymbol{\theta}^{\mathrm{T}}\boldsymbol{\theta}\leqslant-\boldsymbol{\theta}^{\mathrm{T}}\boldsymbol{\theta}+\boldsymbol{\theta}^{*\mathrm{T}}\boldsymbol{\theta}^*$，将其代入式(10-23)中得

$$\begin{aligned}\dot{V}&\leqslant-\boldsymbol{\lambda}_1\boldsymbol{e}_1^{\mathrm{T}}\boldsymbol{e}_1-(\boldsymbol{\lambda}_2-1)\boldsymbol{e}_2^{\mathrm{T}}\boldsymbol{e}_2+\frac{k}{\delta}(-\boldsymbol{\theta}^{\mathrm{T}}\boldsymbol{\theta}+\boldsymbol{\theta}^{*\mathrm{T}}\boldsymbol{\theta}^*)+\frac{1}{2}\varepsilon^2+\frac{1}{2}\boldsymbol{d}^{\mathrm{T}}\boldsymbol{d}\\&=-\boldsymbol{\lambda}_1\boldsymbol{e}_1^{\mathrm{T}}\boldsymbol{e}_1-(\boldsymbol{\lambda}_2-1)\boldsymbol{e}_2^{\mathrm{T}}\boldsymbol{e}_2+\frac{k}{\delta}(-\boldsymbol{\theta}^{\mathrm{T}}\boldsymbol{\theta}+\boldsymbol{\theta}^{*\mathrm{T}}\boldsymbol{\theta}^*)+\frac{2k}{\delta}\boldsymbol{\theta}^{*\mathrm{T}}\boldsymbol{\theta}^*+\\&\quad\frac{1}{2}\varepsilon^2+\frac{1}{2}\boldsymbol{d}^{\mathrm{T}}\boldsymbol{d}\end{aligned}\tag{10-24}$$

又因为 $(\boldsymbol{\theta}+\boldsymbol{\theta}^*)^{\mathrm{T}}(\boldsymbol{\theta}+\boldsymbol{\theta}^*)\geqslant0$，所以有 $-\boldsymbol{\theta}^{*\mathrm{T}}\boldsymbol{\theta}-\boldsymbol{\theta}^{\mathrm{T}}\boldsymbol{\theta}^*\leqslant\boldsymbol{\theta}^{*\mathrm{T}}\boldsymbol{\theta}^*+\boldsymbol{\theta}^{\mathrm{T}}\boldsymbol{\theta}$，故

$$\boldsymbol{e}_3^{\mathrm{T}}\boldsymbol{e}_3=(\boldsymbol{\theta}^{*\mathrm{T}}-\boldsymbol{\theta}^{\mathrm{T}})(\boldsymbol{\theta}^{*}-\boldsymbol{\theta})=\boldsymbol{\theta}^{*\mathrm{T}}\boldsymbol{\theta}^{*}-\boldsymbol{\theta}^{*\mathrm{T}}\boldsymbol{\theta}-\boldsymbol{\theta}^{\mathrm{T}}\boldsymbol{\theta}^{*}+\boldsymbol{\theta}^{\mathrm{T}}\boldsymbol{\theta}$$
$$\leqslant 2\boldsymbol{\theta}^{*\mathrm{T}}\boldsymbol{\theta}^{*}+2\boldsymbol{\theta}^{\mathrm{T}}\boldsymbol{\theta} \tag{10-25}$$

即
$$-\boldsymbol{\theta}^{\mathrm{T}}\boldsymbol{\theta}-\boldsymbol{\theta}^{*\mathrm{T}}\boldsymbol{\theta}^{*}\leqslant-\frac{1}{2}\boldsymbol{e}_3^{\mathrm{T}}\boldsymbol{e}_3 \tag{10-26}$$

将式(10-26)代入式(10-24)中得

$$\dot{V}\leqslant-\boldsymbol{\lambda}_1\boldsymbol{e}_1^{\mathrm{T}}\boldsymbol{e}_1-(\boldsymbol{\lambda}_2-1)\boldsymbol{e}_2^{\mathrm{T}}\boldsymbol{e}_2-\frac{k}{\delta}\left(\frac{1}{2}\boldsymbol{e}_3^{\mathrm{T}}\boldsymbol{e}_3\right)+\frac{2k}{\delta}\boldsymbol{\theta}^{*\mathrm{T}}\boldsymbol{\theta}^{*}+\frac{1}{2}\varepsilon^2+\frac{1}{2}\boldsymbol{d}^{\mathrm{T}}\boldsymbol{d}$$
$$=-\boldsymbol{\lambda}_1\boldsymbol{e}_1^{\mathrm{T}}\boldsymbol{e}_1-(\boldsymbol{\lambda}_2-1)\boldsymbol{e}_2^{\mathrm{T}}\boldsymbol{D}^{-1}\boldsymbol{D}\boldsymbol{e}_2-\frac{k}{2\delta}\boldsymbol{e}_3^{\mathrm{T}}\boldsymbol{e}_3+\frac{2k}{\delta}\boldsymbol{\theta}^{*\mathrm{T}}\boldsymbol{\theta}^{*}+\frac{1}{2}\varepsilon^2+\frac{1}{2}\boldsymbol{d}^{\mathrm{T}}\boldsymbol{d} \tag{10-27}$$

取 $\boldsymbol{\lambda}_2>1$，由于 $\boldsymbol{D}\leqslant\sigma_0\boldsymbol{I}$，即 $-\boldsymbol{D}^{-1}\leqslant-\frac{1}{\sigma_0}\boldsymbol{I}$，则

$$\dot{V}\leqslant-\boldsymbol{\lambda}_1\boldsymbol{e}_1^{\mathrm{T}}\boldsymbol{e}_1-(\boldsymbol{\lambda}_2-1)\frac{1}{\sigma_0}\boldsymbol{e}_2^{\mathrm{T}}\boldsymbol{D}\boldsymbol{e}_2-\frac{k}{2\delta}\boldsymbol{e}_3^{\mathrm{T}}\boldsymbol{e}_3+\frac{2k}{\delta}\boldsymbol{\theta}^{*\mathrm{T}}\boldsymbol{\theta}^{*}+\frac{1}{2}\varepsilon^2+\frac{1}{2}\boldsymbol{d}^{\mathrm{T}}\boldsymbol{d} \tag{10-28}$$

定义 $b_0=\min\left\{2\boldsymbol{\lambda}_1,\ 2(\boldsymbol{\lambda}_2-1)\frac{1}{\sigma_0},\ k\right\}$，则

$$\dot{V}\leqslant-\frac{b_0}{2}\left(\boldsymbol{e}_1^{\mathrm{T}}\boldsymbol{e}_1+\boldsymbol{e}_2^{\mathrm{T}}\boldsymbol{D}\boldsymbol{e}_2+\frac{1}{\delta}\boldsymbol{e}_3^{\mathrm{T}}\boldsymbol{e}_3\right)+\frac{2k}{\delta}\boldsymbol{\theta}^{*\mathrm{T}}\boldsymbol{\theta}^{*}+\frac{1}{2}\varepsilon^2+\frac{1}{2}\boldsymbol{d}^{\mathrm{T}}\boldsymbol{d} \tag{10-29}$$

将式(10-20)代入式(10-29)中得

$$\dot{V}\leqslant-b_0\mathrm{V}+\frac{2k}{\delta}\boldsymbol{\theta}^{*\mathrm{T}}\boldsymbol{\theta}^{*}+\frac{1}{2}\varepsilon^2+\frac{1}{2}\boldsymbol{d}^{\mathrm{T}}\boldsymbol{d} \tag{10-30}$$

因为干扰 $\boldsymbol{d}\in\mathbf{R}^n$ 有界，则存在 $M>0$，满足 $\boldsymbol{d}^{\mathrm{T}}\boldsymbol{d}\leqslant M$，所以有

$$\dot{V}\leqslant-\mathrm{b}_0V+\frac{2k}{\delta}\boldsymbol{\theta}^{*\mathrm{T}}\boldsymbol{\theta}^{*}+\frac{1}{2}\varepsilon^2+\frac{1}{2}M \tag{10-31}$$

令 $b_{V\max}=\frac{2k}{\delta}\boldsymbol{\theta}^{*\mathrm{T}}\boldsymbol{\theta}^{*}+\frac{1}{2}\varepsilon^2+\frac{1}{2}M$，则有

$$\dot{V}\leqslant-b_0V+b_{V\max} \tag{10-32}$$

解不等式(10-32)得

$$
\begin{aligned}
V(t) &\leqslant V(0)\mathrm{e}^{-b_0 t} + \frac{b_{V\max}}{b_0}(1-\mathrm{e}^{-b_0 t}) \\
&\leqslant V(0) + \frac{b_{V\max}}{b_0} \quad (\forall t \geqslant 0)
\end{aligned} \tag{10-33}
$$

式中，$V(0)$ 为 V 的初始值，定义紧集 $\Omega_0 = \left\{X \mid V(X) \leqslant V(0) + \frac{b_{V\max}}{b_0}\right\}$，则 $\{\boldsymbol{e}_1, \boldsymbol{e}_2, \boldsymbol{e}_3\} \in \Omega_0$。综上所述可得，$V$ 有界且闭环系统所有信号都有界。

10.3 基于 Backstepping 的仿生外骨骼仿真分析

本章以实验室外骨骼 FL-LLER-Ⅰ右侧腿为研究对象。动力学方程为式(10-1)，控制目标是使四关节的输出 q_1、q_2、q_3、q_4 分别跟踪期望轨迹 q_{d1}、q_{d2}、q_{d3}、q_{d4}。系统的初始状态为 $x(0)=[1, 1, 1, 1, 0, 0, 0, 0]^{\mathrm{T}}$。分别用基于 Backstepping 的模糊自适应方法和带补偿的模糊控制方法跟踪期望轨迹。在基于 Backstepping 的模糊自适应方法中，设计参数 $k=1.5$，$\delta=2$，$\boldsymbol{\lambda}_1=\mathrm{diag}([500, 100, 150, 100])$，$\boldsymbol{\lambda}_2=\mathrm{diag}([8000, 4000, 2000, 4000])$，其中

$$
\left.
\begin{aligned}
q_{d1} &= (589.8t^6 - 2426t^5 + 3744t^4 - 3673t^3 + 855.7t^2 + 1711.4t + 84.48) \times \frac{\pi}{180} \\
q_{d2} &= (-105.5t^4 + 71.21t^3 + 159.2t^2 - 95.05t - 32.73) \times \frac{\pi}{180} \\
q_{d3} &= (-3786t^6 + 15160t^5 - 22450t^4 - 14980t^3 - 4191t^2 + 241.3t) \times \frac{\pi}{180} \\
q_{d4} &= (-816.9t^5 + 2730t^4 - 3163t^3 + 1492t^2 - 246.1t + 5.3) \times \frac{\pi}{180}
\end{aligned}
\right\} \tag{10-34}
$$

取模糊隶属度函数为

$$
\mu_{\mathrm{N}_i}^{i}(x) = \exp\{-0.5[(x+1.25)/0.6]^2\} \quad (i=1, 2, 3, \cdots, 9) \tag{10-35}
$$

系统的控制流程如图 10-1 所示。该程序在 Simulink 中用 S-Function 模块搭建完成，程序主体由期望输入、控制算法和平台模型三个部分组成。"Input"模块中定义期望轨迹函数；"Control"模块中构建模糊规则，并实现自适应控制律和力矩方程求解；"Plant"模块中根据动力学分析，实现 FL-LLER-

Ⅰ的数学模型构建。

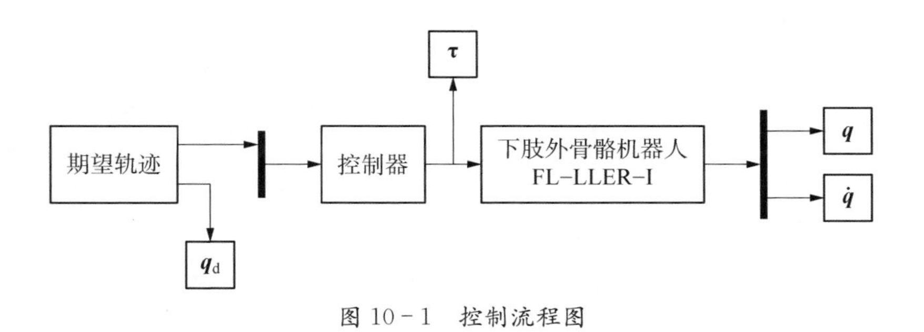

图 10-1　控制流程图

仿真结果如图 10-2～图 10-5 所示。其中，横坐标 t 表示时间，单位为 s；纵坐标 q 表示位置，单位为弧度(rad)；纵坐标 V 表示速度，单位为 rad/s。从整体看来，基于 Backstepping 的自适应控制(Backstepping Control, BSC)算法和带补偿模糊控制(Fuzzy Logic Control, FLC)算法在位置跟踪中都表现出了良好的稳定性和鲁棒性，实现了 FL-LLER-Ⅰ的单腿四自由度关节轨迹跟踪控制。从图 10-2～图 10-5 所示位置的跟踪曲线和速度跟踪曲线可以看出，控制算法在跟踪目标曲线的过程中没有出现振荡等不稳定现象，且具有较快的收敛速度。

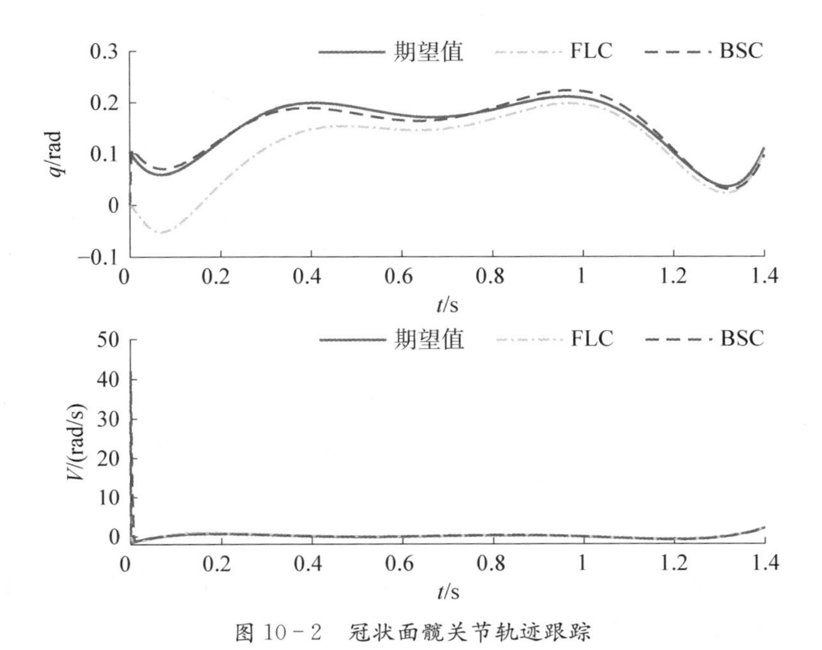

图 10-2　冠状面髋关节轨迹跟踪

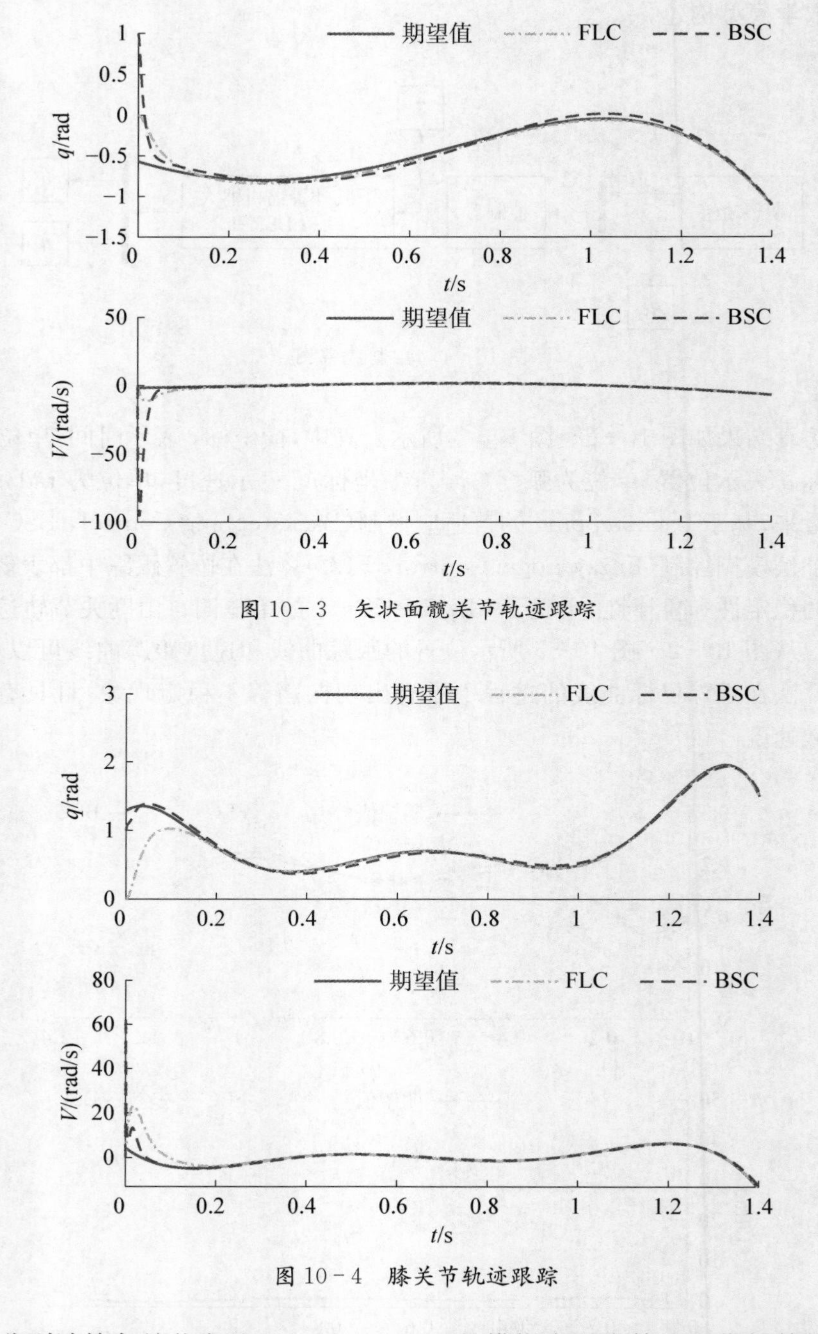

图 10-3 矢状面髋关节轨迹跟踪

图 10-4 膝关节轨迹跟踪

分别计算各关节在基于 Backstepping 的模糊自适应算法和带补偿模糊控制算法下的位置跟踪精度，见表 10-1。计算结果表明，使用基于 Backstepping 的模糊自适应算法时，冠状面髋关节的位置跟踪 RMES 最小，为 0.009 3，矢

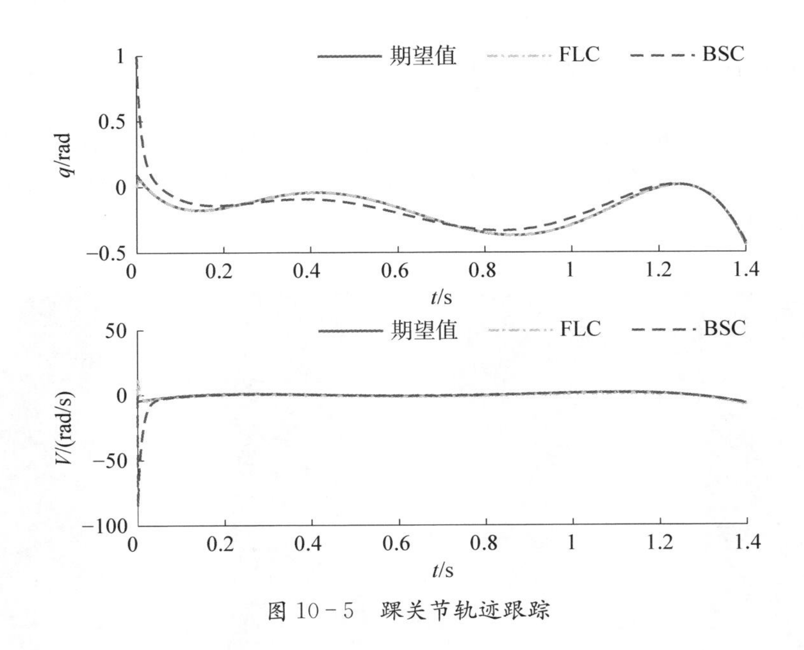

图 10－5　踝关节轨迹跟踪

状面髋关节的位置跟踪均方根误差（RMSE）值最大，为 0.125 3。两种控制策略下，对于冠状面髋关节轨迹跟踪误差，基于 Backstepping 的模糊自适应算法优于带补偿模糊自适应控制策略；对于矢状面轨迹跟踪误差，两种控制策略效果近似一样；对于膝关节轨迹跟踪误差，基于 Backstepping 的模糊自适应算法效果明显优于带补偿模糊自适应控制策略；仅踝关节轨迹跟踪误差相反。综上所述，基于 Backstepping 的模糊自适应算法不仅可以实现 FLLLER－Ⅰ的位置跟踪控制，而且还能取得优于带补偿模糊控制策略的控制效果。

表 10－1　关节位置跟踪精度

均方根误差(RMSE)	冠状面髋关节	矢状面髋关节	膝关节	踝关节
BSC	0.009 3	0.125 3	0.040 5	0.073 6
FLC	0.050 7	0.100 0	0.223 7	0.009 7

10.4　实验验证

本节将设计外骨骼步态采集系统，完成数据采集与步态分析，并分别开展平地实验和上楼梯实验。

10.4.1 可穿戴关节角度测量装置

考虑到实验的安全性，利用关节电位器设计一种关节角度传感器，用来测量人体在行走过程中关节的角度信息，如图 10-6 所示。该设备包含关节测量单元和数据采集器。

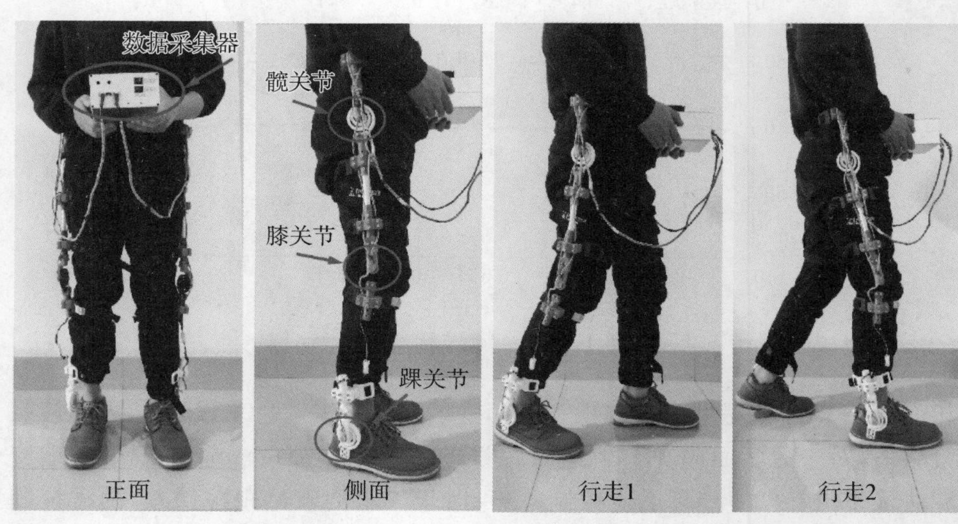

图 10-6 可穿戴关节角度测量装置及其平地实验运动(参见书末彩图)

关节电位器的旋转角度为 0°～210°，原理是通过改变电位器的电阻从而改变其两端的电压。测量时，可以通过该电压信号，经过模数转换器获得对应的数字信号：

$$digit=\left(\frac{R}{R_{\max}}\right)\times V_{\mathrm{REF}}\times 2^{bit}\quad(R\Leftrightarrow\theta)\tag{10-36}$$

式中，R 表示关节电位器的当前阻值；$R_{\max}$ 表示关节电位器的最大电阻阻值，V_{REF} 表示关节电位器的参考电压；bit 表示模数转换单元的分辨率位数。其中，$V_{\mathrm{REF}}=5\,\mathrm{V}$、$bit=10$、$R_0=10k$(阻值)。

10.4.2 平地实验

在平地实验中，楼道平地长度为 100 m、宽 0.5 m。受试者的步行速度为 1.11 m/s 左右。实验开始时，受试者穿戴设备，调整设备的关节高度与其被试的关节高度一致。调整好后，根据指示开始测量数据，受试者先保持站立 2 s，然后先迈左脚开始运动，行进过程中持续采集运动数据到数据采集器中。行走 100 m 后，停止数据采集并保存数据。如此重复进行三次实验，最后取三次的平均值进行分析。受试者信息见表 10-2。

表 10-2　受试者信息　　单位：mm

序号	身高	腰宽	大腿长	小腿长	踝关节高
受试者	1800	300	460	390	110

经过实验，可以得到一组人体运动步态数据，取一个步态周期内的数据进行分析，各关节实测数据如图 10-7 所示。图中各关节的在平地行走时一个步态周期中的采样点和采样曲线。图 10-7 中，RH0 代表冠状面髋关节，RH 为矢状面髋关节，RK 为膝关节，RA 为踝关节。

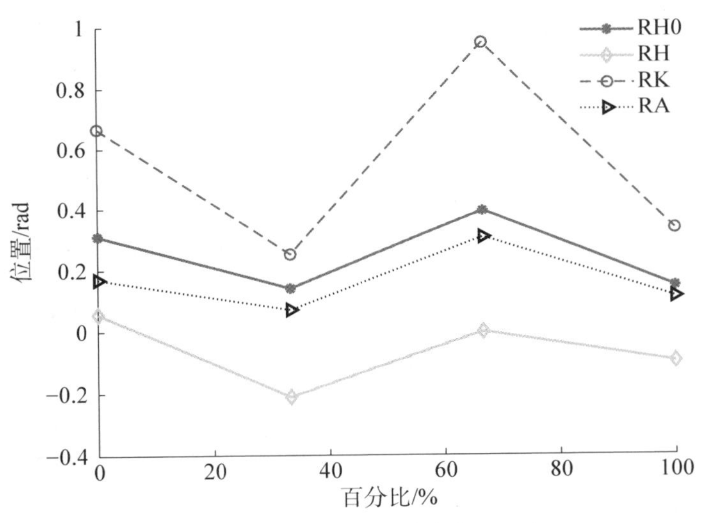

图 10-7　平地实验各关节实测曲线

为了得到光滑连续可导的运动曲线，对实际测得的关节数据进行插值拟合，得到图 10-8 所示位置轨迹曲线。各关节运动曲线插值拟合函数(参数见表 10-3)的具体表达式为

$$\left.\begin{aligned}q_{d1}&=a_{10}+a_{11}\cos(\omega_1 t)+b_{11}\sin(\omega_1 t)\\q_{d2}&=a_{20}+a_{21}\cos(\omega_2 t)+b_{21}\sin(\omega_2 t)\\q_{d3}&=a_{30}+a_{31}\cos(\omega_3 t)+b_{31}\sin(\omega_3 t)\\q_{d4}&=a_{40}+a_{41}\cos(\omega_4 t)+b_{41}\sin(\omega_4 t)\end{aligned}\right\}\tag{10-37}$$

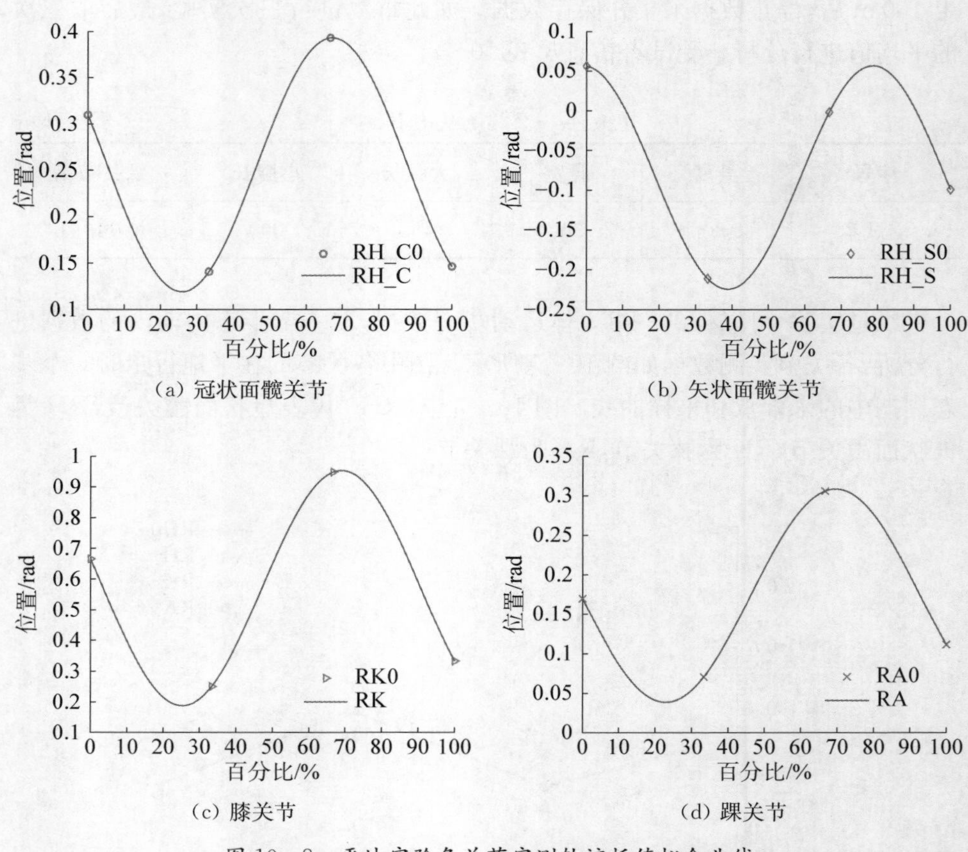

图 10-8 平地实验各关节实测轨迹插值拟合曲线

表 10-3 各关节运动插值拟合函数的参数

i	a_{i0}	a_{i1}	b_{i1}	ω_i
1	0.2562	0.0534	−0.1262	0.0762
2	−0.0838	0.1402	−0.0103	0.0790
3	0.5708	0.0950	−0.3705	0.0721
4	0.1736	−0.0037	−0.1347	0.0674

将式(10-37)作为关节期望轨迹，验证上文所设计的基于 Backstepping 模糊自适应控制器。让 FL-LLER-Ⅰ跟踪期望轨迹仿真结果如图 10-9～图 10-12 所示。仿真结果表明，在该控制器的作用下，各关节的轨迹跟踪曲线都能很好地接近期望轨迹值。冠状面髋关节、矢状面髋关节、膝关节和踝关节的

轨迹跟踪 RMSE 值分别为 0.0038、0.0090、0.0150 和 0.0074，取得了令人较为满意的跟踪效果。

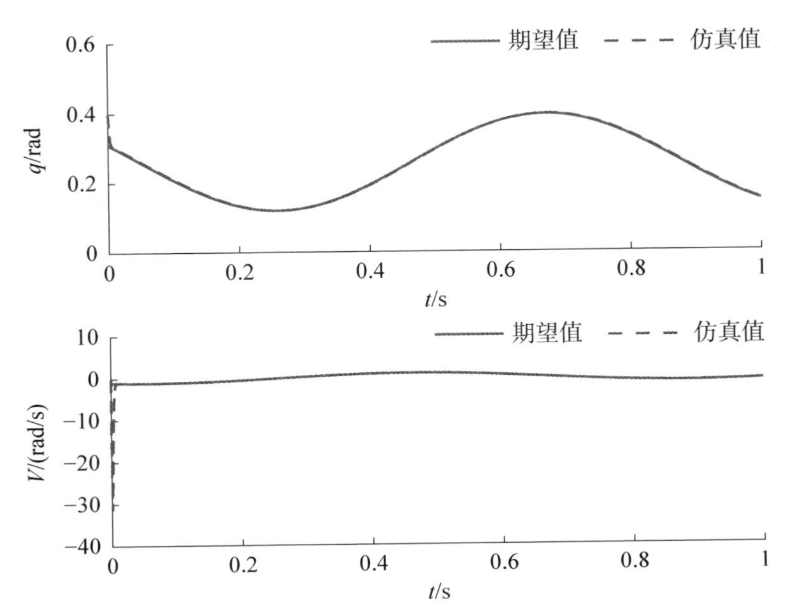

图 10-9　平地实验冠状面髋关节轨迹跟踪曲线(参见书末彩图)

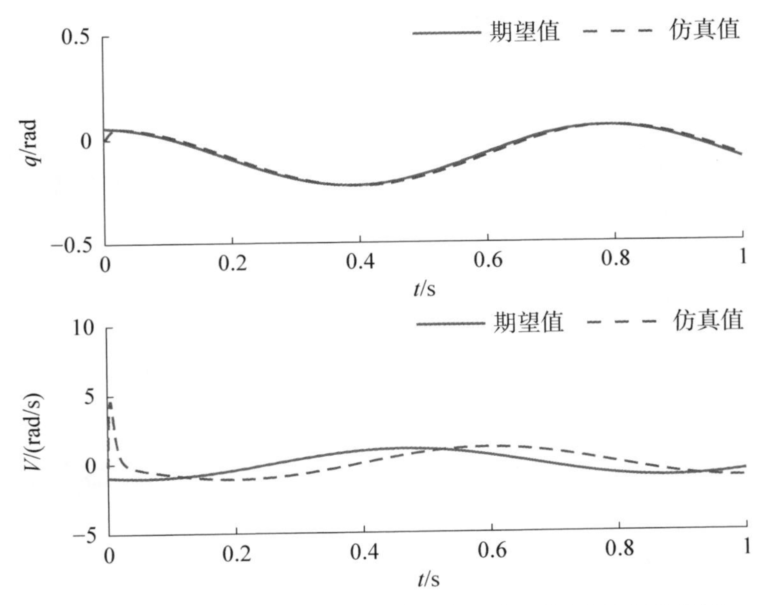

图 10-10　平地实验矢状面髋关节轨迹跟踪曲线(参见书末彩图)

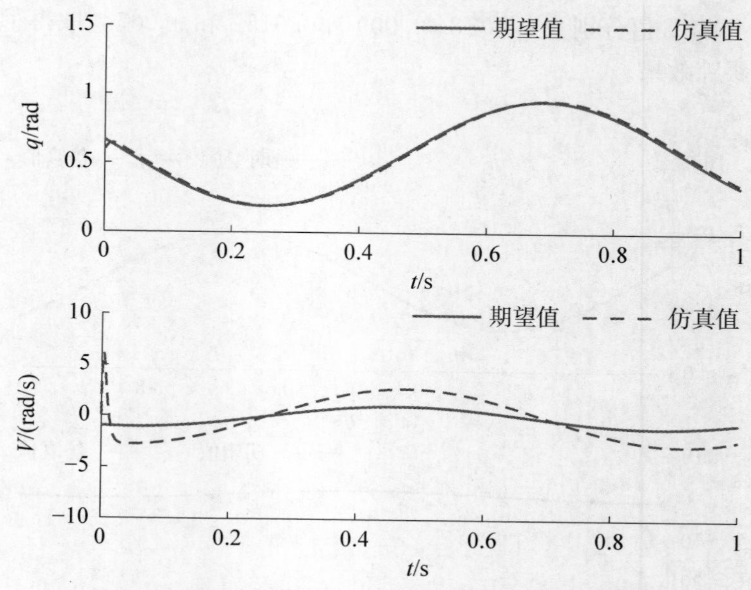

图 10-11　平地实验膝关节轨迹跟踪曲线(参见书末彩图)

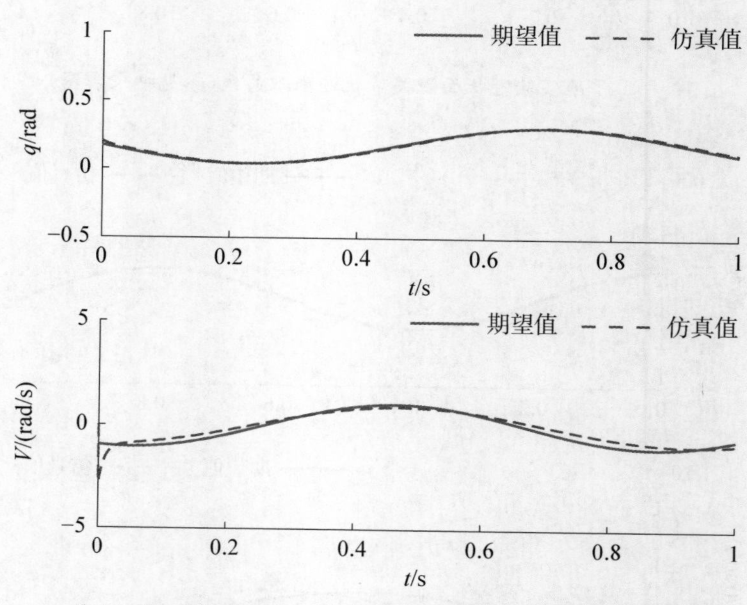

图 10-12　平地实验踝关节轨迹跟踪曲线(参见书末彩图)

10.4.3　上楼梯实验

在上楼梯实验中,受试者仍穿戴上述设备,进行步态数据采集。如图

10－13 所示，楼梯的宽度 $b=280$ mm、高 $h=150$ mm。实验开始时，受试者穿戴好设备等待出发指示，当听到出发口令后，先迈左脚上楼。如此进行三次实验并采集数据用于分析。

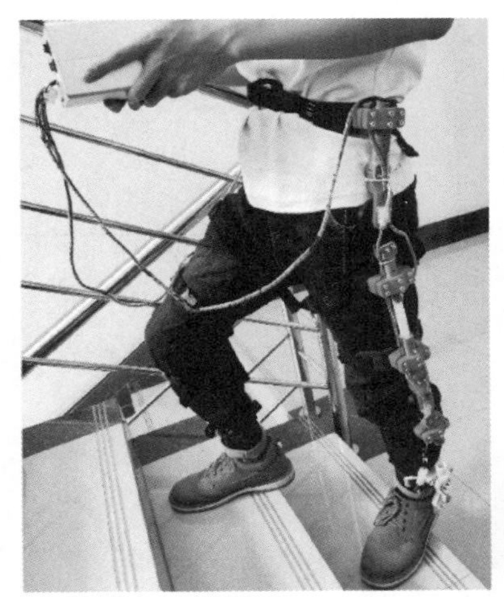
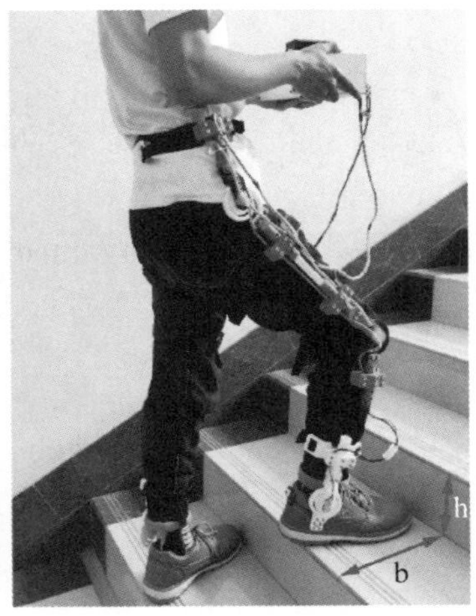

图 10－13　上楼梯实验（参见书末彩图）

同理，取一个步态周期的上楼梯数据进行分析，实测步态信息。

图 10－14 所示为各关节的在上楼梯行走时一个步态周期的采样曲线。其中，RH0 代表冠状面髋关节、RH 为矢状面髋关节、RK 为膝关节、RA 为踝关节。

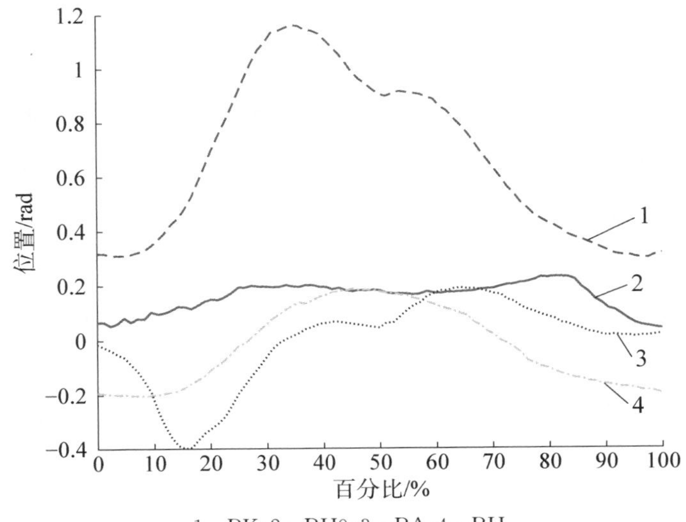

1—RK；2—RH0；3—RA；4—RH

图 10－14　上楼梯实验各关节实测曲线

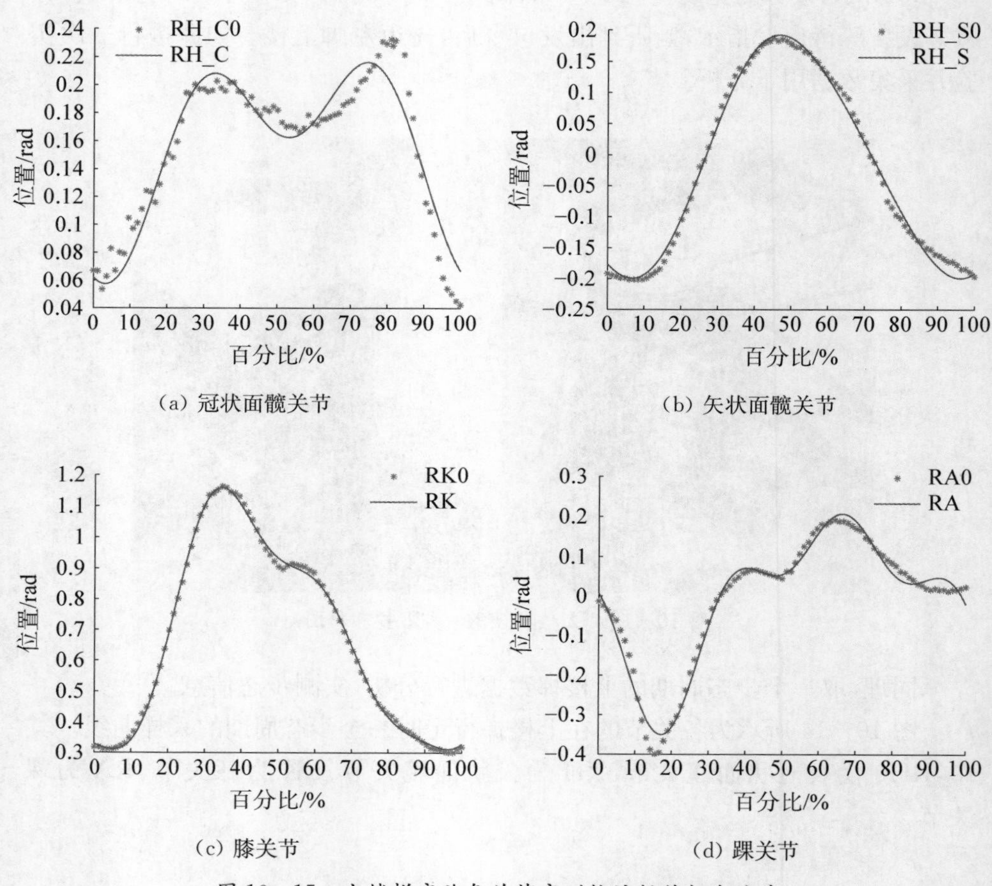

图 10-15　上楼梯实验各关节实测轨迹插值拟合曲线

对实际测得的关节步态数据进行插值拟合，得到图 10-15 所示上楼梯关节轨迹插值拟合曲线。各关节步态曲线的具体表达式为

$$\begin{aligned} q_{d1} =& 0.1575 - 0.05096\cos(6.202t) - 0.01363\sin(6.202t) - \\ & 0.0443\cos(12.404t) - 0.01705\sin(12.404t) \end{aligned} \tag{10-38}$$

$$\begin{aligned} q_{d2} =& -0.0012 - 0.1832\cos(7.026t) - 0.0605\sin(7.026t) + \\ & 0.0078\cos(14.052t) - 0.0146\sin(14.052t) \end{aligned} \tag{10-39}$$

$$\begin{aligned} q_{d3} =& 0.7084 - 0.3891\cos(6.894t) + 0.0704\sin(6.894t) - \\ & 0.0479\cos(13.788t) - 0.0812\sin(13.788t) + \\ & 0.0573\cos(20.682t) + 0.0061\sin(20.682t) \end{aligned} \tag{10-40}$$

$$q_{d4} = -0.0071 - 0.1002\cos(6.387t) - 0.1734\sin(6.387t) +$$

$$0.0377\cos(12.740t)-0.0523\sin(12.740t)-$$
$$0.0770\cos(19.1610t)-0.0141\sin(19.1610t) \qquad (10-41)$$

将式(10－38)～式(10－41)作为关节期望轨迹，验证上文所设计的基于 Backstepping 模糊自适应控制器。让 FL－LLER－Ⅰ在 Backstepping 模糊自适应控制器的作用下跟踪上楼梯，轨迹结果如图 10－16～图 10－19 所示。各

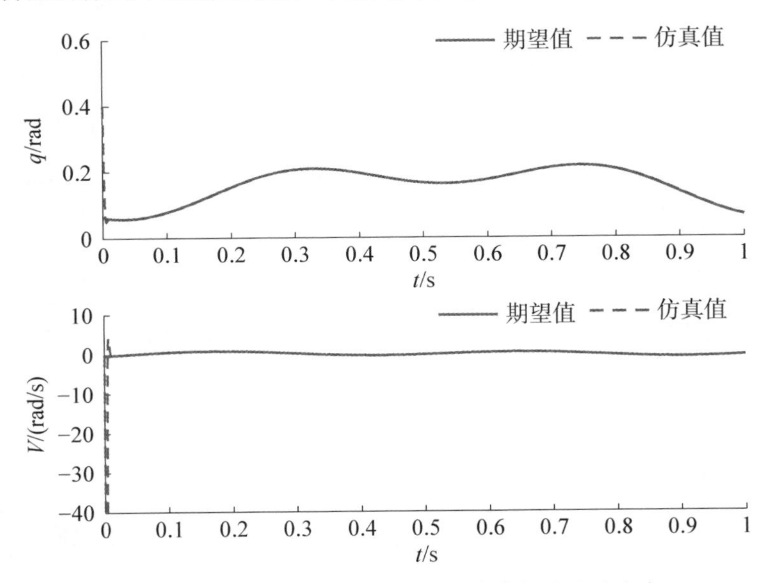

图 10－16 上楼梯实验冠状面髋关节轨迹跟踪曲线

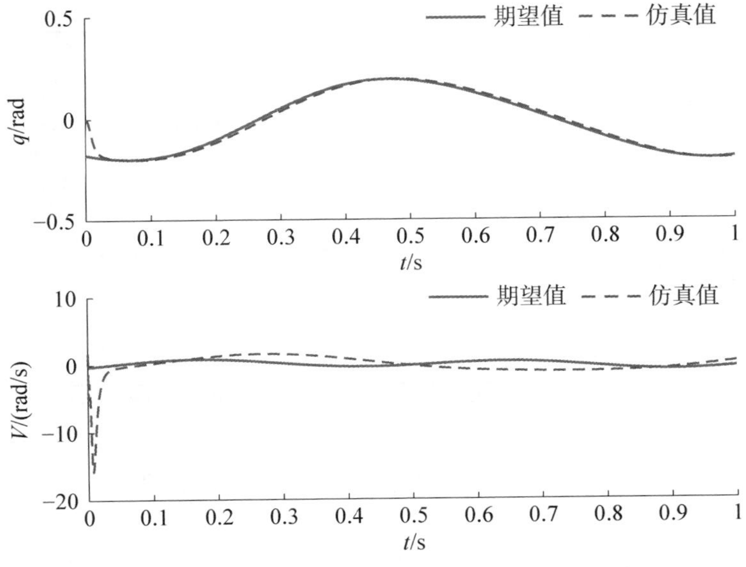

图 10－17 上楼梯实验矢状面髋关节轨跟踪曲线

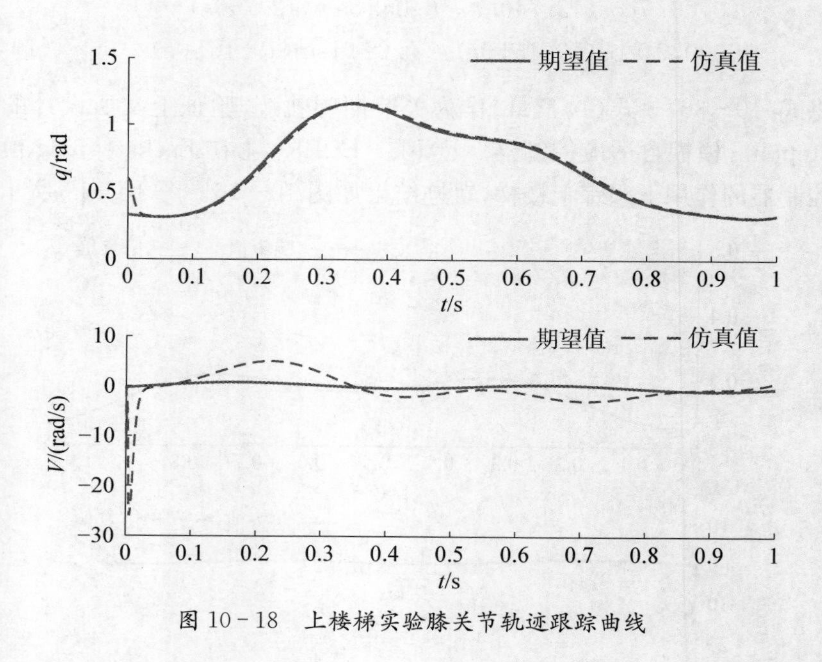

图 10-18　上楼梯实验膝关节轨迹跟踪曲线

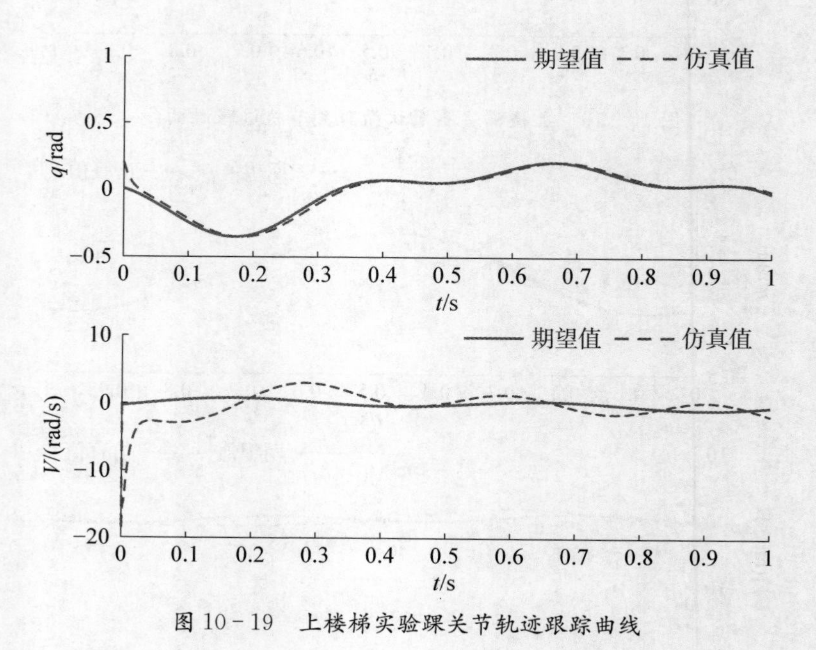

图 10-19　上楼梯实验踝关节轨迹跟踪曲线

关节跟踪轨迹的 RMSE 值见表 10－4。

表 10－4　实际轨迹跟踪精度

均方根误差 (RMSE)	冠状面髋关节	矢状面髋关节	膝关节	踝关节
平地 RMSE	0.003 8	0.009 0	0.015 0	0.007 4
上楼 RMSE	0.012 1	0.018 4	0.027 2	0.021 4

仿真结果表明，Backstepping 模糊自适应控制能够实现关节轨迹跟踪。其中，在平地行走实验中，膝关节的轨迹跟踪精度误差最大，为 0.015，冠状面髋关节的轨迹跟踪精度最小，为 0.003 8。在上楼梯实验中，也是膝关节的轨迹跟踪精度误差最大，为 0.027 2，冠状面髋关节的轨迹跟踪精度最小，为 0.012 1。相比上楼梯实验，本章所设计的控制方法更适合于平地行走控制。此外，从各关节位置轨迹跟踪图中可以看出，本章所设计的控制方法具有可行性。

10.5　本章小结

为了实现无需模型信息的控制，本章采用模糊系统逼近 FL－LLER－Ⅰ系统的建模信息，然后以包含一个步态周期的运动数据做插值拟合，并将其作为期望轨迹函数作为控制输入。通过在 Simulink 仿真环境中搭建控制模型，利用 S－Function 模块完成算法实现。仿真结果表明，对于 FL－LLER－Ⅰ单腿轨迹跟踪控制，与带补偿模糊自适应控制策略相比，Backstepping 自适应模糊控制策略表现出了如下优点：

(1) 实现简单。Backstepping 控制算法通过迭代计算实现，不需要复杂的计算和模型参数估计，降低了控制系统的复杂和实现成本。

(2) 控制强健。Backstepping 控制算法表现出了良好的稳定性和鲁棒性，能够有效应对模型不确定性和干扰项，使得控制系统具有良好的抗干扰能力。

(3) 高效稳定。Backstepping 控制算法表现出了快速响应和高精度的特性。平地行走实验结果表明，冠状面髋关节的位置跟踪 RMES 最小，为 0.003 8，膝关节的位置跟踪 RMSE 值最大，为 0.015 0。楼梯行走实验结果表明，冠状面髋关节的位置跟踪 RMES 最小，为 0.012 1，膝关节的位置跟踪

RMSE 值最大，为 0.0214。相比上楼梯实验，本章所设计的控制方法更适合于平地行走控制。

整体看来，本章所提出的 Backstepping 自适应模糊控制算法能够实现单腿四自由度仿生外骨骼的位置跟踪控制，该实验方案在实际中具有一定的可行性。

hapter 11

第11章 基于 RBF 神经网络的仿生外骨骼自适应控制

本章介绍了基于 RBF 神经网络的自适应控制算法。针对上文控制算法计算效率低下的问题,本章综合考虑计算效率、仿生外骨骼动力学建模和控制过程中的扰动问题,提出一种基于模型不确定逼近的 RBF 神经网络自适应控制策略,并应用于仿生外骨骼的控制系统中。首先,分析并建立轻量化仿生外骨骼 FL-LLER-Ⅱ(Fighting Lab's Lower Limb Exoskeleton Robot Ⅱ)的动力学模型。其次,构建 RBF 神经网络模型以逼近外骨骼动力学模型的不精确部分和不确定因素。然后,对比 RBF 神经网络自适应控制器的控制性能。最后,以可穿戴设备采集人体步态数据作为期望轨迹,用 RBF 神经网络自适应控制进行轨迹跟踪。实验结果表明,跟踪精度误差最大为 0.100 2,验证了控制方案的可行性。

11.1 基于 RBF 神经网络的自适应控制综述

外骨骼是一种能够通过机械结构与传感器技术协同完成人体运动辅助或替代的装置。它已经被开发用于日常活动中的康复和助力,其动力学模型是一个多输入、多输出、强耦合的多不确定性非线性微分方程。因此,在外骨骼控制器开发、机械设计和佩戴者运动意图识别方面仍然受到限制。

在外骨骼控制应用中,Wen 等利用人机相互作用力,提出一种重塑物理交互轨迹的优化方法,这种方法基于阻抗控制理论,使人类能够调整机器人的期望轨迹和实际轨迹。Narvaez 等利用迭代学习控制算法来获取外骨骼的扭矩和力,克服了参数不确定性和人为引入的阻碍学习的因素,从而成功地模拟了从坐到站的运动。类似的控制方法还有很多,例如滑模控制、自适应控制、模糊控制和无模型控制等,这些方法可以保证稳态性能,但在瞬态性能上仍有局限性。针对这个问题,本章提出了 RBF 神经网络自适应控制策略。RBF 神经网络是一种使用径向基函数作为隐层神经元激活函数的单隐层前馈神经网络,具有普遍逼近的能力。在外骨骼控制中,采用 RBF 神经网络可以逼近外骨骼模型，从而有效解决轨迹跟踪不确定问题并提高系统的瞬态响应性能。例如，Song 等提出了一种新的驱动外骨骼力跟踪控制算法，针对外骨骼的伺服系统设计了基于滑模控制力跟踪控制器，同时为了减少滑模控制中不可改变的表面误差，引入 RBF 神经网络控制算法，实验结果表明，所设计的方法优于常规控制器性能。Mien 等针对外骨骼控制系统的未知非线性动态特性问题，提出了一种新的外骨骼控制算法，以补偿动态不确定性误差并最小化-外骨骼相互作用力。Long 等为改善外骨骼机器人 SAC 性能，提出了结合遗传算法与 RBF 神经网络在线计算外骨骼机器人的精确动力学模型的方法。Kong 等提出了一种基于径向基函数的阻抗控制方法，以降低人机交互力，提高外骨骼的柔顺性，达到稳定系统阻抗特性的目的。为了实现更准确的跟踪，Han 设计了一种鲁棒的自适应 RBF 神经网络补偿器来近似和补偿系统所产生的误差，并用仿真实验证明了所提出的控制器有更高的性能。本章主要内容如下：

(1) 建立了一种新的 RBF 神经网络自适应控制器，并在此基础上利用 MATLAB/Simulink 完成控制系统架构，进行仿真实验。

(2) 验证了 RBF 神经网络自适应控制器的普遍适用性。对不同负载的仿生外骨骼 FL - LLER - Ⅰ和 FL - LLER - Ⅱ分别进行了控制实验，证明了所设计控制器具有一定的普适性。

(3) 设计平地行走实验，证明了 RBF 神经网络自适应控制器的有效性。利用一种可穿戴外骨骼设备，采集人体步态数据并进行轨迹跟踪，验证了 RBF 神经网络自适应控制器的有效性。

11.2 仿生外骨骼的动力学模型

FL - LLER - Ⅱ是在 FL - LLER - Ⅰ的基础上进行了拓扑优化，减轻了部分关节的和连杆的质量。FL - LLER - Ⅱ的详细物理参数见表 11 - 1。FL - LLER - Ⅱ右单侧腿的动力学方程为

$$\boldsymbol{D}(\boldsymbol{q})\ddot{\boldsymbol{q}}+\boldsymbol{C}(\boldsymbol{q},\dot{\boldsymbol{q}})\dot{\boldsymbol{q}}+\boldsymbol{G}(\boldsymbol{q})=\boldsymbol{\tau}+\boldsymbol{d} \tag{11-1}$$

式中，$\boldsymbol{q}, \dot{\boldsymbol{q}}, \ddot{\boldsymbol{q}} \in \mathbf{R}^n$，分别表示关节的角度、角速度和角加速度；$\boldsymbol{D}(\boldsymbol{q}) \in \mathbf{R}^{n\times n}$，为机器人的惯性矩阵；$\boldsymbol{C}(\boldsymbol{q}, \dot{\boldsymbol{q}}) \in \mathbf{R}^n$，表示离心力和哥氏力；$\boldsymbol{G}(\boldsymbol{q}) \in \mathbf{R}^n$，为重力项；$\boldsymbol{d} \in \mathbf{R}^n$，为外界扰动；$\boldsymbol{\tau} \in \mathbf{R}^n$，为控制力矩。本章的目标是改进一个控制器，使得系统的输出跟随参考信号 $y_d=[y_{d1}\quad y_{d2}\quad y_{d3}\quad y_{d4}]^T$，并在闭环系统中，所有其他信号都是有界。

表 11－1　仿生外骨骼 FL－LLER－Ⅰ和 FL－LLER－Ⅱ的物理参数对比

序号	名称	FL－LLER－Ⅰ数值	FL－LLER－Ⅱ数值	单位
1	m_1	0.9560	0.7460	kg
2	m_2	5.3360	2.9010	kg
3	m_3	3.0200	0.8610	kg
4	m_4	0.5120	1.4960	kg
5	L_0	0.1060	0.1200	m
6	L_1	0.1295	0.1002	m
7	L_2	0.1695	0.1706	m
8	L_3	0.5310	0.3830	m
9	L_4	0.5120	0.3890	m
10	L_5	0.0005	0	m

11.3　RBF 神经网络描述

RBF 神经网络，全称为径向基函数(radial basis function)神经网络，是一种常用的神经网络模型。它的主要特点是具有非线性映射能力，能够处理非线性问题。RBF 神经网络已经被证明能以任意精度逼近任意连续函数。

RBF 神经网络是局部逼近的神经网络，因而采用 RBF 神经网络可以极大地增快学习速度并避免局部极小问题，在实时控制中有明显的优势。在仿生外骨骼运动控制中，采用 RBF 神经网络控制方案，对提高系统的精度、鲁棒性和自适应性具有积极作用。多输入单输出的 RBF 神经网络结构如图 11－1 所示。

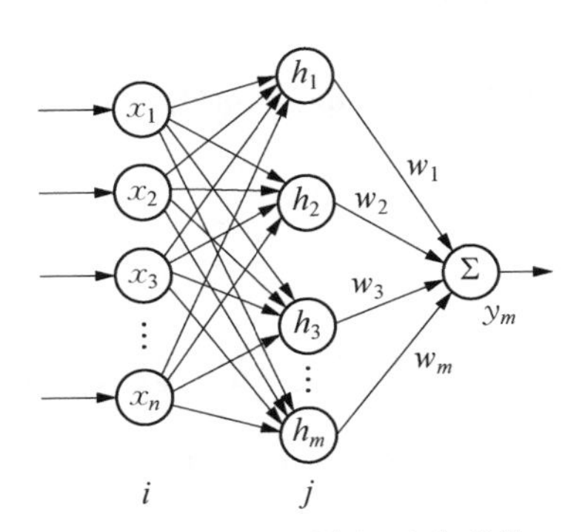

图 11－1　RBF 神经网络结构

在 RBF 神经网络结构中，网络的输入向量为 $\boldsymbol{X}=[x_1, x_2, \cdots, x_n]^{\mathrm{T}}$，设 RBF 神经网络的径向基向量 $\boldsymbol{H}=[h_1, h_2, \cdots, h_m]$，其中 $h_j(1\leqslant j\leqslant m)$ 为高斯基函数：

$$h_j=\exp\left(-\frac{\|\boldsymbol{X}-\boldsymbol{C}_j\|^2}{2b_j^2}\right)\quad(j=1, 2, \cdots, m)\tag{11-2}$$

式中，网络第 j 个节点的中心矢量为 $\boldsymbol{C}_j=[c_{j1}, \cdots, c_{jn}]$。设网络的基宽为 $\boldsymbol{B}=[b_1, \cdots, b_m]^{\mathrm{T}}$，$b_j$ 为节点 j 的基宽度参数，且为大于零的数。网络的权向量为 $\boldsymbol{W}=[w_1, \cdots, w_m]^{\mathrm{T}}$，RBF 神经网络的输出为

$$y_m(t)=w_1h_1+w_2h_2+\cdots+w_mh_m\tag{11-3}$$

RBF 神经网络性能指标函数为

$$J_1=\frac{1}{2}[y(t)-y_m(t)]^2\tag{11-4}$$

根据梯度下降法，输出权、节点中心及节点基宽参数的迭代算法如下：

$$w_j(t)=w_j(t-1)+\eta[y(t)-y_m(t)]h_j+\alpha[w_j(t-1)-w_j(t-2)]\tag{11-5}$$

$$\Delta b_j=[y(t)-y_m(t)]w_jh_j\frac{\|\boldsymbol{X}-\boldsymbol{C}_j\|^2}{b_j^3}\tag{11-6}$$

$$b_j(t)=b_j(t-1)+\eta\Delta b_j+\alpha[b_j(t-1)-b_j(t-2)]\tag{11-7}$$

$$\Delta c_{ji}=[y(t)-y_m(t)]w_j\frac{x_i-c_{ji}}{b_j^2}\tag{11-8}$$

$$c_{ji}(t)=c_{ji}(t-1)+\eta\Delta c_{ji}+\alpha[c_j(t-1)-c_j(t-2)]\tag{11-9}$$

式中，η 为学习速率；α 为动量因子。

11.4 仿生外骨骼的 RBF 神经网络自适应控制

11.4.1 系统描述

由式(11-1)可知，如果模型精确，且 $\boldsymbol{d}=\boldsymbol{0}$，则设计如下控制律：

$$\boldsymbol{\tau}=\boldsymbol{D}(\boldsymbol{q})(\ddot{\boldsymbol{q}}_{\mathrm{d}}-\boldsymbol{k}_{\mathrm{v}}\dot{\boldsymbol{e}}-\boldsymbol{k}_{\mathrm{p}}\boldsymbol{e})+\boldsymbol{C}(\boldsymbol{q}, \dot{\boldsymbol{q}})\dot{\boldsymbol{q}}+\boldsymbol{G}(\boldsymbol{q})\tag{11-10}$$

式中，$\boldsymbol{k}_{\mathrm{p}}=\mathrm{diag}([\alpha^2, \alpha^2, \alpha^2, \alpha^2])$；$\boldsymbol{k}_{\mathrm{v}}=\mathrm{diag}([\alpha, \alpha, \alpha, \alpha])$，$\alpha>0$。

定义 $\boldsymbol{e}=\boldsymbol{q}-\boldsymbol{q}_{\mathrm{d}}$, $\dot{\boldsymbol{e}}=\dot{\boldsymbol{q}}-\dot{\boldsymbol{q}}_{\mathrm{d}}$，将控制律式(11-10)代入式(11-1)中，得到稳定的闭环系统为

$$\ddot{\boldsymbol{e}}+\boldsymbol{k}_{\mathrm{v}}\dot{\boldsymbol{e}}+\boldsymbol{k}_{\mathrm{p}}\boldsymbol{e}=0 \tag{11-11}$$

设仿生外骨骼的名义模型用 $\boldsymbol{D}_0(\boldsymbol{q})$、$\boldsymbol{C}_0(\boldsymbol{q}, \dot{\boldsymbol{q}})$、$\boldsymbol{G}_0(\boldsymbol{q})$ 表示，针对名义模型设置控制律：

$$\boldsymbol{\tau}=\boldsymbol{D}_0(\boldsymbol{q})(\ddot{\boldsymbol{q}}_{\mathrm{d}}-\boldsymbol{k}_{\mathrm{v}}\dot{\boldsymbol{e}}-\boldsymbol{k}_{\mathrm{p}}\boldsymbol{e})+\boldsymbol{C}_0(\boldsymbol{q}, \dot{\boldsymbol{q}})\dot{\boldsymbol{q}}+\boldsymbol{G}_0(\boldsymbol{q}) \tag{11-12}$$

将控制律(11-12)代入式(11-1)中，可得

$$\boldsymbol{D}(\boldsymbol{q})\ddot{\boldsymbol{q}}+\boldsymbol{C}(\boldsymbol{q}, \dot{\boldsymbol{q}})\dot{\boldsymbol{q}}+\boldsymbol{G}(\boldsymbol{q})=\boldsymbol{D}_0(\boldsymbol{q})(\ddot{\boldsymbol{q}}_{\mathrm{d}}-\boldsymbol{k}_{\mathrm{v}}\dot{\boldsymbol{e}}-\boldsymbol{k}_{\mathrm{p}}\boldsymbol{e})+\boldsymbol{C}_0(\boldsymbol{q}, \dot{\boldsymbol{q}})\dot{\boldsymbol{q}}+\boldsymbol{G}_0(\boldsymbol{q})+\boldsymbol{d} \tag{11-13}$$

采用 $\boldsymbol{D}_0(\boldsymbol{q})\ddot{\boldsymbol{q}}+\boldsymbol{C}_0(\boldsymbol{q}, \dot{\boldsymbol{q}})\dot{\boldsymbol{q}}+\boldsymbol{G}_0(\boldsymbol{q})$ 分别减去上式左右两边，并取 $\Delta\boldsymbol{D}=\boldsymbol{D}_0-\boldsymbol{D}$、$\Delta\boldsymbol{C}=\boldsymbol{C}_0-\boldsymbol{C}$、$\Delta\boldsymbol{G}=\boldsymbol{G}_0-\boldsymbol{G}$，则可得

$$\ddot{\boldsymbol{e}}+\boldsymbol{k}_{\mathrm{v}}\dot{\boldsymbol{e}}+\boldsymbol{k}_{\mathrm{p}}\boldsymbol{e}=\boldsymbol{D}_0^{-1}(\Delta\boldsymbol{D}\ddot{\boldsymbol{q}}+\Delta\boldsymbol{C}\dot{\boldsymbol{q}}+\Delta\boldsymbol{G}+\boldsymbol{d}) \tag{11-14}$$

由式(11-14)可见，为了提高控制系统的性能，需要对模型不精确部分进行逼近。取模型不精确部分为

$$\boldsymbol{f}(\boldsymbol{x})=\boldsymbol{D}_0^{-1}(\Delta\boldsymbol{D}\ddot{\boldsymbol{q}}+\Delta\boldsymbol{C}\dot{\boldsymbol{q}}+\Delta\boldsymbol{G}+\boldsymbol{d}) \tag{11-15}$$

11.4.2　模型不确定部分的 RBF 神经网络逼近

使用 RBF 神经网络对不确定项 $\boldsymbol{f}(\boldsymbol{x})$ 进行自适应逼近。

RBF 神经网络的算法为

$$\left.\begin{aligned}&\varphi_i=g(\|\boldsymbol{x}-\boldsymbol{c}_i\|^2/b_i^2),\ i=1,\ 2,\ \cdots,\ n\\&\boldsymbol{y}=\boldsymbol{\theta}^{\mathrm{T}}\boldsymbol{\varphi}(\boldsymbol{x})\end{aligned}\right\} \tag{11-16}$$

式中，$\boldsymbol{x}$ 为网络的输入信号；y 为网络的输出信号；$\boldsymbol{\varphi}=[\varphi_1, \varphi_2, \cdots, \varphi_n]$ 为高斯基函数输出；$\boldsymbol{\theta}$ 为神经网络权值。

假设如下：

(1) 神经网络输出 $\hat{\boldsymbol{f}}(\boldsymbol{x}, \boldsymbol{\theta}^*)$ 为连续。

(2) 存在理想逼近的神经网络输出 $\hat{\boldsymbol{f}}(\boldsymbol{x}, \boldsymbol{\theta}^*)$，存在一个非常小的正数 ε_0，则有

$$\max\|\hat{\boldsymbol{f}}(\boldsymbol{x}, \boldsymbol{\theta}^*)-\boldsymbol{f}(\boldsymbol{x})\|, \varepsilon_0 \tag{11-17}$$

式中，$\boldsymbol{\theta}^*=\arg\min\limits_{\theta\in\beta(M_\theta)}\{\sup\limits_{x\in\varphi(M_x)}\|\boldsymbol{f}(\boldsymbol{x})-\hat{\boldsymbol{f}}(\boldsymbol{x}, \boldsymbol{\theta})\|\}$，为 $n\times n$ 阶矩阵，表示对

$\boldsymbol{f}(\boldsymbol{x})$ 最佳逼近的神经网络权值；$\hat{\boldsymbol{f}}(\boldsymbol{x}, \boldsymbol{\theta}^*) = \boldsymbol{\theta}^{*\mathrm{T}}\boldsymbol{\varphi}(\boldsymbol{x})$；取 $\boldsymbol{\eta}$ 为理想神经网络的建模误差，其界为 $\boldsymbol{\eta}_0$，即

$$\left.\begin{aligned} &\boldsymbol{\eta} = \boldsymbol{f}(\boldsymbol{x}) - \hat{\boldsymbol{f}}(\boldsymbol{x}, \boldsymbol{\theta}^*) \\ &\boldsymbol{\eta}_0 = \sup \| \boldsymbol{f}(\boldsymbol{x}) - \hat{\boldsymbol{f}}(\boldsymbol{x}, \boldsymbol{\theta}^*) \| \end{aligned}\right\} \tag{11-18}$$

11.4.3 控制器的设计与分析

设计控制器为

$$\boldsymbol{\tau} = \boldsymbol{\tau}_1 + \boldsymbol{\tau}_2 \tag{11-19}$$

其中

$$\left.\begin{aligned} &\boldsymbol{\tau}_1 = \boldsymbol{D}_0(\boldsymbol{q})(\ddot{\boldsymbol{q}}_{\mathrm{d}} - \boldsymbol{k}_{\mathrm{v}}\dot{\boldsymbol{e}} - \boldsymbol{k}_{\mathrm{p}}\boldsymbol{e}) + \boldsymbol{C}_0(\boldsymbol{q}, \dot{\boldsymbol{q}})\dot{\boldsymbol{q}} + \boldsymbol{G}_0(\boldsymbol{q}) \\ &\boldsymbol{\tau}_2 = -\boldsymbol{D}_0(\boldsymbol{q})\hat{\boldsymbol{f}}(\boldsymbol{x}, \boldsymbol{\theta}) \end{aligned}\right\} \tag{11-20}$$

式中，$\hat{\boldsymbol{f}}(\boldsymbol{x}, \boldsymbol{\theta}) = \hat{\boldsymbol{\theta}}^{\mathrm{T}}\boldsymbol{\varphi}(\boldsymbol{x})$；$\hat{\boldsymbol{\theta}}$ 为 $\boldsymbol{\theta}^*$ 的估计值。因为 $\boldsymbol{f}(\boldsymbol{x})$ 有界，所以 $\boldsymbol{\theta}^*$ 有界，取 $\| \boldsymbol{\theta}^* \|_{\mathrm{F}} \leqslant \boldsymbol{\theta}_{\max}$。

将控制律式(11-19)代入式(11-1)中，整理可得

$$\begin{aligned} &\boldsymbol{D}(\boldsymbol{q})\ddot{\boldsymbol{q}} + \boldsymbol{C}(\boldsymbol{q}, \dot{\boldsymbol{q}})\dot{\boldsymbol{q}} + \boldsymbol{G}(\boldsymbol{q}) \\ =&\boldsymbol{D}_0(\boldsymbol{q})(\ddot{\boldsymbol{q}}_{\mathrm{d}} - \boldsymbol{k}_{\mathrm{v}}\dot{\boldsymbol{e}} - \boldsymbol{k}_{\mathrm{p}}\boldsymbol{e}) + \boldsymbol{C}_0(\boldsymbol{q}, \dot{\boldsymbol{q}})\dot{\boldsymbol{q}} + \boldsymbol{G}_0(\boldsymbol{q}) - \boldsymbol{D}_0(\boldsymbol{q})\hat{\boldsymbol{f}}(\boldsymbol{x}, \boldsymbol{\theta}) + \boldsymbol{d} \end{aligned} \tag{11-21}$$

用 $\boldsymbol{D}_0(\boldsymbol{q})\ddot{\boldsymbol{q}} + \boldsymbol{C}_0(\boldsymbol{q}, \dot{\boldsymbol{q}})\dot{\boldsymbol{q}} + \boldsymbol{G}_0(\boldsymbol{q})$ 分别减去式(11-21)的两边，可得

$$\begin{aligned} &\Delta\boldsymbol{D}(\boldsymbol{q})\ddot{\boldsymbol{q}} + \Delta\boldsymbol{C}(\boldsymbol{q}, \dot{\boldsymbol{q}})\dot{\boldsymbol{q}} + \Delta\boldsymbol{G}(\boldsymbol{q}) + \boldsymbol{d} \\ =&\boldsymbol{D}_0(\boldsymbol{q})\ddot{\boldsymbol{q}} - \boldsymbol{D}_0(\boldsymbol{q})(\ddot{\boldsymbol{q}}_{\mathrm{d}} - \boldsymbol{k}_{\mathrm{v}}\dot{\boldsymbol{e}} - \boldsymbol{k}_{\mathrm{p}}\boldsymbol{e}) + \boldsymbol{D}_0(\boldsymbol{q})\hat{\boldsymbol{f}}(\boldsymbol{x}, \boldsymbol{\theta}) \end{aligned} \tag{11-22}$$

整理可得

$$\begin{aligned} &\Delta\boldsymbol{D}(\boldsymbol{q})\ddot{\boldsymbol{q}} + \Delta\boldsymbol{C}(\boldsymbol{q}, \dot{\boldsymbol{q}})\dot{\boldsymbol{q}} + \Delta\boldsymbol{G}(\boldsymbol{q}) + \boldsymbol{d} \\ =&\boldsymbol{D}_0(\boldsymbol{q})[\ddot{\boldsymbol{e}} + \boldsymbol{k}_{\mathrm{v}}\dot{\boldsymbol{e}} + \boldsymbol{k}_{\mathrm{p}}\boldsymbol{e} + \hat{\boldsymbol{f}}(\boldsymbol{x}, \boldsymbol{\theta})]\ddot{\boldsymbol{e}} + \boldsymbol{k}_{\mathrm{v}}\dot{\boldsymbol{e}} + \boldsymbol{k}_{\mathrm{p}}\boldsymbol{e} + \hat{\boldsymbol{f}}(\boldsymbol{x}, \boldsymbol{\theta}) \\ =&\boldsymbol{D}_0^{-1}(\boldsymbol{q})(\Delta\boldsymbol{D}(\boldsymbol{q})\ddot{\boldsymbol{q}} + \Delta\boldsymbol{C}(\boldsymbol{q}, \dot{\boldsymbol{q}})\dot{\boldsymbol{q}} + \Delta\boldsymbol{G}(\boldsymbol{q}) + \boldsymbol{d}) \end{aligned} \tag{11-23}$$

结合式(11-15)可得

$$\boldsymbol{f}(\boldsymbol{x}) = \ddot{\boldsymbol{e}} + \boldsymbol{k}_{\mathrm{v}}\dot{\boldsymbol{e}} + \boldsymbol{k}_{\mathrm{p}}\boldsymbol{e} + \hat{\boldsymbol{f}}(\boldsymbol{x}, \boldsymbol{\theta}) \tag{11-24}$$

取 $\boldsymbol{x} = [\boldsymbol{e} \quad \dot{\boldsymbol{e}}]^{\mathrm{T}}$，上式可整理为

$$\dot{x}=\mathbf{A}x+\mathbf{B}[f(x)-\hat{f}(x,\boldsymbol{\theta})] \tag{11-25}$$

式中，$\mathbf{A}=\begin{bmatrix}0 & \boldsymbol{I}\\ -\boldsymbol{k}_{\mathrm{p}} & -\boldsymbol{k}_{\mathrm{v}}\end{bmatrix}$；$\mathbf{B}=[0 \quad \boldsymbol{I}]^{\mathrm{T}}$。

由于

$$\begin{aligned}f(x)-\hat{f}(x,\boldsymbol{\theta})&=f(x)-\hat{f}(x,\boldsymbol{\theta}^{*})+\hat{f}(x,\boldsymbol{\theta}^{*})-\hat{f}(x,\boldsymbol{\theta})\\&=\boldsymbol{\eta}+\boldsymbol{\theta}^{*\mathrm{T}}\boldsymbol{\varphi}(x)-\hat{\boldsymbol{\theta}}^{\mathrm{T}}\boldsymbol{\varphi}(x)\\&=\boldsymbol{\eta}-\tilde{\boldsymbol{\theta}}^{\mathrm{T}}\varphi(x)\end{aligned} \tag{11-26}$$

因此，对于式(11－25)，根据式(11－26)可得

$$\dot{x}=\mathbf{A}x+\mathbf{B}[\boldsymbol{\eta}-\tilde{\boldsymbol{\theta}}^{\mathrm{T}}\boldsymbol{\varphi}(x)] \tag{11-27}$$

定义 Lyapunov 函数为

$$V=\frac{1}{2}x^{\mathrm{T}}\mathbf{P}x+\frac{1}{2\gamma}\|\tilde{\boldsymbol{\theta}}\|^{2}\quad(\gamma>0) \tag{11-28}$$

式中，$\mathbf{P}$ 为对称正定矩阵，并满足 Lyapunov 方程：

$$\mathbf{PA}+\mathbf{A}^{\mathrm{T}}\boldsymbol{P}=-\boldsymbol{Q}(\boldsymbol{Q}>0) \tag{11-29}$$

定义

$$\|\mathbf{R}\|^{2}=\sum_{i,j}|r_{ij}|^{2}=\mathrm{tr}(\mathbf{RR}^{\mathrm{T}})=\mathrm{tr}(\mathbf{R}^{\mathrm{T}}\mathbf{R}) \tag{11-30}$$

式中，tr(•) 表示矩阵的迹，则有

$$\|\tilde{\boldsymbol{\theta}}\|^{2}=\mathrm{tr}(\tilde{\boldsymbol{\theta}}^{\mathrm{T}}\tilde{\boldsymbol{\theta}}) \tag{11-31}$$

将式(11－31)代入式(11－28)并对其求导，可得

$$\begin{aligned}\dot{V}&=\frac{1}{2}[x^{\mathrm{T}}\mathbf{P}\dot{x}+\dot{x}^{\mathrm{T}}\mathbf{P}x]+\frac{1}{\gamma}\mathrm{tr}(\dot{\tilde{\boldsymbol{\theta}}}^{\mathrm{T}}\tilde{\boldsymbol{\theta}})\\&=\frac{1}{2}x^{\mathrm{T}}\mathbf{P}\{\mathbf{A}x+\mathbf{B}[\boldsymbol{\eta}-\tilde{\boldsymbol{\theta}}^{\mathrm{T}}\boldsymbol{\varphi}(x)]\}+\frac{1}{2}\{x^{\mathrm{T}}\mathbf{A}^{\mathrm{T}}+[-\tilde{\boldsymbol{\theta}}^{\mathrm{T}}\boldsymbol{\varphi}(\mathbf{x})+\\&\quad\boldsymbol{\eta}]^{\mathrm{T}}\mathbf{B}^{\mathrm{T}}\}\mathbf{P}x+\frac{1}{\gamma}\mathrm{tr}(\dot{\tilde{\boldsymbol{\theta}}}^{\mathrm{T}}\tilde{\boldsymbol{\theta}})\\&=\frac{1}{2}\{x^{\mathrm{T}}(\mathbf{PA}+\mathbf{A}^{\mathrm{T}}\mathbf{P})x+\Big[-x^{\mathrm{T}}\mathbf{PB}\tilde{\boldsymbol{\theta}}^{\mathrm{T}}\boldsymbol{\varphi}(x)+x^{\mathrm{T}}\mathbf{PB}\boldsymbol{\eta}-\boldsymbol{\varphi}^{\mathrm{T}}(x)\tilde{\boldsymbol{\theta}}\mathbf{B}^{\mathrm{T}}\mathbf{P}x+\\&\quad\boldsymbol{\eta}^{\mathrm{T}}\mathbf{B}^{\mathrm{T}}\mathbf{P}x]\}+\frac{1}{\gamma}\mathrm{tr}(\dot{\tilde{\boldsymbol{\theta}}}^{\mathrm{T}}\tilde{\boldsymbol{\theta}})\Big]\end{aligned}$$

$$= -\frac{1}{2}\boldsymbol{x}^{\mathrm{T}}\boldsymbol{Q}\boldsymbol{x} - \boldsymbol{\varphi}^{\mathrm{T}}(\boldsymbol{x})\tilde{\boldsymbol{\theta}}\mathbf{B}^{\mathrm{T}}\mathbf{P}\boldsymbol{x} + \boldsymbol{\eta}^{\mathrm{T}}\mathbf{B}^{\mathrm{T}}\mathbf{P}\boldsymbol{x} + \frac{1}{\gamma}\mathrm{tr}(\dot{\tilde{\boldsymbol{\theta}}}^{\mathrm{T}}\tilde{\boldsymbol{\theta}}) \tag{11-32}$$

式中，$\boldsymbol{x}^{\mathrm{T}}\mathbf{PB}\tilde{\boldsymbol{\theta}}^{\mathrm{T}}\boldsymbol{\varphi}(\boldsymbol{x}) = \boldsymbol{\varphi}^{\mathrm{T}}(\boldsymbol{x})\tilde{\boldsymbol{\theta}}\mathbf{B}^{\mathrm{T}}\mathbf{P}\boldsymbol{x}$；$\boldsymbol{x}^{\mathrm{T}}\mathbf{PB}\boldsymbol{\eta} = \boldsymbol{\eta}^{\mathrm{T}}\mathbf{B}^{\mathrm{T}}\mathbf{P}\boldsymbol{x}$。

由于 $\boldsymbol{\varphi}^{\mathrm{T}}(\boldsymbol{x})\tilde{\boldsymbol{\theta}}\mathbf{B}^{\mathrm{T}}\mathbf{Px} = \mathrm{tr}[\mathbf{B}^{\mathrm{T}}\mathbf{Px}\boldsymbol{\varphi}^{\mathrm{T}}(\boldsymbol{x})\tilde{\boldsymbol{\theta}}]$，则

$$\dot{V} = -\frac{1}{2}\boldsymbol{x}^{\mathrm{T}}\boldsymbol{Q}\boldsymbol{x} + \frac{1}{\gamma}\mathrm{tr}[-\gamma\mathbf{B}^{\mathrm{T}}\mathbf{P}\boldsymbol{x}\boldsymbol{\varphi}^{\mathrm{T}}(\boldsymbol{x})\tilde{\boldsymbol{\theta}} + \dot{\tilde{\boldsymbol{\theta}}}^{\mathrm{T}}\tilde{\boldsymbol{\theta}}] + \boldsymbol{\eta}^{\mathrm{T}}\mathbf{B}^{\mathrm{T}}\mathbf{P}\boldsymbol{x} \tag{11-33}$$

设计自适应律式为

$$\dot{\hat{\boldsymbol{\theta}}} = \gamma\boldsymbol{\varphi}(\boldsymbol{x})\boldsymbol{x}^{\mathrm{T}}\mathbf{PB} + k_1\gamma\|\boldsymbol{x}\|\hat{\boldsymbol{\theta}} \quad (k_1 > 0,\ \gamma > 0) \tag{11-34}$$

将式(11-34)代入式(11-33)，可得

$$\begin{aligned}\dot{V} &= -\frac{1}{2}\boldsymbol{x}^{\mathrm{T}}\boldsymbol{Q}\boldsymbol{x} + \frac{1}{\gamma}\mathrm{tr}(k_1\gamma\|\boldsymbol{x}\|\hat{\boldsymbol{\theta}}^{\mathrm{T}}\tilde{\boldsymbol{\theta}}) + \boldsymbol{\eta}^{\mathrm{T}}\mathbf{B}^{\mathrm{T}}\mathbf{P}\boldsymbol{x} \\ &= -\frac{1}{2}\boldsymbol{x}^{\mathrm{T}}\boldsymbol{Q}\boldsymbol{x} + k_1\|\boldsymbol{x}\|\mathrm{tr}(\hat{\boldsymbol{\theta}}^{\mathrm{T}}\tilde{\boldsymbol{\theta}}) + \boldsymbol{\eta}^{\mathrm{T}}\mathbf{B}^{\mathrm{T}}\mathbf{P}\boldsymbol{x}\end{aligned} \tag{11-35}$$

由 F 范数的性质，有 $\mathrm{tr}(\hat{\boldsymbol{\theta}}^{\mathrm{T}}\tilde{\boldsymbol{\theta}}) = \mathrm{tr}(\tilde{\boldsymbol{\theta}}^{\mathrm{T}}\hat{\boldsymbol{\theta}})\mathrm{tr}[\tilde{\boldsymbol{\theta}}^{\mathrm{T}}(\boldsymbol{\theta}^{*} + \tilde{\boldsymbol{\theta}})] \leqslant \|\tilde{\boldsymbol{\theta}}\|_{\mathrm{F}}\|\boldsymbol{\theta}^{*}\|_{\mathrm{F}} - \|\tilde{\boldsymbol{\theta}}\|_{\mathrm{F}}^{2}$，另外，由于

$$-k_1\|\tilde{\boldsymbol{\theta}}\|_{\mathrm{F}}\theta_{\max} + k_1\|\tilde{\boldsymbol{\theta}}\|_{F}^{2} = k_1\left[\mathrm{tr}(\hat{\boldsymbol{\theta}}^{\mathrm{T}}\tilde{\boldsymbol{\theta}}) - \frac{\theta_{\max}}{2}\right]^2 - \frac{k_1}{4}\theta_{\max}^2 \tag{11-36}$$

则

$$\begin{aligned}\dot{V} &\leqslant -\frac{1}{2}\boldsymbol{x}^{\mathrm{T}}\boldsymbol{Q}\boldsymbol{x} + k_1\|\boldsymbol{x}\|(\|\tilde{\boldsymbol{\theta}}\|_{\mathrm{F}}\|\boldsymbol{\theta}^{*}\|_{\mathrm{F}} - \|\tilde{\boldsymbol{\theta}}\|_{\mathrm{F}}^{2}) + \boldsymbol{\eta}^{\mathrm{T}}\mathbf{B}^{\mathrm{T}}\mathbf{P}\boldsymbol{x} \\ &\leqslant -\frac{1}{2}\lambda_{\min}(\boldsymbol{Q})\|\boldsymbol{x}\|^2 + k_1\|\boldsymbol{x}\|\|\tilde{\boldsymbol{\theta}}\|_{\mathrm{F}}\|\boldsymbol{\theta}^{*}\|_{\mathrm{F}} - k_1\|\boldsymbol{x}\|\|\tilde{\boldsymbol{\theta}}\|_{\mathrm{F}}^{2} + \\ &\quad \|\boldsymbol{\eta}_0\|\lambda_{\max}(\mathbf{P})\|\boldsymbol{x}\| \\ &\leqslant -\|\boldsymbol{x}\|\left[\frac{1}{2}\lambda_{\min}(\boldsymbol{Q})\|\boldsymbol{x}\| - k_1\|\tilde{\boldsymbol{\theta}}\|_{\mathrm{F}}\theta_{\max} + k_1\|\tilde{\boldsymbol{\theta}}\|_{\mathrm{F}}^{2} - \|\boldsymbol{\eta}_0\|\lambda_{\max}(\mathbf{P})\right] \\ &= -\|\boldsymbol{x}\|\left[\frac{1}{2}\lambda_{\min}(\boldsymbol{Q})\|\boldsymbol{x}\| + k_1\left(\|\tilde{\boldsymbol{\theta}}\|_{\mathrm{F}} - \frac{\theta_{\max}}{2}\right)^2 - \frac{k_1}{4}\theta_{\max}^2 - \|\boldsymbol{\eta}_0\|\lambda_{\max}(\mathbf{P})\right]\end{aligned} \tag{11-37}$$

要使 $\dot{V} \leqslant 0$，需要满足以下条件：$\frac{1}{2}\lambda_{\min}(\boldsymbol{Q})\|\boldsymbol{x}\| \geqslant \frac{k_1}{4}\theta_{\max}^2 +$

$\|\boldsymbol{\eta}_0\|\lambda_{\max}(\mathbf{P})$，或者 $k_1\left(\|\tilde{\boldsymbol{\theta}}\|_F-\frac{\theta_{\max}}{2}\right)^2\geqslant\frac{k_1}{4}\theta_{\max}^2+\|\boldsymbol{\eta}_0\|\lambda_{\max}(\mathbf{P})$，由此得收敛条件为

$$\|\boldsymbol{x}\|\geqslant\frac{2}{\lambda_{\min}(\boldsymbol{Q})}\left[\frac{k_1}{4}\theta_{\max}^2+\|\boldsymbol{\eta}_0\|\lambda_{\max}(\mathbf{P})\right]\tag{11-38}$$

或

$$\|\tilde{\boldsymbol{\theta}}\|_F\geqslant\frac{\theta_{\max}}{2}+\sqrt{\frac{1}{k_1}\left[\frac{k_1}{4}\theta_{\max}^2+\|\boldsymbol{\eta}_0\|\lambda_{\max}(\mathbf{P})\right]}\tag{11-39}$$

由此，可以保证权值的有界性，即解决神经网络权值的收敛问题。从 $\|\boldsymbol{x}\|$ 的收敛情况来看，当 $\mathbf{P}$ 的特征值越小，$\boldsymbol{Q}$ 的特征值越大，神经网络的建模误差 $\boldsymbol{\eta}$ 的上界 $\boldsymbol{\eta}_0$ 越小和 $\theta_{\max}$ 越小时，$\boldsymbol{x}$ 的跟踪半径越小，跟踪效果越好。

11.5　基于 RBF 神经网络的仿生外骨骼仿真分析

本章以实验室外骨骼 FL－LLER－Ⅱ右侧腿为研究对象。动力学方程为式(11－1)，控制目标是使四关节的输出 q_1、q_2、q_3、q_4 分别跟踪期望轨迹 q_{d1}、q_{d2}、q_{d3}、q_{d4}。系统的初始状态为 $x(0)=[0.6, 0.3, 0.5, 0.5, 0.6, 0.3, 0.5, 0.5]^T$，取 $\Delta\boldsymbol{D}$、$\Delta\boldsymbol{C}$ 和 $\Delta\boldsymbol{G}$ 的变化量为 20%，仿真程序中控制律和自适应律控制的参数 $\boldsymbol{k}_p=\text{diag}([3\,600, 3\,600, 3\,600, 30\,000])$，$\boldsymbol{k}_v=\text{diag}([120, 120, 120, 5\,000])$，$k_1=0.001$，$\gamma=20$，$\boldsymbol{Q}=\text{diag}([50, 50, 50, 50, 50, 50, 50, 50])$，矩阵 $\mathbf{A}=\begin{bmatrix}0 & \boldsymbol{I}\\ -\boldsymbol{k}_p & -\boldsymbol{k}_v\end{bmatrix}$，$\mathbf{B}=\begin{bmatrix}0\\ \boldsymbol{I}\end{bmatrix}$，高斯基函数参数的初始值分别取

$$C=\begin{bmatrix}-3, -2, -1, -1, 0, 1, 1, 2, 3\\ -3, -2, -1, -1, 0, 1, 1, 2, 3\\ -3, -2, -1, -1, 0, 1, 1, 2, 3\\ -3, -2, -1, -1, 0, 1, 1, 2, 3\\ -3, -2, -1, -1, 0, 1, 1, 2, 3\\ -3, -2, -1, -1, 0, 1, 1, 2, 3\\ -3, -2, -1, -1, 0, 1, 1, 2, 3\\ -3, -2, -1, -1, 0, 1, 1, 2, 3\end{bmatrix},\ B=[3, 3, 3, 3, 3, 3, 3, 3, 3]^T\tag{11-40}$$

对于期望轨迹，用多项式拟合函数表示为

$$\left.\begin{aligned}q_{d1}&=(589.8t^6-2426t^5+3744t^4-3673t^3+855.7t^2+1711.4t+84.48)\pi/180\\q_{d2}&=(-105.5t^4+71.21t^3+159.2t^2-95.05t-32.73)\pi/180\\q_{d3}&=(-3786t^6+15160t^5-22450t^4-14980t^3-4191t^2+241.3t)\pi/180\\q_{d4}&=(-816.9t^5+2730t^4-3163t^3+1492t^2-246.1t+5.3)\pi/180\end{aligned}\right\} \tag{11-41}$$

采用 Simulink 中 S - Function 进行控制系统的设计，仿真结果如图 11 - 2～图 11 - 5 所示。图中横坐标 t 表示时间，单位为 s；纵坐标 q 表示位置，单位为 rad；纵坐标 V 表示速度，单位为 rad/s。从整体看来，RBF 神经网络自适应控制器在外骨骼位置跟踪中表现良好，可以实现 FL - LLER - Ⅱ 的单腿四自由度关节轨迹跟踪控制。从图 11 - 2～图 11 - 5 中的位置跟踪曲线和速度跟踪曲线可以看出，控制算法在跟踪目标曲线的过程中没有出现振荡等不稳定现象且具有较快的收敛速度。

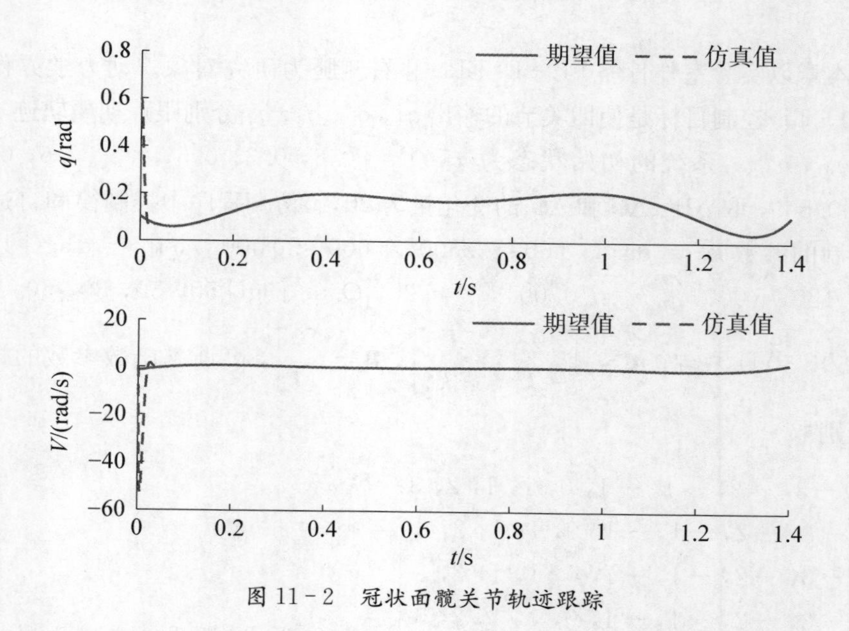

图 11 - 2 冠状面髋关节轨迹跟踪

用 RBF 神经网络自适应控制器分别控制 FL - LLER - Ⅰ 和 FL - LLER - Ⅱ，它们的位置跟踪精度见表 11 - 2。计算结果表明，对于两种仿生外骨骼，它们对应各关节的位置跟踪误差结果相似，这说明所设计的控制可以较好地应对负载变化的情况。针对 FL - LLER - Ⅱ，冠状面髋关节的位置跟踪 RMES 最小，为 0.0530；矢状面髋关节的位置跟踪 RMSE 值最大，为 0.1150。综上所

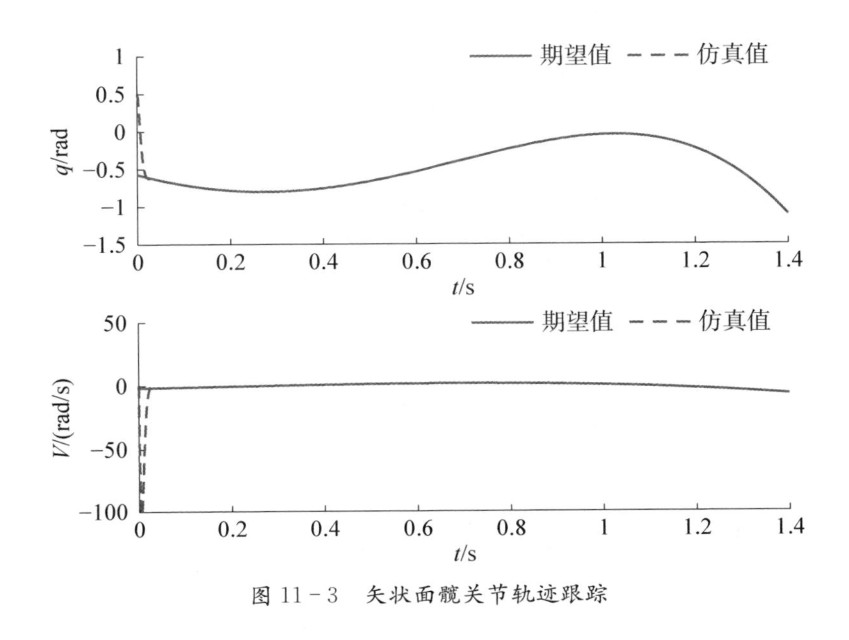

图 11-3　矢状面髋关节轨迹跟踪

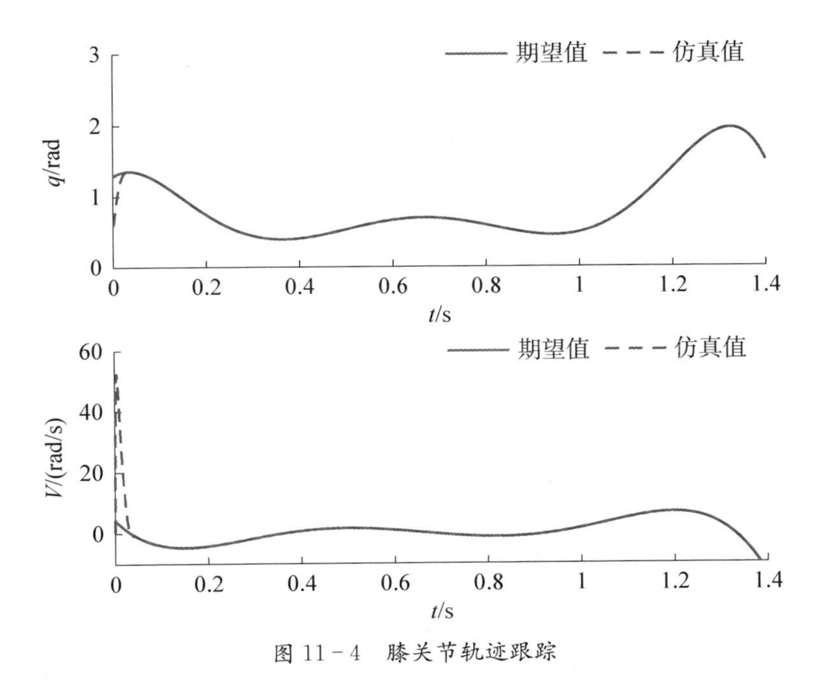

图 11-4　膝关节轨迹跟踪

述，从仿真结果看来，RBF 神经网络自适应控制器可以实现两种仿生外骨骼的位置跟踪控制。

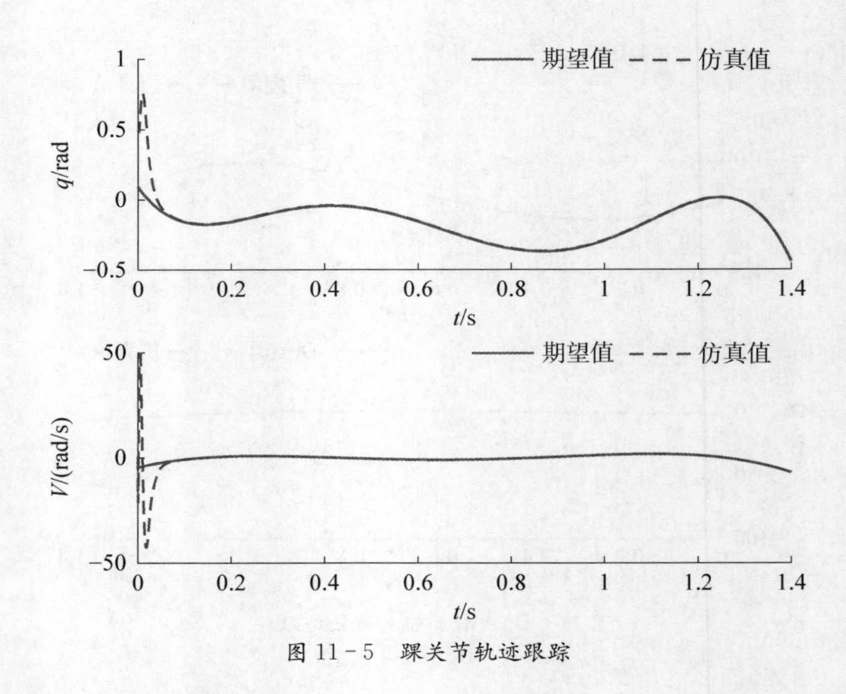

图 11-5 踝关节轨迹跟踪

表 11-2 关节位置跟踪精度 单位:rad

均方根误差(RMSE)	冠状面髋关节	矢状面髋关节	膝关节	踝关节
Ⅰ-RMSE	0.0526	0.1138	0.0735	0.0670
Ⅱ-RMSE	0.0530	0.1150	0.0760	0.0799

11.6 实验验证

11.6.1 平地实验描述

实验场地为长度为100 m、宽0.5 m的楼道平地,受试者的步行速度为1.11 m/s左右。实验开始时,受试者穿戴含有关节电位器的设备,调整关节电位器的高度同其关节高度一致。调整好后,根据指示开始测量数据,受试者先从保持站立2 s,然后先迈左脚开始运动,行进过程中持续采集运动数据。行走100 m后,停止数据采集并保存数据(图10-6)。如此重复进行三次实验,最后取三次的平均值进行分析。受试者信息见表11-3。

表 11-3　受试者信息　单位:mm

序号	身高	腰宽	大腿长	小腿长	踝关节高
受试者	1 680	300	440	360	110

11.6.2　数据采集与分析

经过实验,可以得到一组人体运动步态数据,取一个步态周期内的数据进行分析,各关节实测数据如图 11-6 所示。

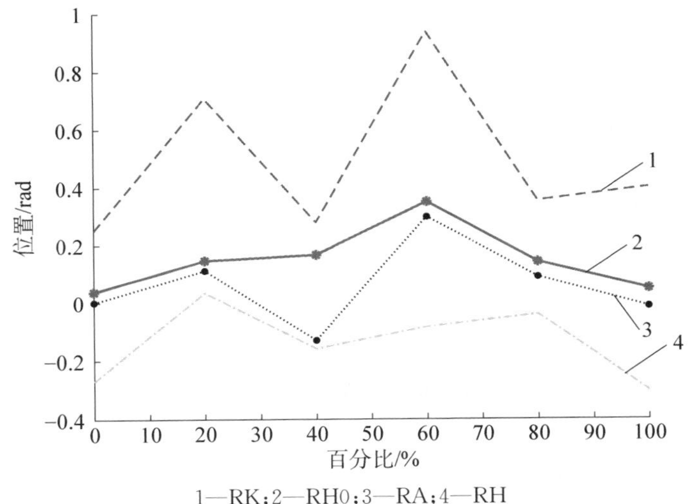

1—RK;2—RH0;3—RA;4—RH

图 11-6　一个步态周期内受试者运动信息

在图 11-6 中展示了冠状面髋关节、矢状面髋关节、膝关节和踝关节在一个步态周期中的数据。其中,横轴表示所占步态周期的比率,单位为%;纵轴表示关节所处的位置,单位为 rad。考虑到传感器的性能和数据采样率偏大的问题,接下来对上述数据进行插值处理。

插值后得到各关节轨迹曲线函数,它们的具体表达式为

$$q_{d1}=0.1714-0.111\cos(6.4t)-0.05114\sin(6.4t)-0.02272\cos(12.8t)+0.06648\sin(12.8t)$$

$$q_{d2}=-0.1027-0.1096\cos(11.23t)+0.1867\sin(11.23t)-0.0619\cos(22.46t)+0.09623\sin(22.46t)$$

$$q_{d3}=0.5267-0.1208\cos(6.548t)-0.06333\sin(6.548t)-0.1551\cos(13.096t)+0.2804\sin(13.096t)$$

$$q_{d4}=0.0726-0.04335\cos(12.52t)+0.1697\sin(12.52t)-0.02818\cos(25.040t)+0.09296\sin(25.040t)$$

同理，将它们作为关节期望轨迹，利用前述所设计的 RBF 神经网络自适应控制器，FL-LLER-Ⅱ跟踪期望轨迹仿真结果如图 11-7～图 11-10 所示。

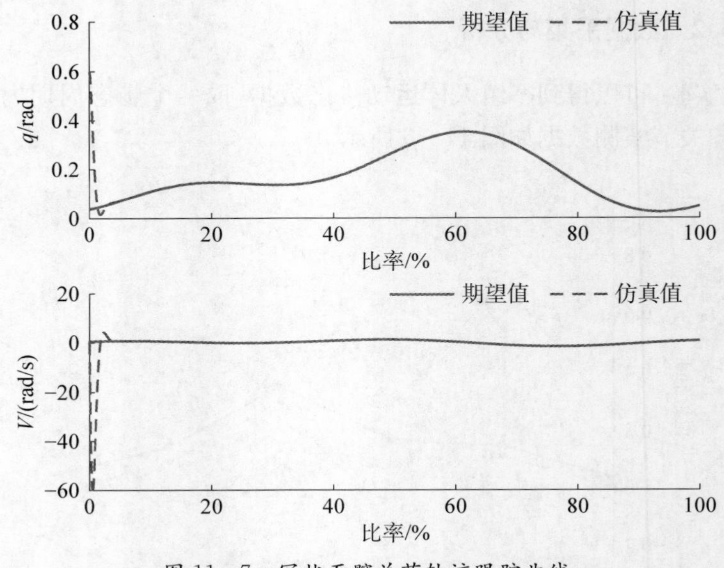

图 11-7 冠状面髋关节轨迹跟踪曲线

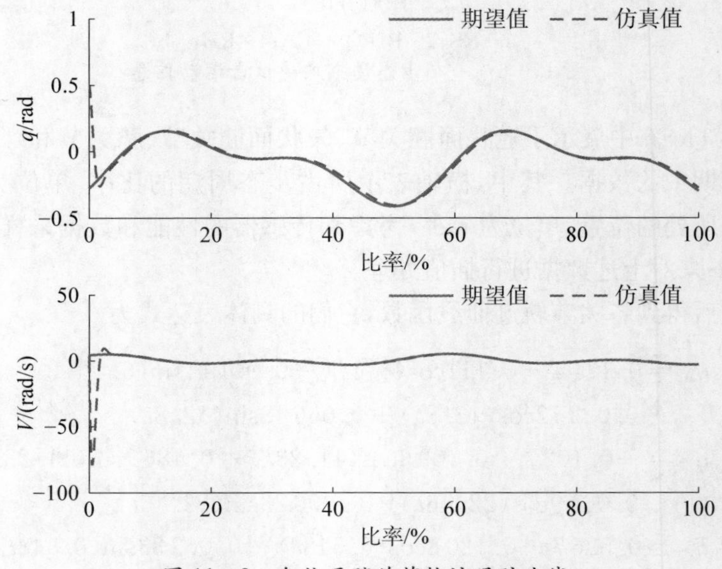

图 11-8 矢状面髋关节轨迹跟踪曲线

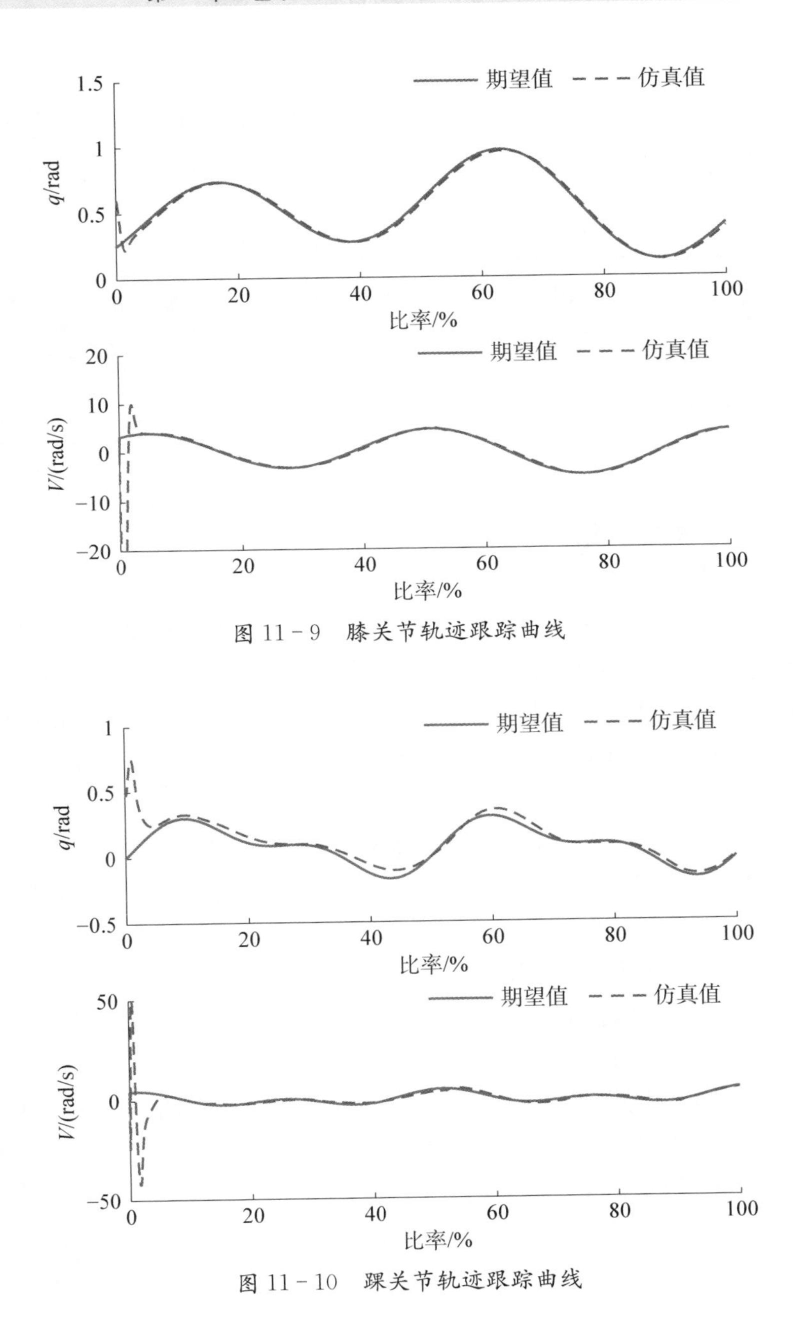

图 11－9　膝关节轨迹跟踪曲线

图 11－10　踝关节轨迹跟踪曲线

从图中可以看出，除了踝关节，在一个步态周期的 0.2%时，各关节基本上都实现了轨迹跟踪，即在该控制器的作用下，各关节的轨迹跟踪曲线都能很好地接近期望轨迹值。冠状面髋关节、矢状面髋关节、膝关节和踝关节的轨迹跟踪 RMSE 值分别为 0.0722、0.1002、0.0475 和 0.1045，取得了令人较为满意的跟踪效果。

总之，轨迹跟踪效果较好，它们的位置跟踪精度见表 11-4。从表中可以看出，仿真跟踪精度和实际跟踪精度近乎一致，证明了所设计方法的有效性。

表 11-4 仿真与实际轨迹跟踪精度 单位：rad

均方根误差(RMSE)	冠状面髋关节	矢状面髋关节	膝关节	踝关节
Ⅱ-仿真-RMSE	0.0530	0.1150	0.0760	0.0799
Ⅱ-实际-RMSE	0.0722	0.1002	0.0475	0.1045

11.7 本章小结

综上所述，RBF 神经网络自适应算法能够对复杂的非线性系统进行建模和控制，适用于仿生外骨骼控制中的非线性问题。仿真和实验结果表明：

(1) 在仿真过程中，RBF 神经网络表现出了强大的学习和使用能力，可以快速地对仿生外骨骼的姿态和动作进行学习和调整，提高了系统的响应速度和鲁棒性。

(2) RBF 神经网络具有较快的学习速度，表现出较强的实时性，可以在实时控制中对仿生外骨骼进行精确的姿态控制和力矩输出，实现对人体运动的有效助力。

(3) 本章用 RBF 神经网络自适应控制分别控制仿生外骨骼 FL-LLER-Ⅰ和 FL-LLER-Ⅱ，控制器在跟踪性能上表现相似的性能，位置跟踪精度的最大 RMSE 差异值为 0.0129。

(4) 利用关节电位器测量人体关节角度，并采集数据离线分析。在实际轨迹跟踪过程中，膝关节的位置跟踪 RMES 最小，为 0.0475；踝关节的位置跟踪 RMSE 值最大，为 0.1045。

整体看来，本章所提出的 RBF 神经网络自适应控制算法能够实现单腿四自由度仿生外骨骼的位置跟踪控制，该实验方案在实际中具有一定的可行性。

第 12 章 仿生外骨骼控制系统设计

本章基于模型设计思想，利用 MATLAB/Simulink 环境，实现从控制器到驱动器再到执行器的仿生外骨骼控制系统设计。

12.1 控制系统

12.1.1 硬件控制系统

1）cSPACE 控制器

如图 12-1 所示，cSPACE 控制器是由安徽合动智能科技有限公司开发的一款集快速控制原型和硬件在回路的开发系统（control signal process and control engineering，cSPACE）。它能够把计算机仿真和实时控制结合起来，并将仿真结果直接应用于实时控制系统中。利用该控制器，可在 MATLAB/Simulink 环境中搭建控制算法和仿真模型，并将 cSPACE 模块集成到仿真环境中，这样就可以实现仿生外骨骼的运动控制。

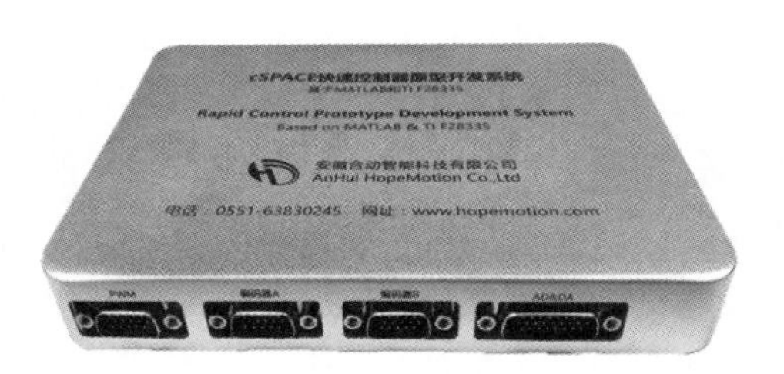

图 12-1 cSPACE 快速控制器

2）CL4-E 驱动器

CL4-E 驱动器是由 Nanotec 生产并用于控制步进和无刷直流电机运动的电机驱动器。它可以通过 USB、CANopen 或 Modbus RTU（RS-485）协议配置控制器参数，与控制器建立通信并设置必要的参数以驱动电机运行。其样式如图 12-2 所示。

图 12-2　CL4-E 驱动器和超扁平谐波式旋转关节执行器

3）超扁平谐波式旋转关节执行器

超扁平谐波式旋转关节执行器集直流无刷外转子电机和谐波减速机齿轮箱于一体，大大节省了装配空间，具有体积小、零背隙、过载能力强和安全系数高等特点。它内置霍尔传感器，厚度为 51.5 mm，额定输出转速 30 r/min，时输出扭矩 30 N·m，瞬间最大扭矩 134 N·m。其样式如图 12-2 所示。

12.1.2　软件控制系统

1）控制系统构建

Simulink 是美国 MathWorks 公司推出的 MATLAB 中的一种可视化仿真工具。Simulink 是一个模块图环境，可用于多域仿真以及基于模型的设计。它支持系统设计、仿真、自动代码生成以及嵌入式系统的连续性测试和验证。Simulink 与 MATLAB 相集成，能够在 Simulink 中将 MATLAB 算法融入模型，还能将仿真结果导出到 MATLAB 工作空间中进一步分析。Simulink 被广泛应用于自动化、大型建模、复杂逻辑和信号处理等方面，给予工程人员诸多便利。

Simulink 适用于各种项目的模型，在仿生外骨骼模型设计中，通过系统闭环测试和快速原型验证，可以尽早且多次测试模型，有利于减少高昂的模型设计成本。Simulink 可以自动生成代码，不需要手工编写数千行代码，它可以自动生成具有生产质量的 C 或 HDL 代码，其行为方式与 Simulink 中创建的模型相同，然后直接将代码部署到 MCU、DSP 或 FPGA 中。

2）Simulink 控制模型

如图 12-3 所示为在 Simulink 中搭建的可视化外骨骼 FL-LLER-Ⅰ运动仿真系统。图 12-3 中，“Trajectory”模块用来定义人体行走步态，外骨骼机器人的物理模型定义为“Multibody FL-LLER-Ⅰ”。“Multibody FL-LLER-Ⅰ”模块内部为 FL-LLER-Ⅰ的详细结构图，如图 12-4 所示，在该界面中，可以用该

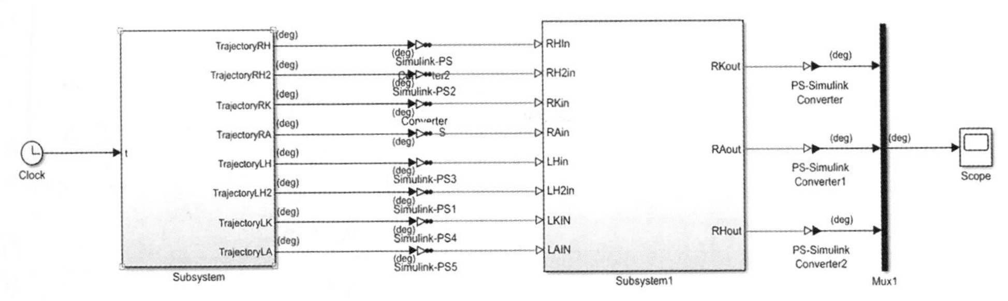

图 12-3　外骨骼 FL-LLER-Ⅰ运动仿真模型

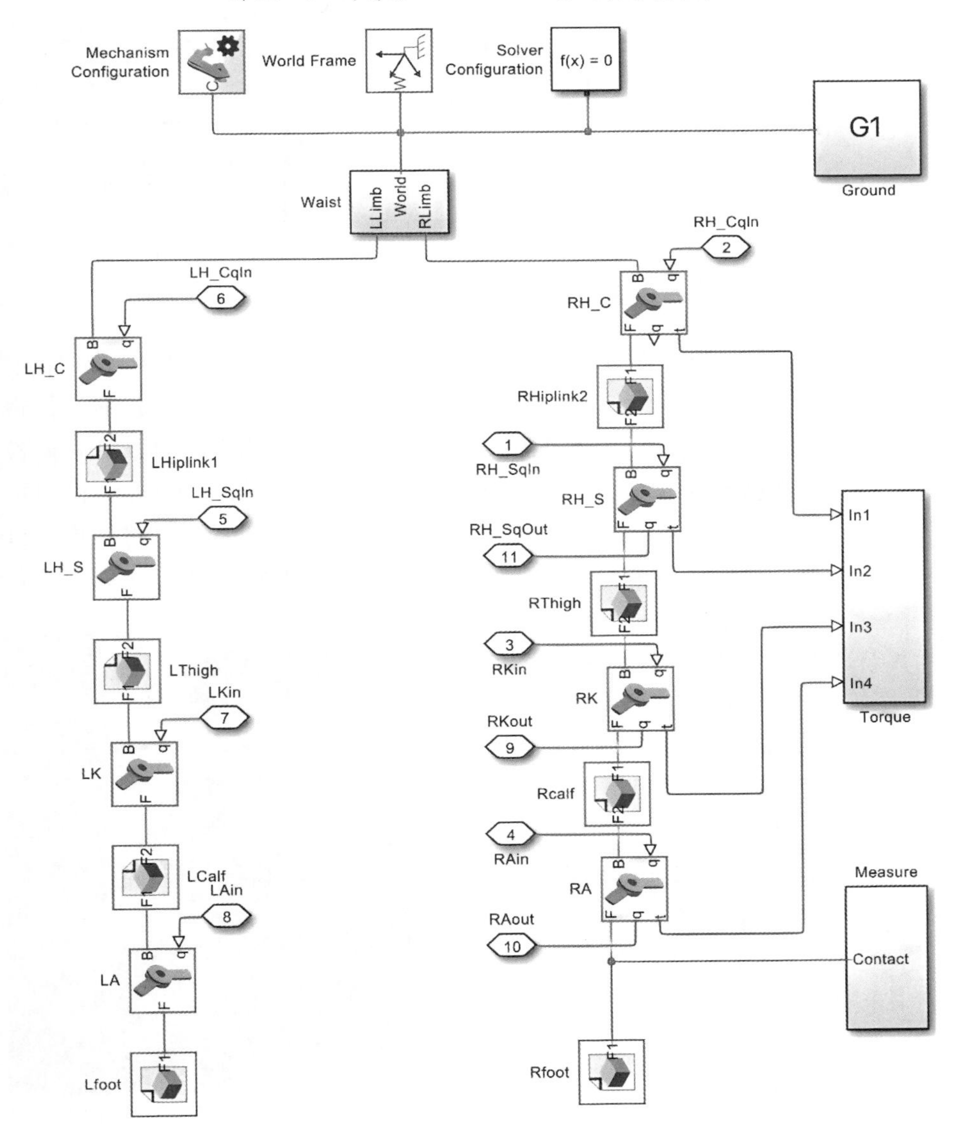

图 12-4　外骨骼 FL-LLER-Ⅰ模型图

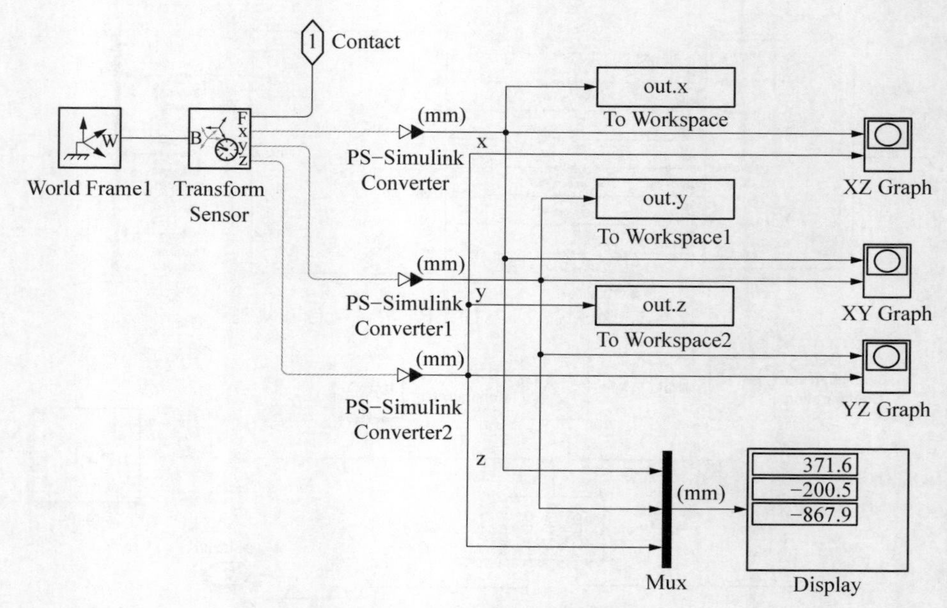

图 12－5　运动状态测试模块

图中右下角的"Measure"模块对目标位置进行空间位置测量。"Measure"底层如图 12－5 所示，利用"Transform Sensor"模块并进行位置参数的设定，便可以得到目标点相对于世界坐标系在空间中的运动位置信息；利用"To Workspace"模块，可将位置信息导入 MATLAB 工作空间中进行分析；利用"Graph"模块可以直接绘制目标参数的轨迹图；利用"Display"模块，可以直接显示目标点在世界坐标系 O_0 中的空间位置。该仿真模块可用于验证和测试 FL－LLER－Ⅰ各关节在空间中的运动状态，例如关节位置、关节速度、关节加速度和关节力矩等。

图 12－6 为 Simulink 程序运行后所得的可视化外骨骼 FL－LLER－Ⅰ模型效果图，在仿真动画中可以直观地看出模型运动趋势，从而有效地帮助理解 FL－LLER－Ⅰ各关节的相对运动情况。从图 12－7 中可以看出，FL－LLER－Ⅰ的浅绿色的右腿进行了一个步态周期的运动（见书末彩图），从右脚离地到右脚摆动再到右脚着地。

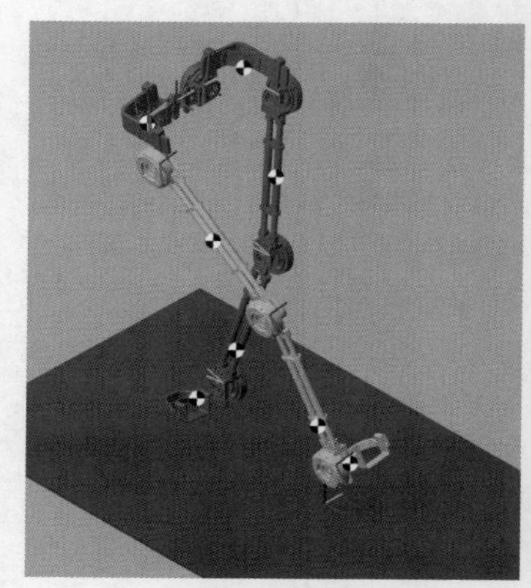

图 12－6　可视化外骨骼 FL－LLER－Ⅰ模型

如图 12－8～图 12－11 所示为在 Simulink 中搭建的外骨骼 FL－LLER－Ⅰ

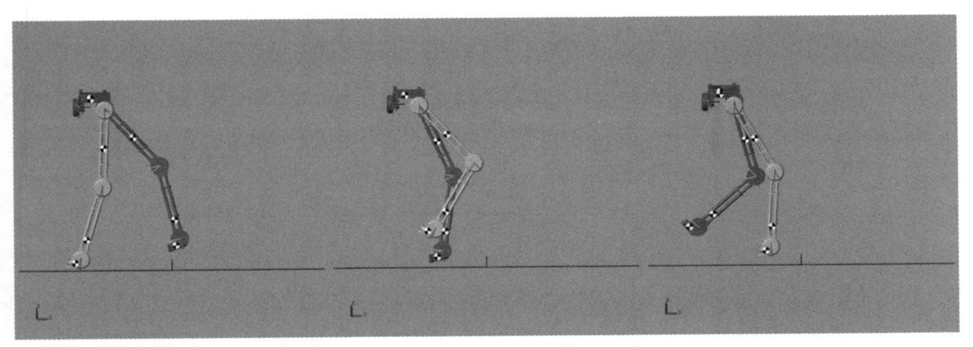

图 12-7　可视化外骨骼 FL-LLER-Ⅰ运动仿真模型效果图(参见书末彩图)

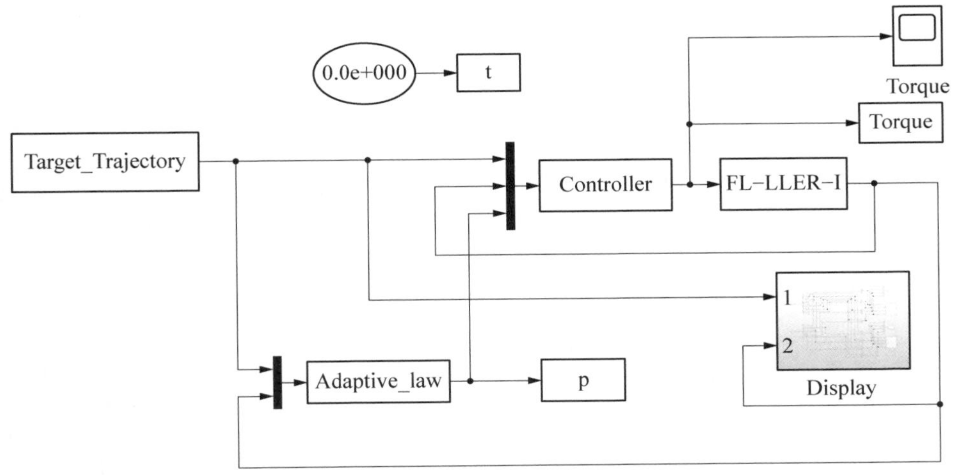

图 12-8　自适应控制系统仿真模型

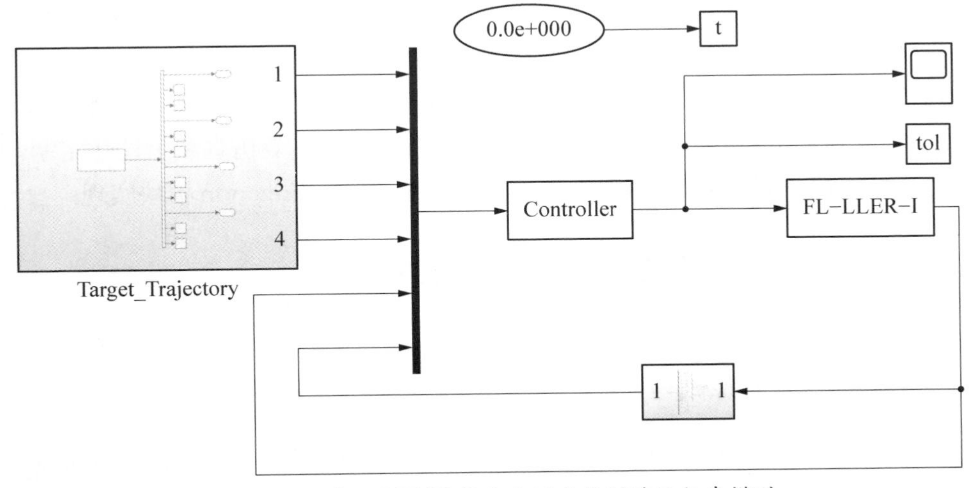

图 12-9　基于 MIMO 模糊自适应控制系统仿真模型

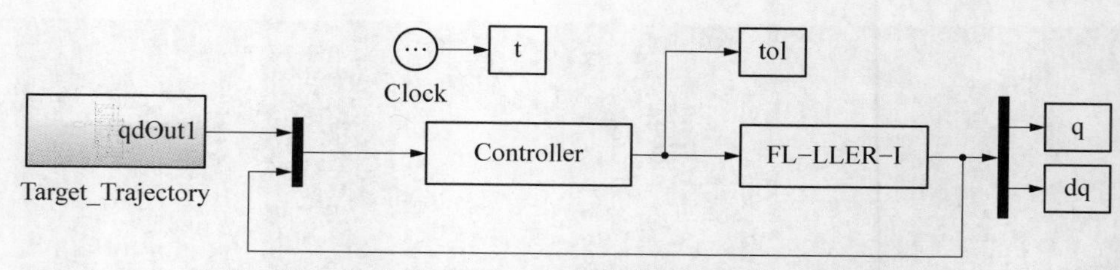

图 12-10 基于 Backstepping 模糊自适应控制系统仿真模型

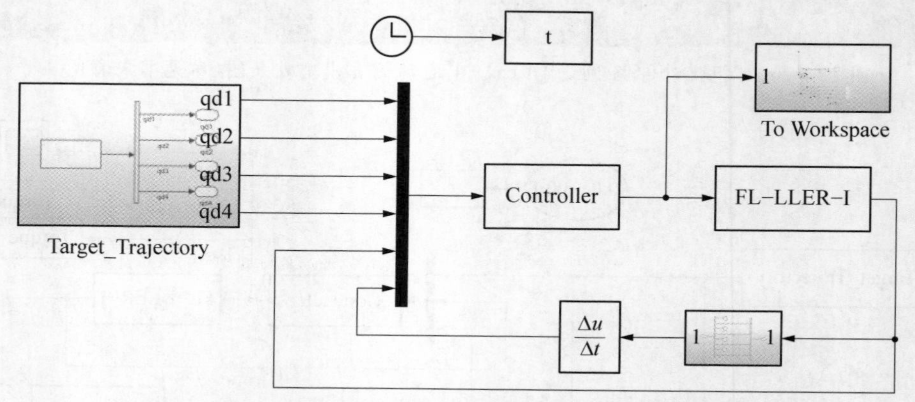

图 12-11 基于 RBF 神经网络自适应控制系统仿真模型

控制系统图。框图中主要包含四个主模块，分别是输入模块、控制器模块、FL-LLER-Ⅰ动力学模块和输出模块。其中，输入模块“Desired_Trajectory”、控制器模块“Controller”、FL-LLER-Ⅰ动力学模块“FL-LLER-Ⅰ”均由 S-Function 定义。输出模块“q”“dq”“tol”等由“To Workspace”模块定义，分别代表对应的关节角度、关节角速度和力矩大小。另外，控制系统还包括微分模块“Derivative”、积分模块“Integrator”等。

S-Function 是 Simulink 中非常有用的一种自定义模块，可以用于将外部代码集成到 Simulink 模型中，从而实现对复杂系统的高效仿真和个性化定制。目标轨迹、控制器和 FL-LLER-Ⅰ数学模型均由 S-Function 模块实现。

12.2 仿生外骨骼轻量化设计与要求

12.2.1 设计原则与要求

仿生外骨骼控制系统的设计需要考虑多方面的因素，包括机器人的功能、性能、人机交互等。仿生外骨骼控制系统设计的注意事项和要求如下：

1）安全性

人体关节都有一定的运动范围，FL－LLER－Ⅰ同样也是如此，务必要在关节位置处添加限位机构，以实现关节在限定范围中运动，从而确保机构的安全性和可靠性。

2）拟人性

尽量遵循拟人原则，仿生外骨骼各肢体关节的机械形状和尺寸要以人体尺寸为参考。仿生外骨骼的相关尺寸具有调节功能，可根据受试者的身高和体型调节外骨骼尺寸，以适应受试者和仿生外骨骼的关节尽量保持在同一高度，确保两者有相同的运动形式和运动范围。

3）适用性

仿生外骨骼作为一种帮助人作业的工具，需要具有适用性，能满足不同使用环境。在驱动方面还要满足体积小、供电方案合理，并且能够提供足够大的力矩和良好的散热性能。

4）可扩展性

仿生外骨骼控制系统需要具备一定的可扩展性，以方便后续的升级和改进。设计者应该选择可升级的硬件组件和可扩展的软件系统，有助于未来的改进和优化。

总之，仿生外骨骼控制系统的设计需要考虑多方面的因素，并综合考虑这些因素以实现最佳的性能和功能。

12.2.2　仿生外骨骼轻量化设计

仿生外骨骼是一种新型智能机器人，它可以帮助行动不便的人进行步态康复训练，提高他们的生活质量。在使用仿生外骨骼进行助力助行时，仿生外骨骼既要提供足够的支撑作用，又要起到有效的助力作用，这就要求仿生外骨骼结构承载能力强的同时又要灵巧轻便，这将对机械设计提出较高要求。然而，仿生外骨骼的质量却成为制约其发展的重要因素之一。因此，围绕仿生外骨骼轻量化设计的意义重大。轻量化设计可以降低仿生外骨骼的重量，使其更加便携和灵活，方便患者在家中进行康复训练。同时，轻量化设计还可以减少机器对患者身体的压力和负担，避免对患者造成二次伤害。此外，轻量化设计还可以降低机器人的成本，提高其竞争力。随着社会老龄化加剧和健康意识的提高，仿生外骨骼的市场需求也将越来越大。轻量化设计可以使仿生外骨骼更加实用和经济，满足市场需求。因此，围绕仿生外骨骼轻量化设计的研究具有重要的意义和价值。

拓扑优化作为一种结构优化设计方法，在工程设计领域有着广泛的应用。

采用拓扑优化方法对外骨骼 FL－LLER－Ⅰ进行结构优化，旨在尽可能减轻外骨骼重量的同时又保证其强度性能不变。首先对仿生外骨骼 FL－LLER－Ⅰ的关节机构和腰部机构做优化，优化后的机构 FL－LLER－Ⅱ如图 12－12 所示。同仿生外骨骼 FL－LLER－Ⅰ一样，第Ⅱ代外骨骼保留了相同的关节高度调节装置、腰宽和腰深调节装置。不同的是对外骨骼的关节和腰部机构进行了结构优化，并设计了可以调节开口宽度的大小腿粗细调节装置。

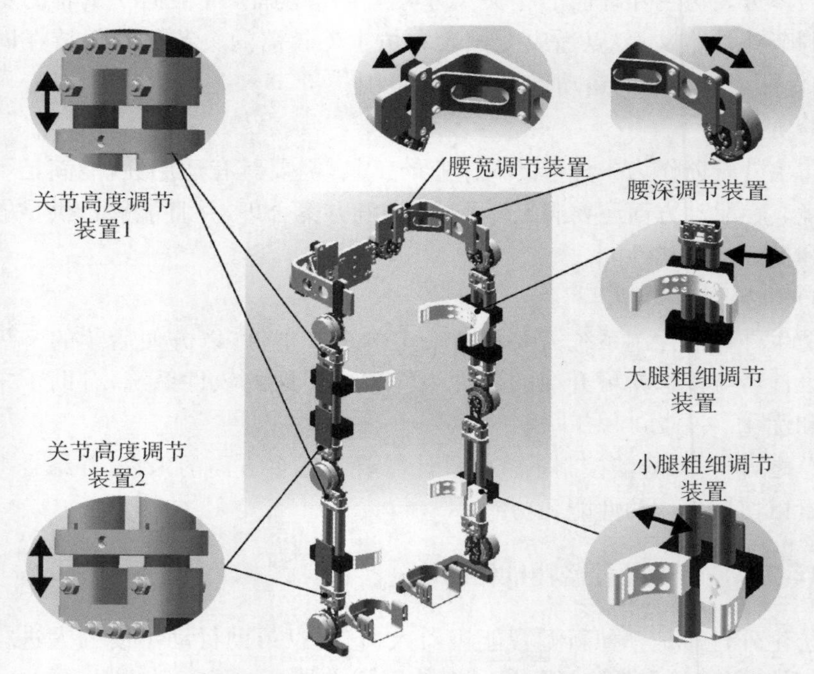

图 12－12　实验室第Ⅰ代和第Ⅱ代下肢外骨骼模型图(参见书末彩图)

为了更清楚地看到两种机构的区别，表 12－1 中列出了它们的不同点。从表中可以看出，优化后 FL－LLER－Ⅱ的关节更加紧凑，体积和质量都对应减小。它们的详细内部结构如图 12－13、图 12－14 所示。从图中可以看出，第Ⅱ代仿生外骨骼去掉了关节中包含的轴承、电机输出轴、轴承架等冗余机构。可以这样做的原因是第Ⅱ代外骨骼选用的超扁平谐波式旋转关节执行器内部集成了谐波减速器，其输出轴可以直接与仿生外骨骼的其他连杆相连。对于腰部机构，可以看出，相对于仿生外骨骼 FL－LLER－Ⅰ，FL－LLER－Ⅱ的腰部进行了镂空处理，在保证强度的同时减轻了机构的重量。在 SolidWorks 指定模型材料的属性，然后利用自身包含的评估工具分别对 FL－LLER－Ⅰ和 FL－LLER－Ⅱ进行了质量计算。计算结果表明，FL－LLER－Ⅰ的整机质量约为

25.648 kg，FL－LLER－Ⅱ的整机质量约为 14.541 kg。可以看出，仿生外骨骼的质量明显减小。

表 12－1　仿生外骨骼 FL－LLER－Ⅰ和 FL－LLER－Ⅱ对比

名称	FL－LLER－Ⅰ	FL－LLER－Ⅱ
关节机构		
腰部机构	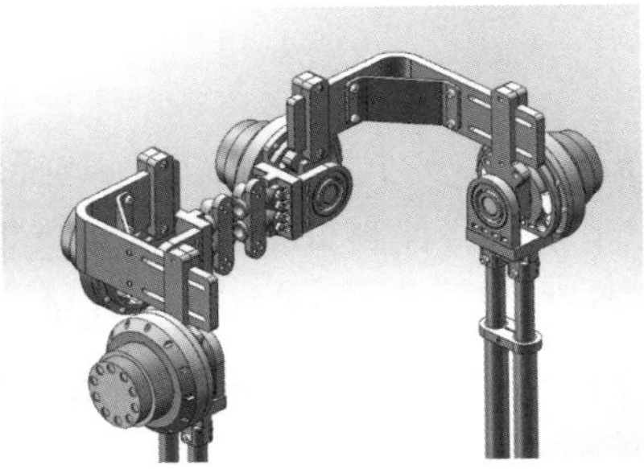	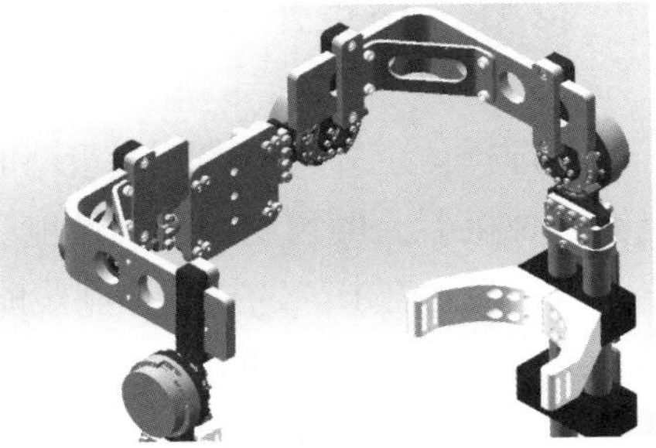

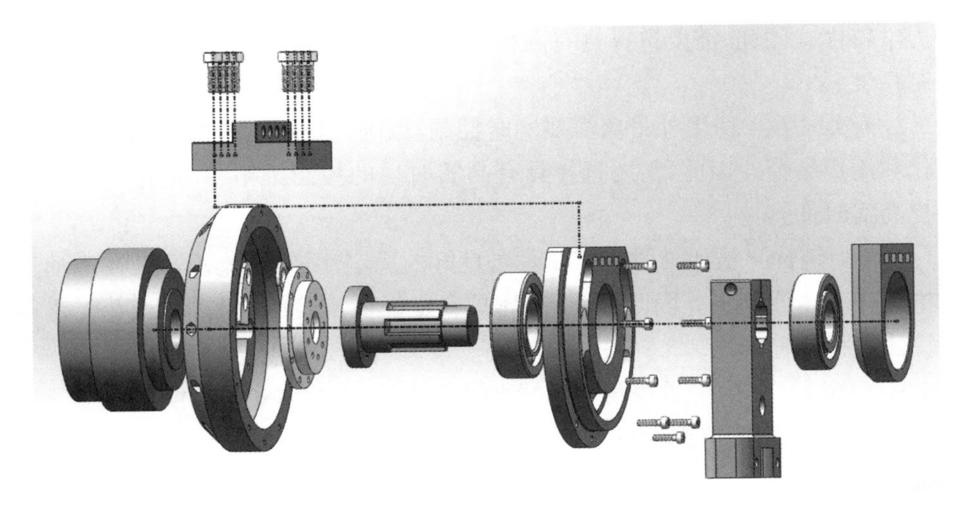

图 12－13　FL－LLER－Ⅰ关节爆炸图

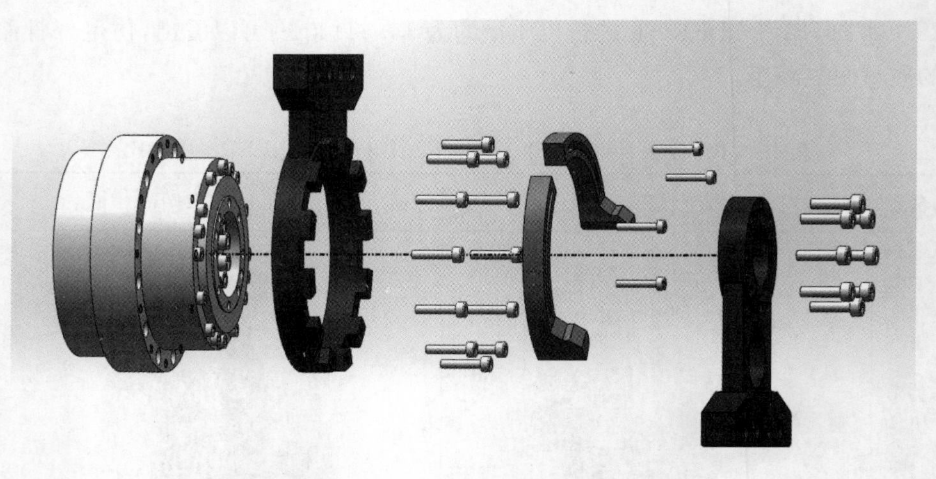

图 12-14 FL-LLER-Ⅱ关节爆炸图

12.3 仿生外骨骼控制策略

在选择仿生外骨骼的控制策略时，需要考虑多个因素，以确保选择的策略能够实现机器人的预期功能和性能。以下是一些控制策略选用的注意事项：

（1）功能需求。选择的控制策略需要满足仿生外骨骼的特定功能需求，例如行走、爬楼梯、坐起和站立等。因此，需要在选择控制策略时考虑这些功能需求，并确保所选策略能够实现这些功能。

（2）控制精度。仿生外骨骼需要高度精确的控制，以实现所需的运动轨迹和力学特性。因此，需要选择具有高精度的控制策略，并优化控制算法以提高控制精度。

（3）实时性。仿生外骨骼需要实时控制，以确保机器人能够及时响应环境变化和用户指令。因此，需要选择具有高实时性的控制策略，并优化控制算法以提高实时性。

（4）稳定性。仿生外骨骼需要具备良好的稳定性，以避免机器人在运动过程中失去平衡或倒下。因此，需要选择具有良好稳定性的控制策略，并优化控制算法以提高稳定性。

（5）能耗。仿生外骨骼需要耗费大量的能量，因此需要考虑能耗问题。在选择控制策略时，需要选择具有较低能耗的控制策略，并优化控制算法以最大限度地减少能耗。

（6）硬件要求。不同的控制策略可能需要不同类型的硬件组件和传感器，因此需要在选择控制策略时考虑硬件要求，并确保所选策略可以与现有硬件兼容。

为确保仿生外骨骼能够及时响应环境变化和用户指令，优先选择计算效率和跟踪精度高的控制策略。从表 12－2 中可知，计算效率从高到低依次是 RBF 神经网络、鲁棒自适应控制、基于 Backstepping 自适应算法和带补偿的模糊自适应算法。从表 12－3 中可以看出，带补偿的模糊自适应算法跟踪误差相对较小，但是考虑到计算效率的问题，该方法不适合用于 FL－LLER 的位置跟踪控制。由于鲁棒自适应控制算法的跟踪误差较大，故也不能作为首选策略。比较基于 Backstepping 自适应算法和 RBF 神经网络算法，发现两种算法的位置跟踪精度基本一样。综上所述，综合考虑算法的实时性和跟踪精度，发现 RBF 神经网络算法更适合于仿生外骨骼 FL－LLER 的控制。

表 12－2　FL－LLER－Ⅰ在不同算法下对 CMU 人体步态跟踪的计算时间

名称	鲁棒自适应算法	带补偿的模糊自适应算法	基于 Backstepping 自适应算法	RBF 神经网络自适应算法
时间	12 min 29.22 s	52 min 36.38 s	25 min 44.11 s	58.11 s

表 12－3　FL－LLER－Ⅰ在不同算法下对于 CMU 人体步态的跟踪精度

单位：rad

控制算法	冠状面髋关节	矢状面髋关节	膝关节	踝关节
鲁棒自适应算法	3.5587	2.2495	9.8719	1.8303
带补偿的模糊自适应算法	0.0507	0.1000	0.2237	0.0097
基于 Backstepping 自适应算法	0.0093	0.1253	0.0405	0.0736
RBF 神经网络自适应算法	0.0526	0.1138	0.0735	0.0670

仿生外骨骼 FL－LLER 的控制系统包括上位机、cSPACE 控制器、伺服驱动器、编码器和扁平式谐波减速电机等。

根据上述仿真分析和要求，设计的外骨骼 FL－LLER 控制系统如图 12－15 所示。上位机通过 RS232 串口通信方式与 cSPACE 控制器连接；cSPACE 控制器通过 CAN 通信的方式与 8 块 CL4－E 驱动器通信，驱动器 1～4 分别负责冠状面髋关节、矢状面髋关节、膝关节和踝关节处对应的超扁平谐波式旋转关节执行器运动。由于该执行器内部本身集成了霍尔传感器，因此通电后可以反馈执行器本体所处的相对位置或者绝对位置。CL4－E 驱动器可以获取该位置信号并将其通过 CAN 通信的方式反馈给 cSPACE 控制器，从而通过控制器的分析和计算来决定下一时刻的输出信号，再经过伺服驱动器处理后驱动电机来控制仿生外骨骼的运动。

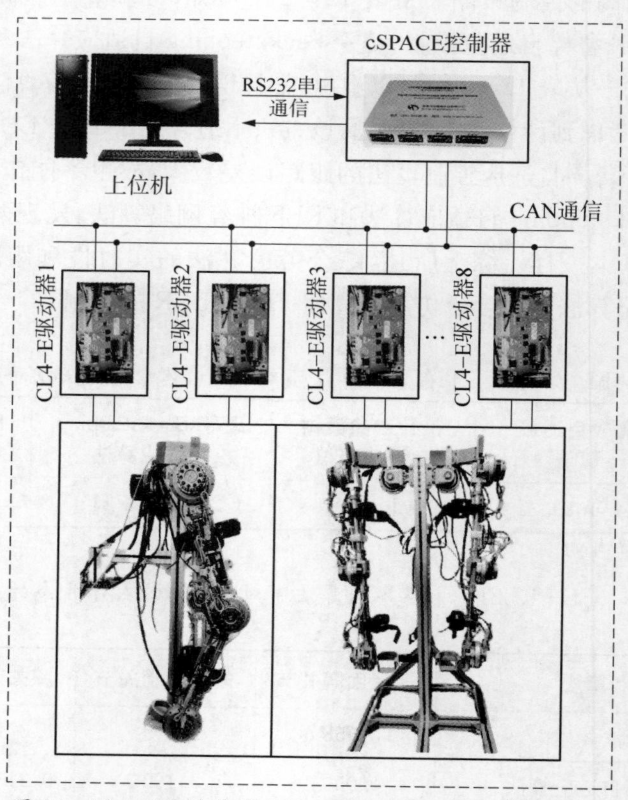

图 12-15 仿生外骨骼 FL-LLER 系统(参见书末彩图)

12.4 本章小结

本章根据前述章节的研究工作，介绍了研究过程中设计和改进的仿生外骨骼控制系统。总结如下：

(1) 介绍了控制系统。分别介绍了仿生外骨骼 FL-LLER-Ⅰ的硬件控制系统和软件控制系统。在软件控制系统中，特别介绍了基于模型设计和 MATLAB/Simulink 进行控制器设计的方法。从模型可视化仿真到控制系统搭建，对 FL-LLER-Ⅰ的运动和控制进行了深入分析。

(2) 针对仿生外骨骼轻量化设计，对 FL-LLER-Ⅰ部分结构进行优化设计，在保证强度和功能的同时，减轻仿生外骨骼的质量，在降低成本的同时提高了外骨骼的实用性能。

(3) 完成仿生外骨骼 FL - LLER 控制系统搭建。基于模型设计和 MATLAB/Simulink 进行控制器设计的方法，并以 cSPACE 快速控制器作为上位机到驱动器之间的沟通桥梁，完成了仿生外骨骼 FL - LLER 的控制系统搭建。

缩略词及中英文对照

缩略词	英文全称	中文释义
AA	adduction/abduction	围绕矢状轴的外展/内收
ADC	analog-to-digital converter	模数转换器
ARM	advanced RISC machine	先进精简指令集计算机装置
BLLE	biomimetic lower limb exoskeleton	仿生外骨骼
CA	coronal axis	冠状轴
COP	center of pressure	压力中心
CP	coronal plane	冠状面
DSP	digital signal processing	数字信号处理器
EEG	electroencephalogram	脑电信号
EMG	electromyography	肌电信号
FE	flexion/extension	围绕冠状轴的屈伸
FL-LLER-Ⅰ	Fighting Lab's Lower Limb Exoskeleton Robot Ⅰ	实验室第Ⅰ代下肢外骨骼
FL-LLER-Ⅱ	Fighting Lab's Lower Limb Exoskeleton Robot Ⅱ	实验室第Ⅱ代下肢外骨骼
FPC	flexible printed circuit	柔性印制电路
FPGA	field programmable gate array	现场可编程门阵列
FSR	force-sensing resistors	力敏电阻
HP	horizontal plane	水平面
IE	internal/external	围绕垂直轴的内旋/外旋

LSTM	long-short term memory	长短时记忆
MCU	microcontroller unit	微控制器单元
MIMO	multi-input multi-output	多输入多输出
MLP	multi layer perceptron	多层感知机
PC	position control	位置控制
POF	polymer optical fiber	聚合物光导纤维
RBF	radial basis function	径向基函数
RISC	reduced instruction set computer	精简指令集计算机
RMSE	root mean square error	均方根误差
SA	sagittal axis	矢状轴
SAC	sensitivity amplification control	灵敏度放大控制
SP	sagittal plane	矢状面
STP	standing phase	站立相位
SWP	swing phase	摆动相位
VA	vertical axis	垂直轴

References

参考文献

[1] 王海龙. 军用智能可穿戴设备发展综述[J]. 电子技术，2018(2)：5－7.

[2] CARLTON S D，ORR R M. The impact of occupational load carriage on carrier mobility：a critical review of the literature [J]. International Journal of Occupational Safety and Ergonomics，2014，20(1)：33－41.

[3] BILLING D C，SILK A J，TOFARI P J，et al. Effects of military load carriage on susceptibility to enemy fire during tactical combat movements [J]. The Journal of Strength and Conditioning Research，2015(29)：134－138.

[4] LOVERRO K L，BROWN T N，COYNE M E，et al. Use of body armor protection with fighting load impacts soldier performance and kinematics [J]. Applied Ergonomics，2015(46)：168－175.

[5] JAWORSKI R L，JENSEN A，NIEDERBERGER B，et al. Changes in combat task performance under increasing loads in active duty marines [J]. Military Medicine，2015，180(3)：179－186.

[6] 汪济民，李文选，吴绍棠，等. 单兵负荷量标准的实验研究[J]. 军队卫生杂志，1986(3)：87－88.

[7] KNAPIK J J，REYNOLDS K L，HARMAN E. Soldier load carriage：historical，physiological，biomechanical，and medical aspects [J]. Military Medicine，2004，169(1)：45－56.

[8] 李杨. 助力型人体下肢外骨骼仿真与试验[M]. 镇江：江苏大学出版社，2019.

[9] BANALA S K，KIM S H，AGRAWAL S K，et al. Robot assisted gait training with active leg exoskeleton（ALEX）[J]. IEEE Transactions on Neural Systems and Rehabilitation Engineering，2008，17(1)：2－8.

[10] 方郁. 可穿戴下肢助力机器人动力学建模及其控制研究[D]. 合肥：中国科学技术大学，2009.

[11] 牛彬. 可穿戴式的下肢步行外骨骼控制机理研究与实现[D]. 杭州：浙江大学，2006.

[12] 尹军茂. 穿戴式下肢外骨骼机构分析与设计[D]. 北京：北京工业大学，2010.

[13] 陈峰. 可穿戴型助力机器人技术研究[D]. 合肥：中国科学技术大学，2007.

[14] DOLLAR A M, HERR H. Lower extremity exoskeletons and active orthoses: Challenges and state-of-the-art [J]. IEEE Transactions on Robotics, 2008,24(1):144 - 158.

[15] GARCIA E, SATER J M, MAIN J. Exoskeletons for human performance augmentation (EHPA): a program summary [J]. Journal of the Robotics Society of Japan, 2002,20(8):822 - 826.

[16] JANSEN J F. Phase I report: DARPA exoskeleton program [M]. United States: U. S. Department of Energy Office of Scientific and Technical Information. DOI: 10.2172/885609.

[17] KAZEROONI H, RACINE J - L, HUANG L, et al. On the control of the berkeley lower extremity exoskeleton (BLEEX)[C]//Proceedings of the 2005 IEEE international conference on robotics and automation. New York: IEEE, 2005:4353 - 4360.

[18] ZOSS A B, KAZEROONI H, CHU A. Biomechanical design of the Berkeley lower extremity exoskeleton (BLEEX) [J]. IEEE/ASME Transactions on Mechatronics, 2006,11(2):128 - 138.

[19] ZOSS A, KAZEROONI H, CHU A. On the mechanical design of the Berkeley Lower Extremity Exoskeleton (BLEEX)[C]//Proceedings of the 2005 IEEE/RSJ International Conference on Intelligent Robots and Systems. New York: IEEE, 2005:3465 - 3472.

[20] XIE H, LI X, LI W, et al. The proceeding of the research on human exoskeleton [C]//Proceedings of the International Conference on Logistics Engineering, Management and Computer Science (LEMCS 2014). Paris: Atlantis Press, 2014:754 - 758.

[21] BOGUE R. Exoskeletons and robotic prosthetics: a review of recent developments [J]. Industrial Robot: An International Journal, 2009,36(5):421 - 427.

[22] BOGUE R. Robotic exoskeletons: a review of recent progress [J]. Industrial Robot: An International Journal, 2015,42(1): 5 - 10.

[23] MARCHESCHI S, SALSEDO F, FONTANA M, et al. Body Extender: whole body exoskeleton for human power augmentation [C]//Proceedings of the 2011 IEEE International Conference on Robotics and Automation. New York: IEEE, 2011:611 - 616.

[24] ASBECK A T, DYER R J, LARUSSON A F, et al. Biologically-inspired soft exosuit [C]//Proceedings of the 2013 IEEE 13th International Conference on

Rehabilitation Robotics (ICORR). New York: IEEE, 2013:1 - 8.

[25] ASBECK A T, SCHMIDT K, WALSH C J. Soft exosuit for hip assistance [J]. Robotics and Autonomous Systems, 2015(73):102 - 110.

[26] DING Y, KIM M, KUINDERSMA S, et al. Human-in-the-loop optimization of hip assistance with a soft exosuit during walking [J]. Science Robotics, 2018,3(15):eaar5438.

[27] YOUNG A J, FERRIS D P. State of the art and future directions for lower limb robotic exoskeletons [J]. IEEE Transactions on Neural Systems and Rehabilitation Engineering, 2016,25(2):171 - 182.

[28] GOYAL A, DHIR M M, GILL V K, et al. Methodology of Exoskeleton with actuation methods and discussion of nerves sensing for exoskeleton [J]. Indian Journal of Science and Technology, 2019(12):38.

[29] HAYASHI T, KAWAMOTO H, SANKAI Y. Control method of robot suit HAL working as operator's muscle using biological and dynamical information [C]//Proceedings of the 2005 IEEE/RSJ International Conference on Intelligent Robots and Systems. New York: IEEE, 2005:3063 - 3068.

[30] KAWAMOTO H, SANKAI Y. Power assist method based on phase sequence and muscle force condition for HAL [J]. Advanced Robotics, 2005,19(7): 717 - 734.

[31] CRUCIGER O, SCHILDHAUER T A, Meindl R C, et al. Impact of locomotion training with a neurologic controlled hybrid assistive limb (HAL) exoskeleton on neuropathic pain and health related quality of life (HRQoL) in chronic SCI: a case study [J]. Disability and Rehabilitation: Assistive Technology, 2016,11(6):529 - 534.

[32] 李会营,王惠源,张鹏军,等.外骨骼装备在未来单兵系统中的应用前景[J].机械设计与制造,2012(3):275 - 276.

[33] 杨智勇,张远山,顾文锦,等.骨骼服灵敏度放大控制方法研究[J].计算机仿真,2010(1):177 - 180.

[34] 杨智勇,归丽华,杨秀霞,等.骨骼服虚拟力控制方法研究[J].机器人,2009,31(4):365 - 369,377.

[35] 龙亿,杜志江,王伟东.基于人体运动意图卡尔曼预测的外骨骼机器人控制及实验[J].机器人,2015,37(3):304 - 309.

[36] 李杨,管小荣,徐诚.基于人体步态的下肢外骨骼动力学仿真研究[J].南京理工大学学报:自然科学版,2015(3):353 - 357.

[37] FARRIS R J, QUINTERO H A, WITHROW T J, et al. Design and

simulation of a joint-coupled orthosis for regulating FES-aided gait [C]// Proceedings of the 2009 IEEE International Conference on Robotics and Automation. New York: IEEE, 2009:1916 - 1922.

[38] STRAUSSER K A, KAZEROONI H. The development and testing of a human machine interface for a mobile medical exoskeleton [C]//Proceedings of the 2011 IEEE/RSJ International Conference on Intelligent Robots and Systems, 25 - 30 Sep 2011, San Francisco, CA, USA.

[39] GOFFER A. Gait-locomotor apparatus: US20010864845 [P]. US2003093021A1. [2001 - 05 - 24]. DOI: US7153242 B2.

[40] BERNHARDT M, FREY M, COLOMBO G, et al. Hybrid force-position control yields cooperative behaviour of the rehabilitation robot LOKOMAT [C]//Proceedings of the 9th International Conference on Rehabilitation Robotics, 2005 ICORR 2005. New York: IEEE, 2005:536 - 539.

[41] VAN ASSELDONK E H F, VAN DER KOOIJ H. Robot-aided gait training with LOPES [M]//DIETZ V, NEF T, RYMER W. Neurorehabilitation Technology. Springer, London. https://doi.org/10.1007/978-1-4471-2277-7_21,2012.

[42] GOPURA R, BANDARA D, Kiguchi K, et al. Developments in hardware systems of active upper-limb exoskeleton robots: a review [J]. Robotics and Autonomous Systems, 2016(75): 203 - 220.

[43] GOPURA R, KIGUCHI K, BANDARA D. A brief review on upper extremity robotic exoskeleton systems [C]//Proceedings of the 2011 6th International Conference on Industrial and Information Systems. New York: IEEE, 2011: 346 - 351.

[44] HILL D, HOLLOWAY C S, RAMIREZ D Z M, et al. What are user perspectives of exoskeleton technology? A literature review [J]. International Journal of Technology Assessment in Health Care, 2017,33(2):160 - 167.

[45] BOYNTON A, PARK J-H, NEUGEBAUER J. Biomechanical, physiologic, and mobility performance changes during prolonged load carriage [J]. Journal of Science and Medicine in Sport, 2017,20(2):S172.

[46] BROWN T N, O'DONOVAN M, HASSELQUIST L, et al. Soldier-relevant loads impact lower limb biomechanics during anticipated and unanticipated single-leg cutting movements [J]. Journal of Biomechanics, 2014, 47(14): 3494 - 3501.

[47] RAMSAY J W, HANCOCK C L, O'DONOVAN M P, et al. Soldier-relevant

body borne loads increase knee joint contact force during a run-to-stop maneuver [J]. Journal of Biomechanics, 2016,49(16):3868 - 3874.

[48] KIM W S, LEE S H, LEE H D, et al. Development of the heavy load transferring task oriented exoskeleton adapted by lower extremity using qausi-active joints [C]//Proceedings of the 2009 Iccas-Sice. New York: IEEE, 2009:1353 - 1358.

[49] KIM Y S, LEE J, LEE S, et al. A force reflected exoskeleton-type masterarm for human-robot interaction [J]. IEEE Transactions on Systems, Man, and Cybernetics-Part A: Systems and Humans, 2005, 35(2):198 - 212.

[50] 宋遒志,王晓光,王鑫,等.多关节外骨骼助力机器人发展现状及关键技术分析[J].兵工学报,2016(1):172 - 185.

[51] NIU J, SONG Q, WANG X. Fuzzy pid control for passive lower extremity exoskeleton in swing phase [C]//Proceedings of the 2013 IEEE 4th International Conference on Electronics Information and Emergency Communication. New York: IEEE, 2013:185 - 188.

[52] KNAPIK J, HARMAN E, REYNOLDS K. Load carriage using packs: a review of physiological, biomechanical and medical aspects [J]. Applied Ergonomics, 1996:27(3):207 - 216.

[53] TILBURY-DAVIS D C, HOOPER R H. The kinetic and kinematic effects of increasing load carriage upon the lower limb [J]. Human Movement Science, 1999,18(5):693 - 700.

[54] BIRRELL S A, HASLAM R A. The effect of military load carriage on 3-D lower limb kinematics and spatiotemporal parameters [J]. Ergonomics, 2009, 52(10):1298 - 1304.

[55] HARMAN E. The effects on gait timing, kinetics and muscle activity of various loads carried on the back [J]. Medicine and Science in Sports and Exercise. DOI: 10.1249/00005768-199205001-00775.

[56] YANG X, ZHAO G, LIU D, et al. Biomechanics analysis of human walking with load carriage [J]. Technology and Health Care, 2015, 23(2): S567 - S575.

[57] STEGER R, KIM S H, KAZEROONI H. Control scheme and networked control architecture for the Berkeley lower extremity exoskeleton (BLEEX) [C]//Proceedings of the 2006 IEEE International Conference on Robotics and Automation, 2006. ICRA 2006. 15 - 19 May 2006. DOI: 10.1109/ICRA9996.

[58] RACINE J. Control of a lower extremity exoskeleton for human performance amplification [D]. Berkeley: University of California, 2003.

[59] YANO H, KANEKO S, NAKAZAWA K, et al. A new concept of dynamic orthosis for paraplegia: the weight bearing control (WBC) orthosis [J]. Prosthetics and Orthotics International, 1997,21(3): 222 - 228.

[60] 孙建,余永,葛运建,等. 基于接触力信息的可穿戴型下肢助力机器人传感系统研究[J]. 中国科学技术大学学报,2008,38(12):1433 - 1438.

[61] 陈峰,余永,葛运建. 基于接触力信息的穿戴型步行助力机器人研究 [J]. 高技术通讯,2008,18(12):1269 - 1273.

[62] CAVANAGH P R, LAFORTUNE M A. Ground reaction forces in distance running [J]. Journal of Biomechanics, 1980,13(5):397 - 406.

[63] MENGÜC Y, PARK Y - L, PEI H, et al. Wearable soft sensing suit for human gait measurement [J]. The International Journal of Robotics Research, 2014,33(14):1748 - 1764.

[64] ZHU Y, ZHANG G, XU W, et al. Flexible force-sensing system for wearable exoskeleton using liquid pressure detection [J]. Sensors and Materials, 2018, 30(8):1655 - 1664.

[65] ZHANG Q, WANG Y L, XIA Y, et al. A low-cost and highly integrated sensing insole for plantar pressure measurement [J]. Sensing and Bio-Sensing Research, 2019,26(11):100298.

[66] LEAL A G, FRIZERA A, AVELLAR L M, et al. Polymer optical fiber for in-shoe monitoring of ground reaction forces during the gait [J]. IEEE Sens J, 2018,18(6):2362 - 2368.

[67] LIU J, LI H, CHEN W, et al. A novel design of pressure sensing foot for lower limb exoskeleton [C]//Proceedings of the 2013 IEEE 8th Conference on Industrial Electronics and Applications (ICIEA). New York: IEEE, 2013: 1517 - 1520.

[68] LIM D H, KIM W S, KIM H J, et al. Development of real-time gait phase detection system for a lower extremity exoskeleton robot [J]. International Journal of Precision Engineering and Manufacturing, 2017,18(5):681 - 687.

[69] WU G, WANG C, WU X, et al. Gait phase prediction for lower limb exoskeleton robots [C]//Proceedings of the 2016 IEEE International Conference on Information and Automation (ICIA). New York: IEEE, 2016: 19 - 24.

[70] CHEN B, WANG X, HUANG Y, et al. A foot-wearable interface for

locomotion mode recognition based on discrete contact force distribution [J]. Mechatronics, 2015(32): 12 - 21.

[71] PARK J, KIM M, HONG I, et al. Foot plantar pressure measurement system using highly sensitive crack-based sensor [J]. Sensors, 2019,19(24):5504.

[72] LEAL-JUNIOR A G, DIAZ C R, MARQUES C, et al. 3D-printed POF insole: Development and applications of a low-cost, highly customizable device for plantar pressure and ground reaction forces monitoring [J]. Optics Laser Technology, 2019(116): 256 - 264.

[73] CREA S, DONATI M, DE ROSSI S M, et al. A wireless flexible sensorized insole for gait analysis [J]. Sensors (Basel), 2014,14(1):1073 - 1093.

[74] DONATI M, VITIELLO N, DE ROSSI S M M, et al. A flexible sensor technology for the distributed measurement of interaction pressure [J]. Sensors, 2013,13(1):1021 - 1045.

[75] MARTINI E, FIUMALBI T, DELL'AGNELLO F, et al. Pressure-sensitive insoles for real-time gait-related applications [J]. Sensors (Basel), 2020, 20(5):1448.

[76] TAHIR A M, CHOWDHURY M E, KHANDAKAR A, et al. A systematic approach to the design and characterization of a smart insole for detecting vertical ground reaction force (vGRF) in gait analysis [J]. Sensors, 2020, 20(4):957.

[77] YAN T, CEMPINI M, ODDO C M, et al. Review of assistive strategies in powered lower-limb orthoses and exoskeletons [J]. Robotics and Autonomous Systems, 2015,64(1):120 - 136.

[78] TUCKER M R, OLIVIER J, PAGEL A, et al. Control strategies for active lower extremity prosthetics and orthotics: a review [J]. Journal of Neuroengineering and Rehabilitation, 2015,12(1): 1 - 30.

[79] FARRIS R J, QUINTERO H A, MURRAY S A, et al. A preliminary assessment of legged mobility provided by a lower limb exoskeleton for persons with paraplegia [J]. IEEE Transactions on Neural Systems and Rehabilitation Engineering, 2013,22(3):482 - 490.

[80] ST-ONGE N, FELDMAN A G. Interjoint coordination in lower limbs during different movements in humans [J]. Experimental Brain Research, 2003, 148(2):139 - 149.

[81] LI J, SHEN B, CHEW C M, et al. Novel functional task-based gait assistance control of lower extremity assistive device for level walking [J]. IEEE

Transactions on Industrial Electronics, 2015,63(2):1096 - 1106.

[82] KAZEROONI H, STEGER R, HUANG L. Hybrid control of the Berkeley lower extremity exoskeleton (BLEEX) [J]. The International Journal of Robotics Research, 2006,25(5 - 6):561 - 573.

[83] MURRAY S A, HA K H, HARTIGAN C, et al. An assistive control approach for a lower-limb exoskeleton to facilitate recovery of walking following stroke [J]. IEEE Transactions on Neural Systems and Rehabilitation Engineering, 2014,23(3):441 - 449.

[84] LEWIS C L, FERRIS D P. Invariant hip moment pattern while walking with a robotic hip exoskeleton [J]. Journal of Biomechanics, 2011,44(5):789 - 793.

[85] TRAN H T, CHENG H, RUI H, et al. Evaluation of a fuzzy-based impedance control strategy on a powered lower exoskeleton [J]. International Journal of Social Robotics, 2016,8(1):103 - 123.

[86] QI Y, SOH C B, GUNAWAN E, et al. Assessment of foot trajectory for human gait phase detection using wireless ultrasonic sensor network [J]. IEEE Transactions on Neural Systems and Rehabilitation Engineering, 2015,24(1): 88 - 97.

[87] HONG J, CHUN C, KIM S J, et al. Gaussian process trajectory learning and synthesis of individualized gait motions [J]. IEEE Transactions on Neural Systems and Rehabilitation Engineering, 2019,27(6):1236 - 1245.

[88] GLACKIN C, SALGE C, GREAVES M, et al. Gait trajectory prediction using Gaussian process ensembles [C]//Proceedings of the 2014 IEEE-RAS International Conference on Humanoid Robots, 18 - 20 Nov 2014, Madrid, Spain.

[89] LIU D X, WU X, DU W, et al. Deep spatial-temporal model for rehabilitation gait: optimal trajectory generation for knee joint of lower-limb exoskeleton [J]. Assembly Automation, 2017,37(3): 369 - 378.

[90] ZAROUG A, LAI D T, MUDIE K, et al. Lower limb kinematics trajectory prediction using long short-term memory neural networks [J]. Frontiers in Bioengineering and Biotechnology, 2020,8(1):362.

[91] MOREIRA L, CERQUEIRA S M, FIGUEIREDO J, et al. AI-based reference ankle joint torque trajectory generation for robotic gait assistance: first steps [C]//Proceedings of the 2020 IEEE International Conference on Autonomous Robot Systems and Competitions (ICARSC). New York: IEEE, 2020: 22 - 27.

[92] WINTER D A. Biomechanics and motor control of human gait: normal, elderly, and pathological [M]. 2nd ed. Ontario: Winter University of Waterloo Press, 1991.

[93] LI N, YAN L, QIAN H, et al. Review on lower extremity exoskeleton robot [J]. The Open Automation and Control Systems Journal, 2015, 7(1): 441-453.

[94] 李杨,管小荣,徐诚.基于人体步态的下肢外骨骼动力学仿真研究 [J]. 南京理工大学学报, 2015, 39(3): 353-357.

[95] ZOSS A B, KAZEROONI H, CHU A. Biomechanical design of the Berkeley lower extremity exoskeleton (BLEEX) [J]. IEEE-Asme Transactions on Mechatronics, 2006, 11(2): 128-138.

[96] 贾山.下肢外骨骼的动力学分析与运动规划[D].南京:东南大学,2016.

[97] HONG J, CHUN C, KIM S J, et al. Gaussian process trajectory learning and synthesis of individualized gait motions [J]. IEEE Transactions on Neural Systems and Rehabilitation Engineering, 2019, 27(6): 1236-1245.

[98] LIU D-X, WU X, DU W, et al. Deep spatial-temporal model for rehabilitation gait: optimal trajectory generation for knee joint of lower-limb exoskeleton [J]. Assembly Automation, 2017, 37(3): 369-378.

[99] ZAROUG A, LEI D T H, MUDIE K, et al. Lower limb kinematics trajectory prediction using long short-term memory neural networks [J]. Frontiers in Bioengineering and Biotechnology, 2020(8): 362.

[100] WU G Z, WANG C, WU X Y, et al. Gait phase prediction for lower limb exoskeleton robots [C]//2016 IEEE International Conference on Information and Automation (ICIA). New York: IEEE, 2016: 19-24.

[101] KIDZINSKI L, DELP S, SCHWARTZ M. Automatic real-time gait event detection in children using deep neural networks [J]. Plos One, 2019, 14(1): e0211466.

[102] JUNG J-Y, HEO W, YANG H, et al. A neural network-based gait phase classification method using sensors equipped on lower limb exoskeleton robots [J]. Sensors, 2015, 15(11): 27738-27759.

[103] LIU D-X, WU X, DU W, et al. Gait phase recognition for lower-limb exoskeleton with only joint angular sensors [J]. Sensors, 2016, 16(10): 1579.

[104] MOREIRA L, CERQUEIRA S M, FIGUEIREDO J, et al. AI-based reference ankle joint torque trajectory generation for robotic gait assistance: first steps

[C]//IEEE International Conference on Autonomous Robot Systems and Competitions (ICARSC). New York: IEEE, 2020: 22 - 27.
[105] 刘建伟. 仿生外骨骼的步态轨迹与运动协同研究[D]. 上海:上海大学, 2021.
[106] HUSSAIN F, GOECKE R, MOHAMMADIAN M. Exoskeleton robots for lower limb assistance: a review of materials, actuation, and manufacturing methods [J]. Proceedings of the Institution of Mechanical Engineers Part H-Journal of Engineering in Medicine, 2021, 235(12): 1375 - 1385.
[107] WANG T, ZHANG B, LIU C, et al. A review on the rehabilitation exoskeletons for the lower limbs of the elderly and the disabled [J]. Electronics, 2022, 11(3): 388.
[108] SUN Y, TANG Y, ZHENG J, et al. From sensing to control of lower limb exoskeleton: a systematic review [J]. Annual Reviews in Control, 2022(53): 83 - 96.
[109] ZHOU J, YANG S, XUE Q. Lower limb rehabilitation exoskeleton robot: a review [J]. Advances in Mechanical Engineering, 2021, 13 (4): 16878140211011862.
[110] LI W Z, CAO G Z, ZHU A B. Review on control strategies for lower limb rehabilitation exoskeletons [J]. IEEE Access, 2021(9): 123040 - 123060.
[111] BAUD R, MANZOORI A R, IJSPEERT A, et al. Review of control strategies for lower-limb exoskeletons to assist gait [J]. Journal of Neuroengineering and Rehabilitation, 2021, 18(1): 1 - 34.
[112] AACH M, SCHILDHAUER T A, ZIERIACKS A, et al. Feasibility, safety, and functional outcomes using the neurological controlled hybrid assistive limb exoskeleton (HAL) following acute incomplete and complete spinal cord injury-Results of 50 patients [J]. The Journal of Spinal Cord Medicine, 2023, 46(4):574 - 581.
[113] GOVAERTS R, DE BOCK S, STAS L, et al. Work performance in industry: the impact of mental fatigue and a passive back exoskeleton on work efficiency [J]. Applied Ergonomics, 2023(110): 104026.
[114] ZHANG Q, ZHOU J, WANG H, et al. Output feedback stabilization for a class of multi-variable bilinear stochastic systems with stochastic coupling attenuation [J]. IEEE Transactions on Automatic Control, 2017, 62(6): 2936 - 2942.
[115] YIN X, ZHANG Q, WANG H, et al. RBFNN-based minimum entropy filtering for a class of stochastic nonlinear systems [J]. IEEE Transactions on

Automatic Control, 2020, 65(1): 376 - 381.

[116] DE LOOZE M P, BOSCH T, KRAUSE F, et al. Exoskeletons for industrial application and their potential effects on physical work load [J]. Ergonomics, 2016, 59(5): 671 - 681.

[117] GARDNER A D, POTGIETER J, NOBLE F K, et al. A review of commercially available exoskeletons' capabilities [C]//24th International Conference on Mechatronics and Machine Vision in Practice (M2VIP). New York: IEEE, 2017: 253 - 257.

[118] ALIMAN N, RAMLI R, HARIS S M. Design and development of lower limb exoskeletons: a survey [J]. Robotics and Autonomous Systems, 2017(95): 102 - 116.

[119] MA Y, WU X Y, YI J G, et al. A review on human-exoskeleton coordination towards lower limb robotic exoskeleton systems [J]. International Journal of Robotics and Automation, 2019, 34(4): 431 - 451.

[120] MARTINEZ A, LAWSON B, DURROUGH C, et al. A velocity-field-based controller for assisting leg movement during walking with a bilateral hip and knee lower limb exoskeleton [J]. IEEE Transactions on Robotics, 2019, 35 (2): 307 - 316.

[121] DANIEL G I, DANIELA T. Motion assistance with an exoskeleton for stair climb [C]//21st IEEE International Conference on Automation, Quality and Testing, Robotics (AQTR THETA). New York: IEEE, 2018:1 - 6.

[122] KIM H, SEO C, SHIN Y J, et al. Locomotion control strategy of hydraulic lower extremity exoskeleton robot [C]//IEEE/ASME International Conference on Advanced Intelligent Mechatronics (AIM). New York: IEEE, 2015: 577 - 582.

[123] LI W, LIU K, LI C, et al. Development and evaluation of a wearable lower limb rehabilitation robot [J]. Journal of Bionic Engineering, 2022, 19(3): 688 - 699.

[124] ZHOU X, LIU G, TANG Y, et al. Analysis and evaluation of human lower limb energy collection and walking assisted exoskeleton [J]. Journal of Northwestern Polytechnical University, 2022, 40(1): 95 - 102.

[125] ZHOU F, LI J, WANG J, et al. RBFNN-based trajectory tracking and motion synchronization for mobile rehabilitation robot exoskeleton [C]//19th IEEE International Conference on Mechatronics and Automation (IEEE ICMA). New York: IEEE, 2022: 1505 - 1512.

[126] REN B, LUO X, WANG Y, et al. A gait trajectory control scheme through successive approximation based on radial basis function neural networks for the lower limb exoskeleton robot [J]. Journal of Computing and Information Science in Engineering, 2020, 20(3):031008.
[127] REN B, LUO X, LI H, et al. Gait trajectory-based interactive controller for lower limb exoskeletons for construction workers [J]. Computer-Aided Civil and Infrastructure Engineering, 2022, 37(5): 558 - 572.
[128] WANG J, WU D, DONG W, et al. A control strategy for squat assistance of lower limb exoskeleton with back sensing [C]. 19th IEEE International Conference on Mechatronics and Automation (IEEE ICMA), 2022: 1312 - 1317.
[129] SUN W, LIN J W, SU S F, et al. Reduced adaptive fuzzy decoupling control for lower limb exoskeleton [J]. IEEE Transactions on Cybernetics, 2021, 51 (3): 1099 - 1109.
[130] ZHANG X, LI J, OVUR S E, et al. Novel design and adaptive fuzzy control of a lower-limb elderly rehabilitation [J]. Electronics, 2020, 9(2): 343.
[131] CHANG W, LI Y, TONG S. Adaptive fuzzy backstepping tracking control for flexible robotic manipulator [J]. IEEE-Caa Journal of Automatica Sinica, 2021, 8(12): 1923 - 1930.
[132] TANYILDIZI A K, YAKUT O, TASAR B, et al. Control of twin-double pendulum lower extremity exoskeleton system with fuzzy logic control method [J]. Neural Computing and Applications, 2021, 33(13): 8089 - 8103.
[133] RAZZAGHIAN A. A fuzzy neural network-based fractional-order Lyapunov-based robust control strategy for exoskeleton robots: application in upper-limb rehabilitation [J]. Mathematics and Computers in Simulation, 2022(193): 567 - 583.
[134] REZA S M T, AHMAD N, CHOUDHURY I A, et al. A fuzzy controller for lower limb exoskeletons during sit-to-stand and stand-to-sit movement using wearable sensors [J]. Sensors, 2014, 14(3): 4342 - 4363.
[135] ZHONG B, CAO J, GUO K, et al. Fuzzy logic compliance adaptation for an assist-as-needed controller on the Gait Rehabilitation Exoskeleton (GAREX) [J]. Robotics and Autonomous Systems, 2020, 133.
[136] CHEN Z, LI Z, CHEN C L P. Disturbance observer-based fuzzy control of uncertain MIMO mechanical systems with input nonlinearities and its application to robotic exoskeleton [J]. IEEE Transactions on Cybernetics,

2017, 47(4): 984 - 994.

[137] YANG X, ZHANG Y, GUI L, et al. Research on fuzzy adaptive position control of carrying lower extreme exoskeleton [J]. Computer Simulation, 2012, 29(3): 231 - 235.

[138] YANG S, HAN J, XIA L, et al. An optimal fuzzy-theoretic setting of adaptive robust control design for a lower limb exoskeleton robot system [J]. Mechanical Systems and Signal Processing, 2020(141): 106706.

[139] DU G, CHEN M, LIU C, et al. Online robot teaching with natural human-robot interaction [J]. IEEE Transactions on Industrial Electronics, 2018, 65(12): 9571 - 9581.

[140] CHEN B, MA H, QIN L-Y, et al. Recent developments and challenges of lower extremity exoskeletons [J]. Journal of Orthopaedic Translation, 2016(5): 26 - 37.

[141] LI Z, ZHANG T, HUANG P, et al. Human-in-the-loop cooperative control of a walking exoskeleton for following time-variable human intention [J]. IEEE Transactions on Cybernetics, 2024,54(4):2142 - 2154.

[142] GUO Q, CHEN Z, YAN Y, et al. Model identification and human-robot coupling control of lower limb exoskeleton with biogeography-based learning particle swarm optimization [J]. International Journal of Control Automation and Systems, 2022, 20(2): 589 - 600.

[143] XING X, MAQSOOD K, HUANG D, et al. Iterative learning-based robotic controller with prescribed human-robot interaction force [J]. IEEE Transactions on Automation Science and Engineering, 2022, 19(4): 3395 - 3408.

[144] XIA H, KHAN M A, LI Z, et al. Wearable robots for human underwater movement ability enhancement: a survey [J]. IEEE-Caa Journal of Automatica Sinica, 2022, 9(6): 967 - 977.

[145] DENG M, LI Z, KANG Y, et al. A learning-based hierarchical control scheme for an exoskeleton robot in human-robot cooperative manipulation [J]. IEEE Transactions on Cybernetics, 2020, 50(1): 112 - 125.

[146] YANG Y, LI Y, LIU X, et al. Adaptive neural network control for a hydraulic knee exoskeleton with valve deadband and output constraint based on nonlinear disturbance observer [J]. Neurocomputing, 2022(473): 14 - 23.

[147] WANG H, SUN Y, TIAN Y. Mechanical structure design and robust adaptive integral backstepping cooperative control of a new lower back

exoskeleton [J]. Studies in Informatics and Control, 2019, 28(2): 133 - 146.

[148] SUN P, ZHANG W, WANG S, et al. Interaction forces identification modeling and tracking control for rehabilitative training walker [J]. Journal of Advanced Computational Intelligence and Intelligent Informatics, 2019, 23 (2): 183 - 195.

[149] SU Q, PEI Z, TANG Z. Nonlinear control of a hydraulic exoskeleton 1-DOF joint based on a hardware-in-the-loop simulation [J]. Machines, 2022, 10 (8): 607.

[150] NARAYAN J, ABBAS M, DWIVEDY S K. Robust adaptive backstepping control for a lower-limb exoskeleton system with model uncertainties and external disturbances [J]. Automatika, 2023, 64(1): 145 - 161.

[151] KHAMAR M, EDRISI M. Designing a backstepping sliding mode controller for an assistant human knee exoskeleton based on nonlinear disturbance observer [J]. Mechatronics, 2018(54): 121 - 132.

[152] KIRTAS O, SAVAS Y, BAYRAKER M, et al. Design, implementation, and evaluation of a backstepping control algorithm for an active ankle-foot orthosis [J]. Control Engineering Practice, 2021(106): 104667.

[153] WANG Y, WANG H, TIAN Y. Nonlinear disturbance observer based flexible-boundary prescribed performance control for a lower limb exoskeleton [J]. International Journal of Systems Science, 2021, 52(15): 3176 - 3189.

[154] REN H, MA H, LI H, et al. A disturbance observer based intelligent control for nonstrict-feedback nonlinear systems [J]. Science China-Technological Sciences, 2023, 66(2): 456 - 467.

[155] SHI D, ZHANG W X, ZHANG W, et al. A review on lower limb rehabilitation exoskeleton robots [J]. Chinese Journal of Mechanical Engineering, 2019, 32(1): 1 - 11.

[156] VITECKOVA S, KUTILEK P, JIRINA M. Wearable lower limb robotics: a review [J]. Biocybernetics and Biomedical Engineering, 2013, 33(2): 96 - 105.

[157] WEN Y, SI J, BRANDT A, et al. Online reinforcement learning control for the personalization of a robotic knee prosthesis [J]. IEEE Transactions on Cybernetics, 2020, 50(6): 2346 - 2356.

[158] NARVAEZ AROCHE O, MEYER P J, TU S, et al. Robust control of the sit-to-stand movement for a powered lower limb orthosis [J]. IEEE Transactions on Control Systems Technology, 2020, 28(6): 2390 - 2403.

[159] LONG Y, DU Z J, WANG W D, et al. Robust sliding mode control based on GA optimization and CMAC compensation for lower limb exoskeleton [J]. Applied Bionics and Biomechanics, 2016(3): 1-13.
[160] HAN S, WANG H, TIAN Y. Model-free based adaptive nonsingular fast terminal sliding mode control with time-delay estimation for a 12 DOF multi-functional lower limb exoskeleton [J]. Advances in Engineering Software, 2018(119): 38-47.
[161] PARK J, SANDBERG I W. Universal approximation using radial-basis-function networks [J]. Neural Computation, 1991, 3(2): 246-257.
[162] SONG S, ZHANG X, TAN Z. RBF Neural network based sliding mode control of a lower limb exoskeleton suit [J]. Strojniski Vestnik-Journal of Mechanical Engineering, 2014, 60(6): 437-446.
[163] MIEN KA D, CHENG H, HUU TOAN T, et al. Minimizing human-exoskeleton interaction force using compensation for dynamic uncertainty error with adaptive RBF network [J]. Journal of Intelligent and Robotic Systems, 2016, 82(3-4): 413-433.
[164] LONG Y, DU Z, WANG W. RBF neural network with genetic algorithm optimization based sensitivity amplification control for exoskeleton [J]. Journal of Harbin Institute of Technology, 2015, 47(7): 26-30.
[165] KONG D, WANG W, GUO D, et al. RBF sliding mode control method for an upper limb rehabilitation exoskeleton based on intent recognition [J]. Applied Sciences-Basel, 2022, 12(10): 4993.
[166] HAN S, WANG H, TIAN Y, et al. Time-delay estimation based computed torque control with robust adaptive RBF neural network compensator for a rehabilitation exoskeleton [J]. Isa Transactions, 2020(97): 171-181.
[167] 曹慧林,于随然. 下肢康复外骨骼机器人结构拟人设计与运动学分析[J]. 机械设计与研究,2020,36(4): 12-17.
[168] 张帆,高越,巩超. 基于拓扑优化的军用单兵外骨骼装备设计研究[J]. 包装工程,2022,43(22): 1-8.

Afterword

后　记

2014 年夏天的一场电影让我至今难忘。化身“全金属战士”的汤姆·克鲁斯身着机器战甲与末世入侵的外星人在海滩上展开了激烈的对战，这部叫作《明日边缘》(*Edge of Tomorrow*)的电影第一次把体外骨骼机器人的战斗场景淋漓尽致地展现在人们面前。作为一名资深的科幻迷，不论是《星际争霸 2》(*Starcraft 2*)中泰凯斯的全身动力装甲，还是《流浪地球》(*The Wondering Earth*)中的外骨骼手臂，都给我带来了一种兼具力量感与复杂感的震撼。因此，在上海大学任彬教授的带领下，能够参与本书的编写并将与外骨骼相关的知识与广大读者分享，我感到深深的荣幸。

在我所熟悉的建筑工程施工场景下，外骨骼机器人具有能够变革行业生产方式的潜力。它不仅可以提升工人能力，使人员更加安全，减少各类工作损伤，而且能够有效与各类工具及设备进行协调配合，在提升工人工作效率的同时改善工人的工作环境及生产方式。

建筑外骨骼是带有电动关节的可穿戴设备，可在工人进行弯曲、举起和抓取等重复作业中提供额外的支撑和动力。它们作为一种减少伤害和提高建筑工人效率的工具，一直受到人们的关注。对于从事艰苦工作的工人，建筑外骨骼能在作业时提供很大的帮助。例如，背部支撑外装：这款动力套装适合肩部、背部和腰部，可减少举重时的压力。蹲下支撑外骨骼：连接到腿上的蹲下支撑外骨骼即使在没有椅子的情况下也能充当“椅子”，使工人更容易长时间地蹲下。肩部支撑外装：通过重新分配肩部的重量，建筑外骨骼可以减少工人在进行头顶举重工作时的疲劳。此外，全身构造外骨骼，可增强机械强度并减少举重工作的疲劳。建筑外骨骼使建筑工人的繁重工作变得更轻松，其更危险和困难的任务可以卸载给施工机器人来做，以进一步减轻工人的负担。

外骨骼机器人是一项具有巨大想象力的未来技术，随着未来的社会变革将扮演更加重要的角色。为了帮助读者能够更加了解外骨骼机器人的基本原理、设计和控制方法，本书详细介绍了外骨骼机器人的运动控制理论体系。从人机耦合的步态识别与优化到仿生关节的运动与协调，从基于光电的压力传感系统到外骨骼的机械结构设计，综合性地解释了外骨骼机器人的技术架构与体系。最后，本书还详细介绍了前沿的自适应模糊控制理论以及 RBF 神经网络自适应控制方法，展望了融合人工智能技术的外骨骼机器人理论的未来。

陳嘉宇

2024 年 1 月

于清华大学

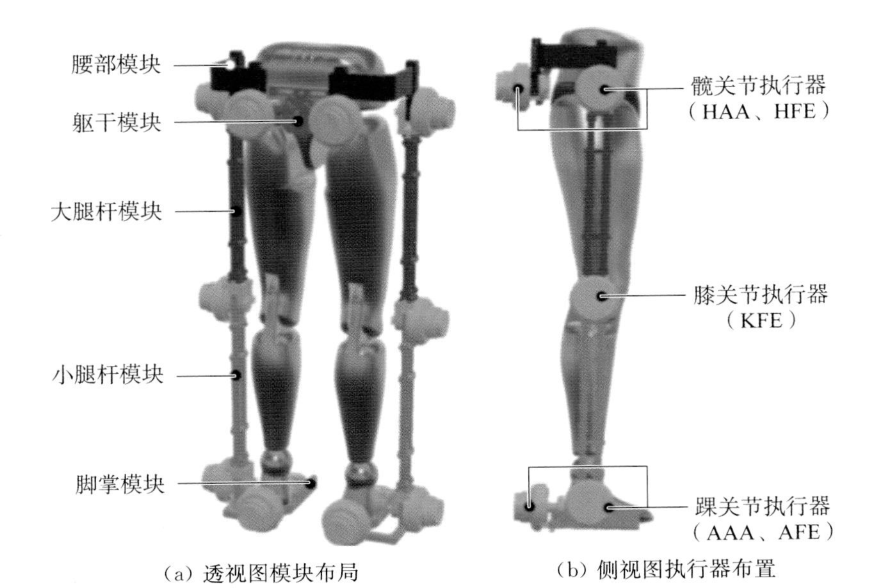

(a) 透视图模块布局　　(b) 侧视图执行器布置

图 2-6　仿生外骨骼链

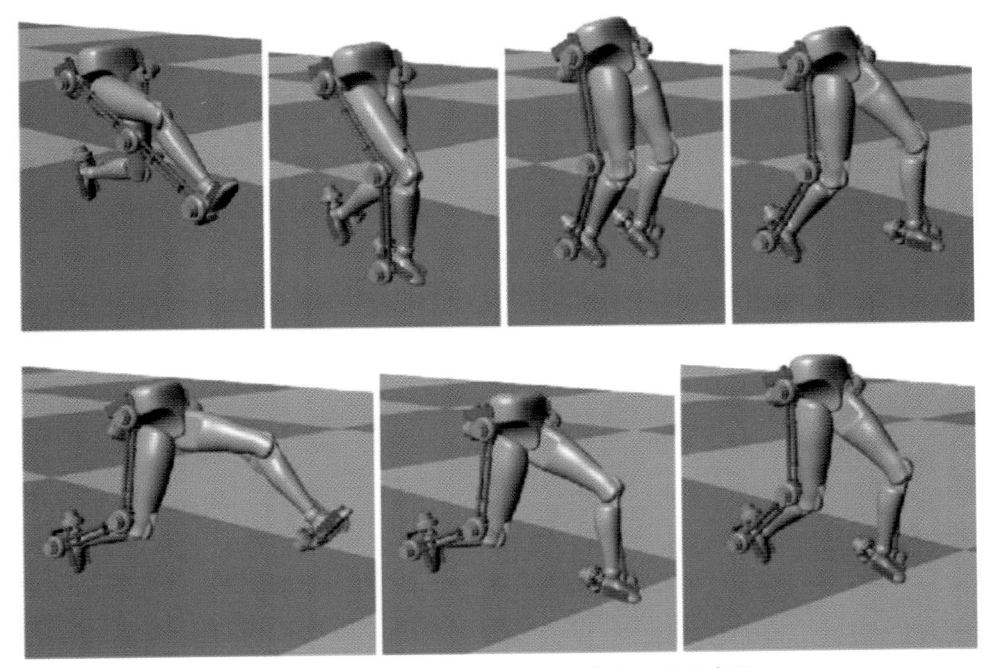

图 2-11　仿真实验(01)的优化步态运动示意图

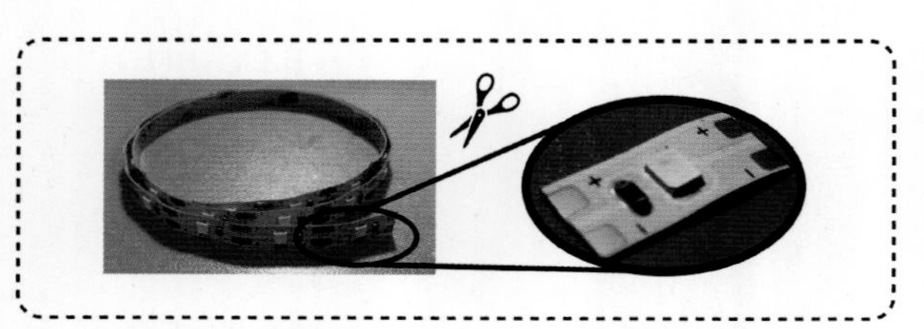

(a) 从灯带上剪下单个 LED 单元

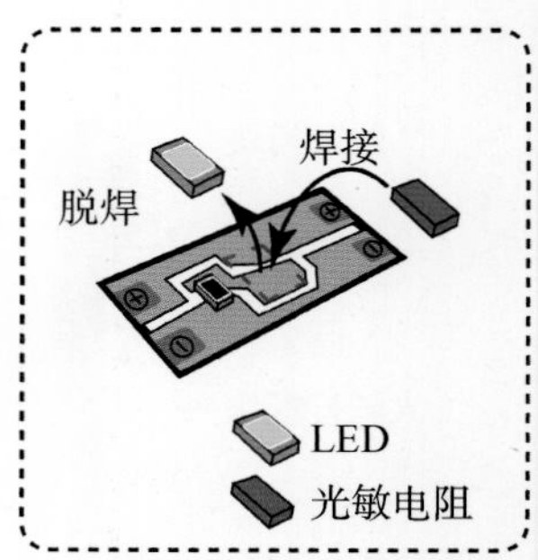

(b) 用光敏电阻替换 LED 灯珠

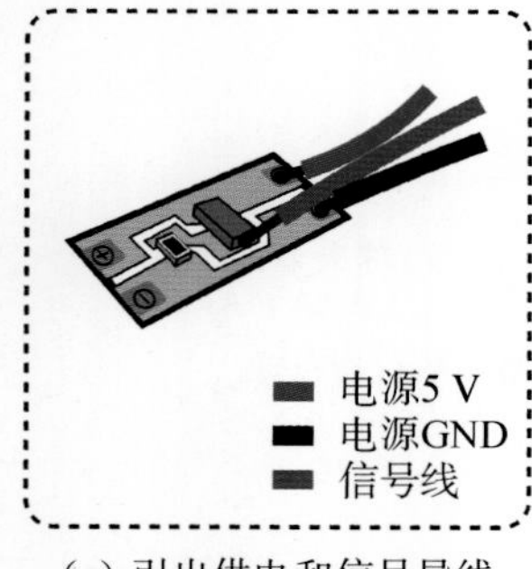

(c) 引出供电和信号导线

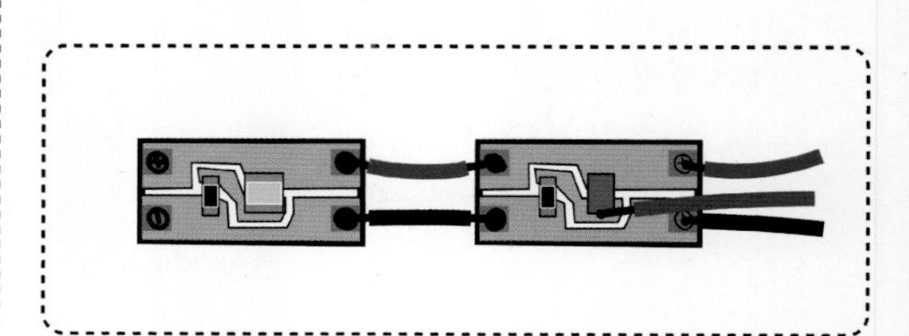

(d) 将 LED 灯条和光敏电阻条焊接在一起

图 3-2　传感单元内部柔性电路板制作

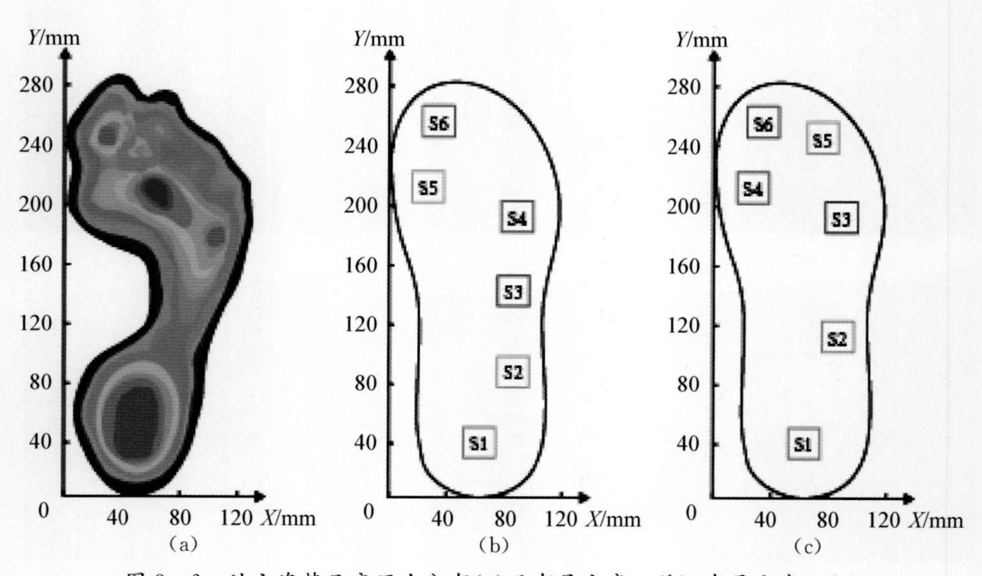

图 3-6　站立姿势足底压力分布(a)及布局方案一(b)、布局方案二(c)

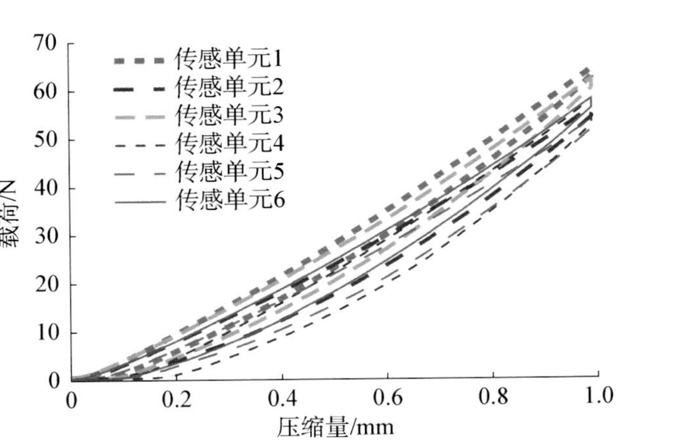

图 3-9　载荷与压缩量之间的对应关系

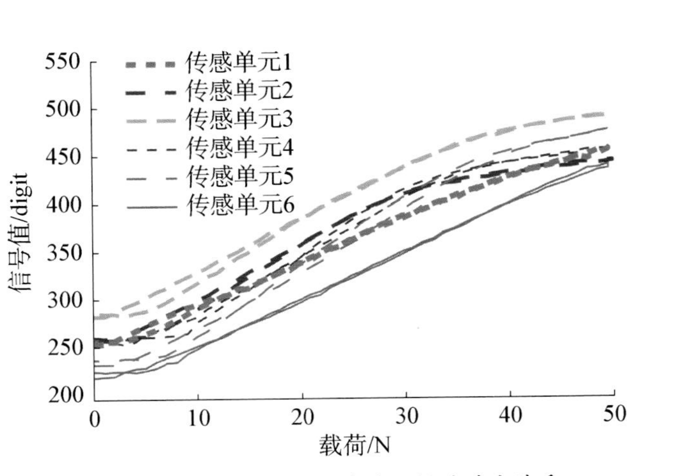

图 3-10　响应信号与加载力之间的对应关系

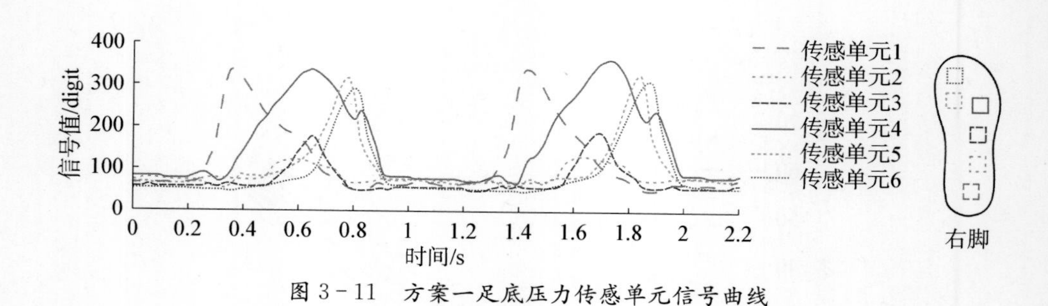

图 3-11 方案一足底压力传感单元信号曲线

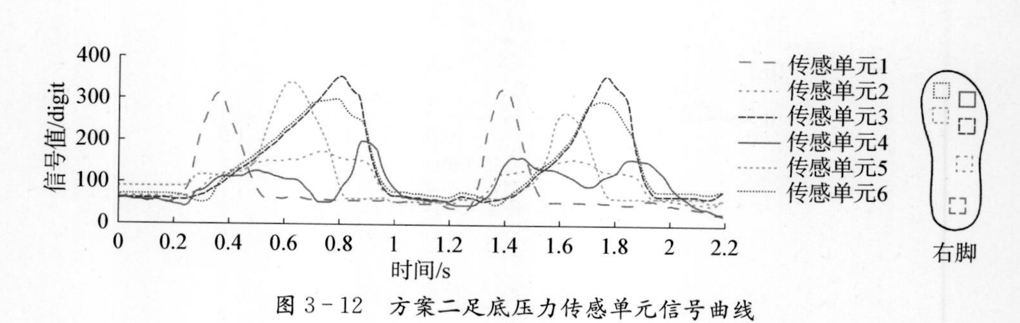

图 3-12 方案二足底压力传感单元信号曲线

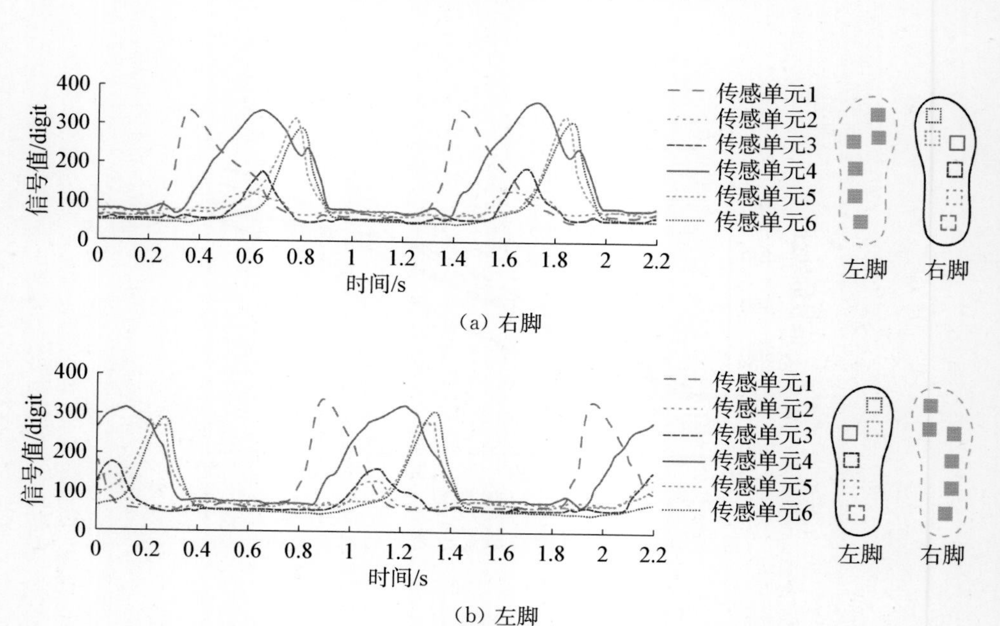

(a) 右脚

(b) 左脚

图 3-15 双足行走实验期间截取的足底压力传感信号数据

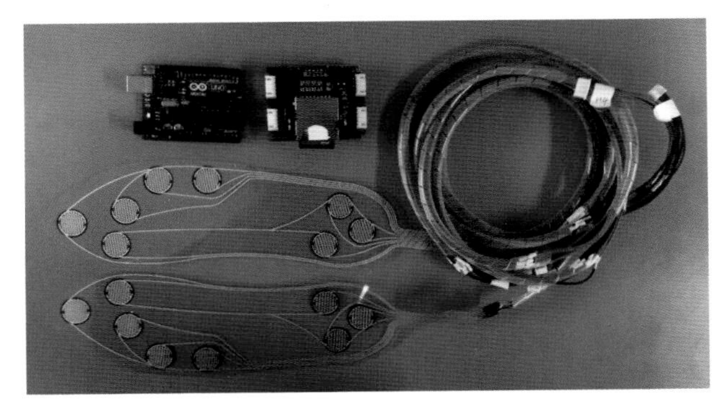

图 4-1　基于 FSR 传感单元所设计的柔性传感鞋垫

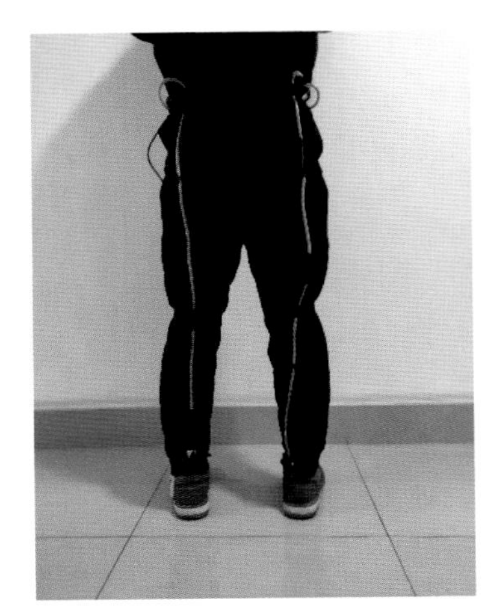

(a) 传感器穿戴方式示意图

(b) 在跑步机上采集步态数据

图 4-2　步态数据采集过程

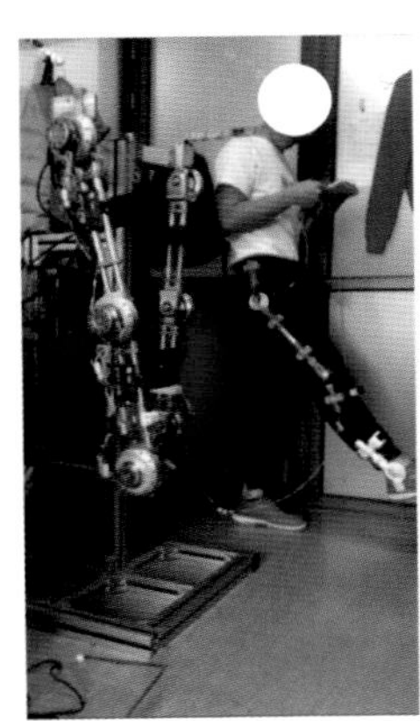
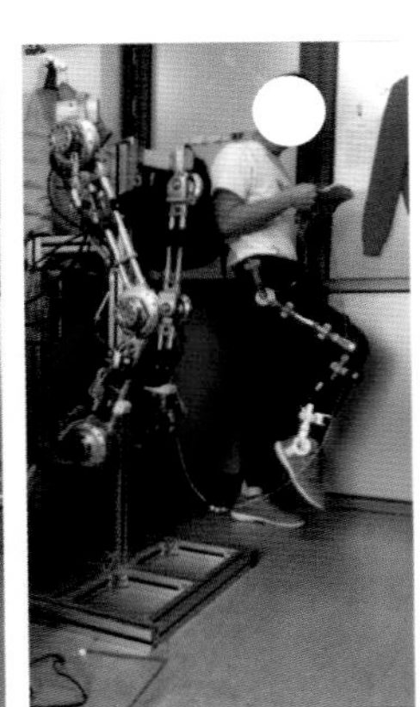
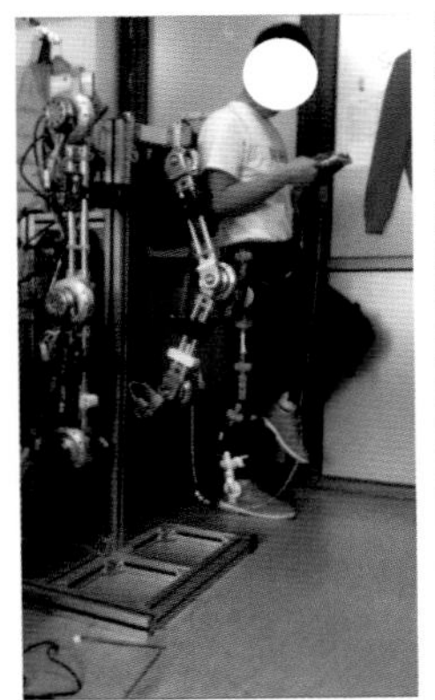
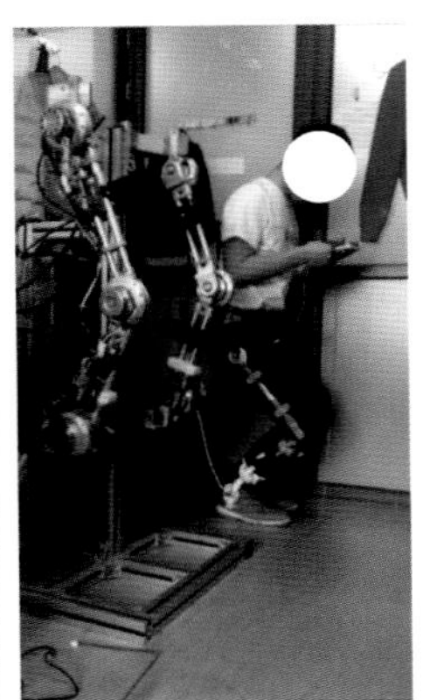

图 5-4　多个不同静态动作下的动力外骨骼与受试者协同运动

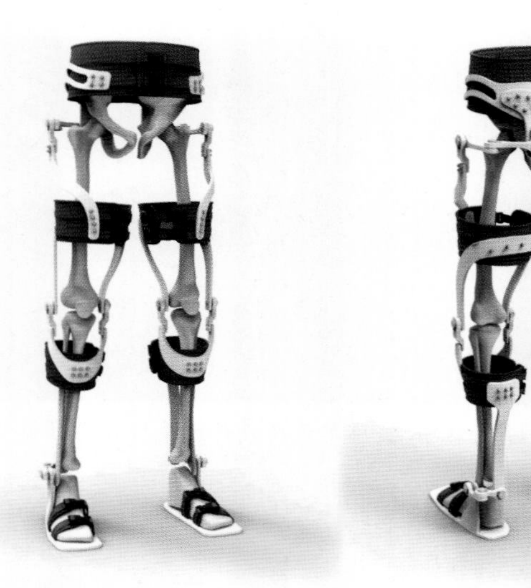

图 6-1 仿生外骨骼构型设计整体图

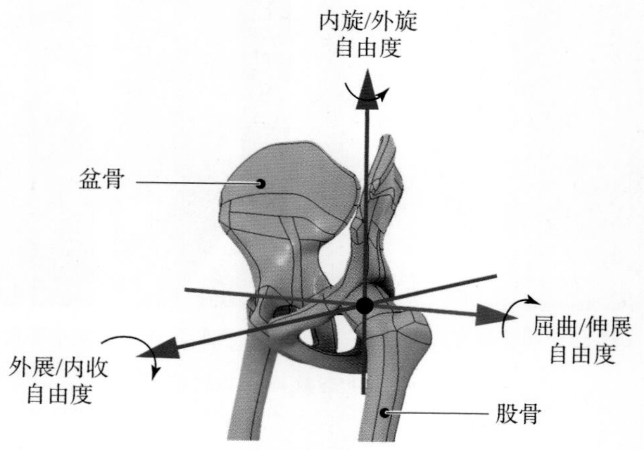

图 6-2 髋关节生理结构与自由度分布

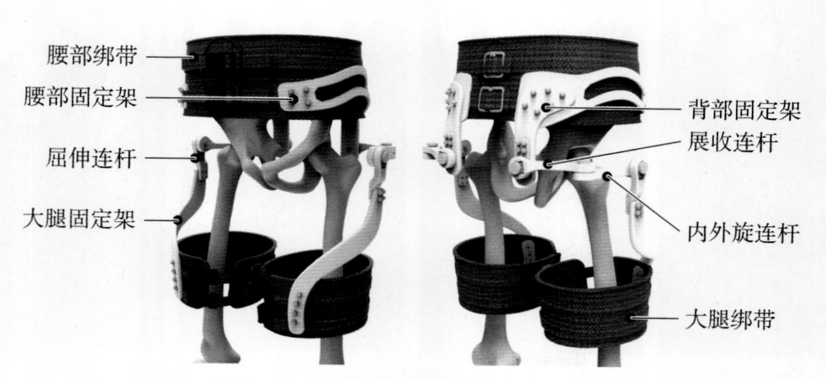

图 6-3 仿生外骨骼髋关节构型设计

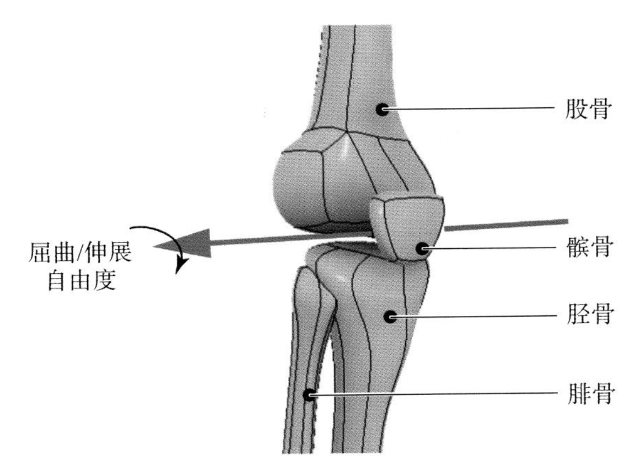

图 6-4　膝关节生理结构与自由度分布

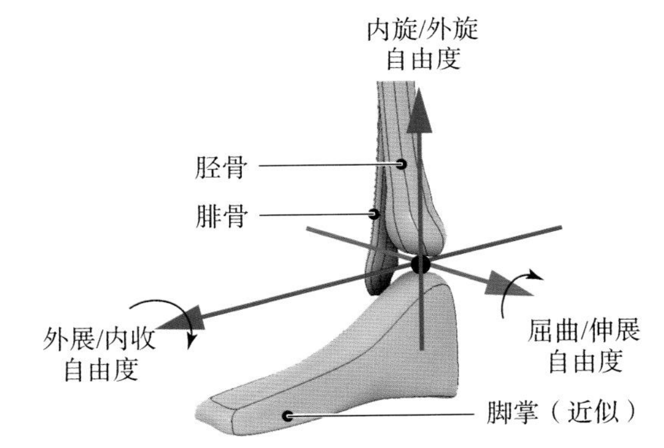

图 6-6　踝关节生理结构与自由度分布

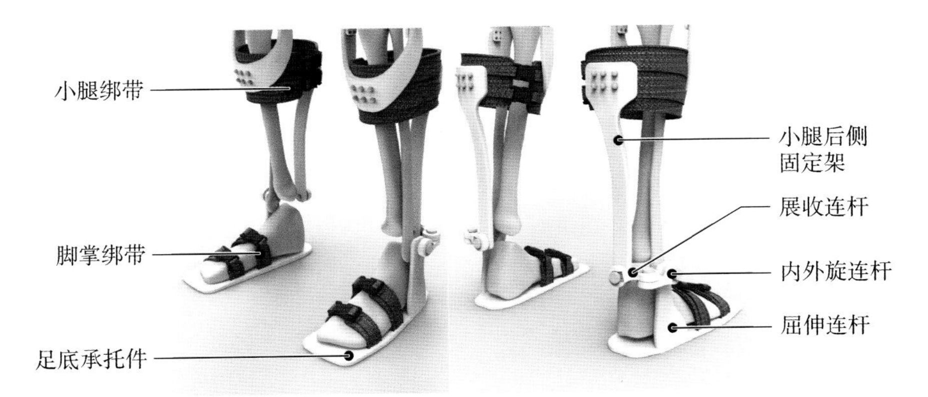

图 6-7　仿生外骨骼踝关节构型设计

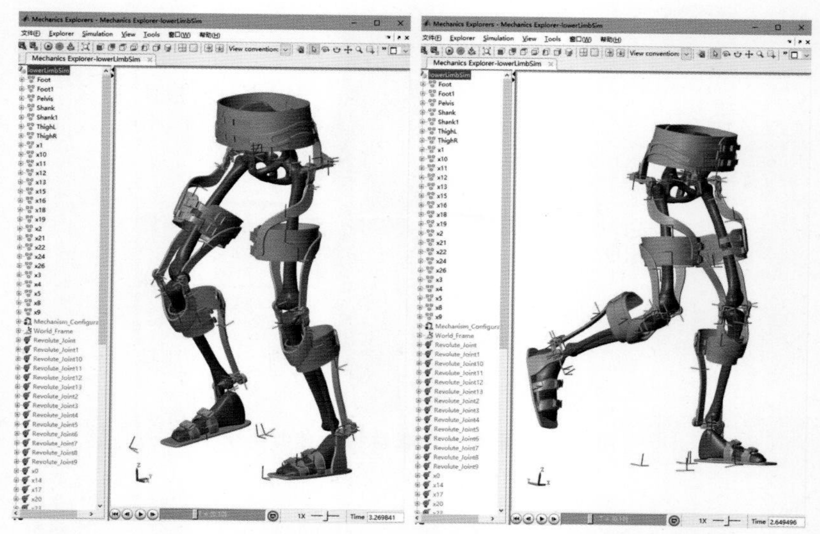

图 6-8　在 MATLAB/Simscape Multibody 中建立的联合仿真模型

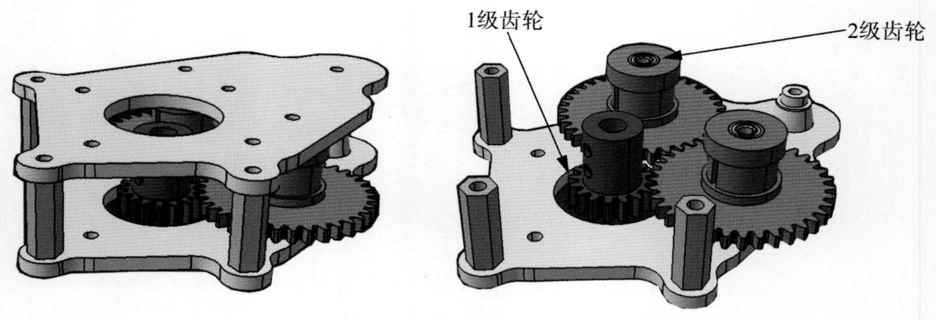

图 6-15　踝关节执行器齿轮箱结构

(a) 未收缩状态下的执行器

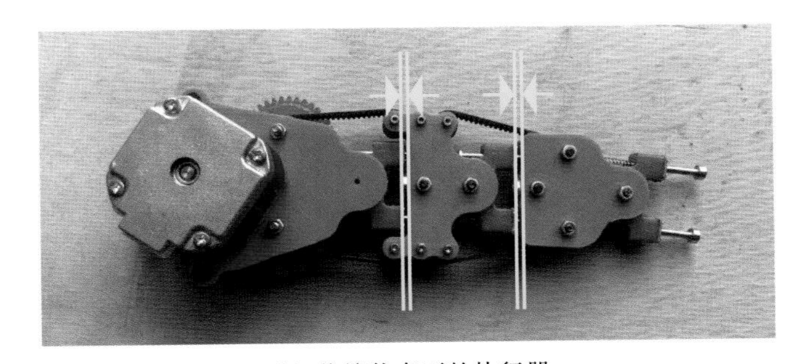

(b) 收缩状态下的执行器

图 6-19 踝关节执行器原型实物

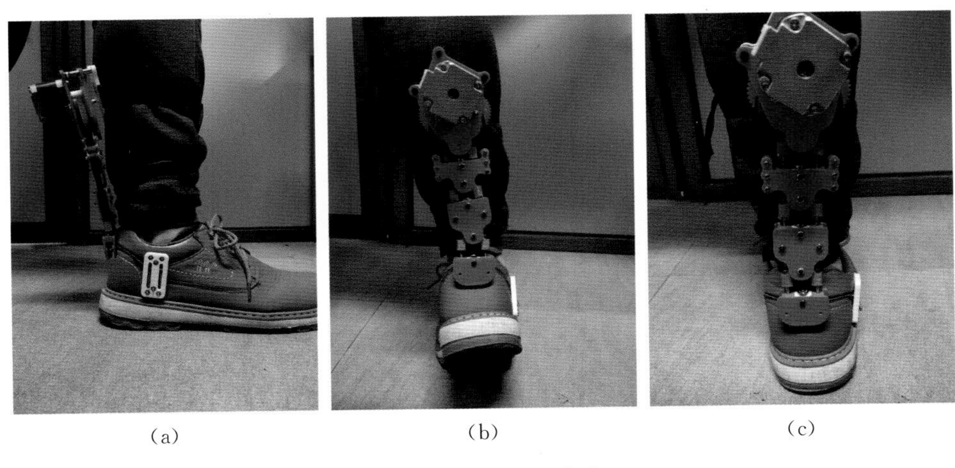

(a) (b) (c)

图 6-20 驱动自由度展示

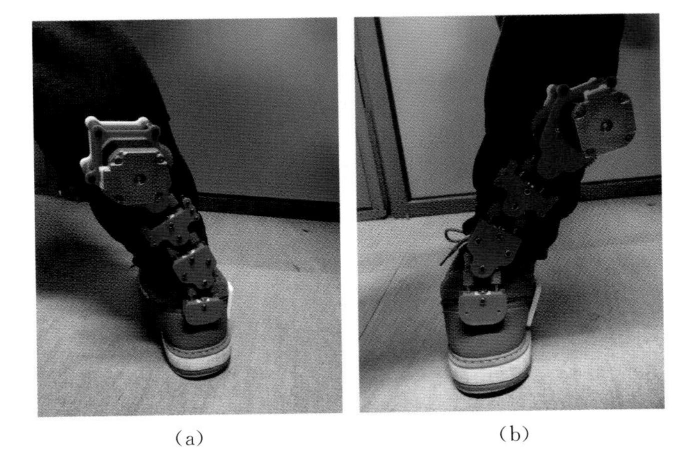

(a) (b)

图 6-21 被动自由度展示

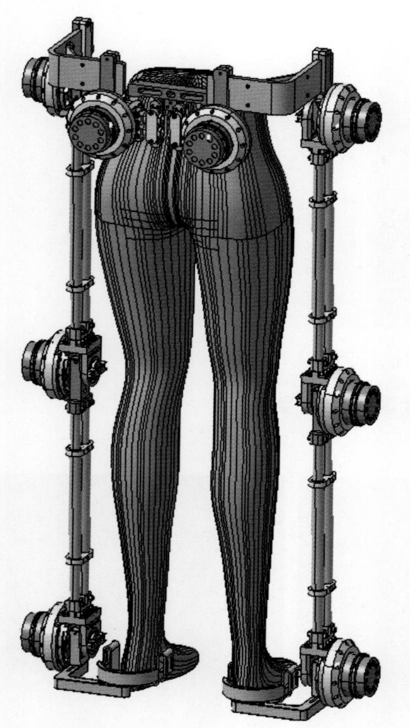

图 6-23　仿生外骨骼样机设计总装配图及人体下肢模型

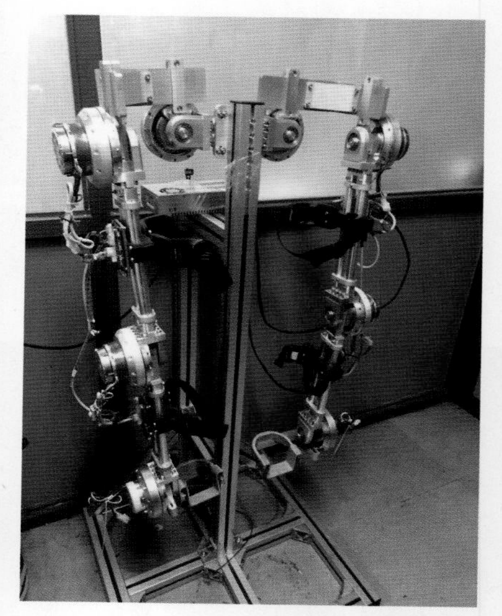

图 6-28　动力仿生外骨骼样机实物

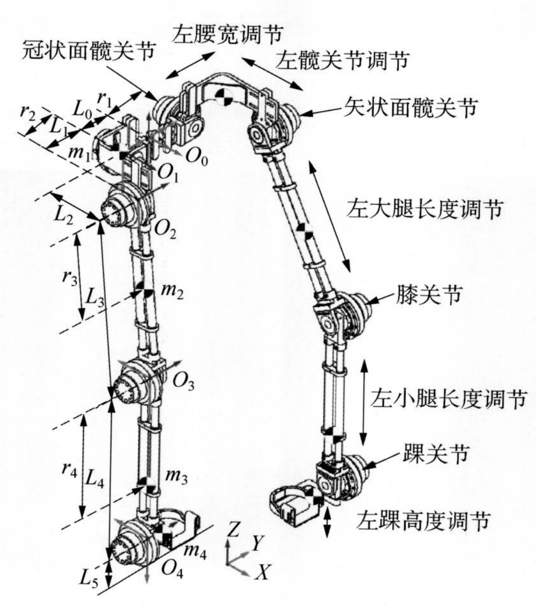

图 7-3　仿生外骨骼 FL-LLER-Ⅰ结构模型

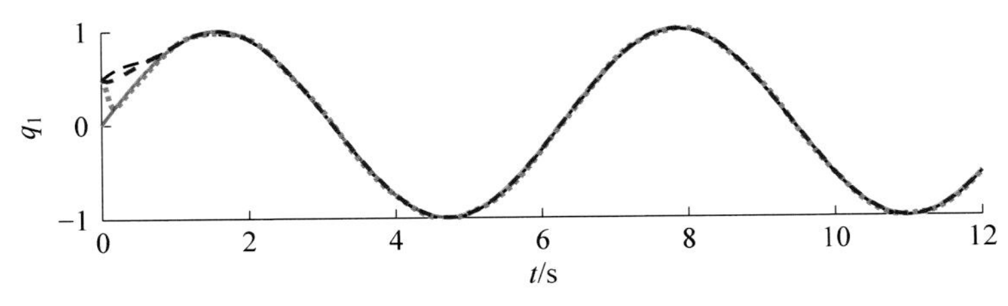

（a）冠状面髋关节

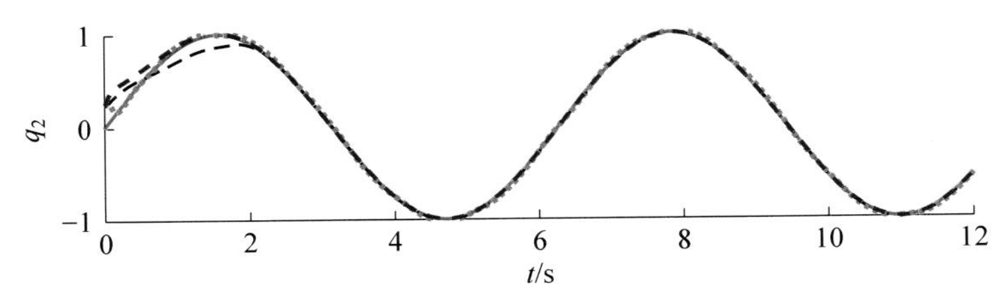

（b）矢状面髋关节

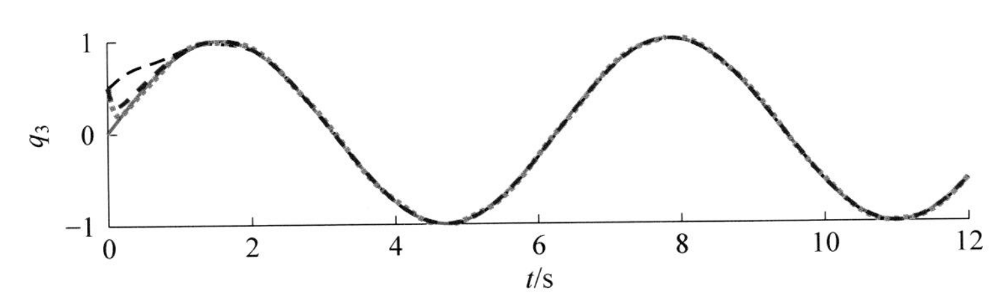

（c）膝关节

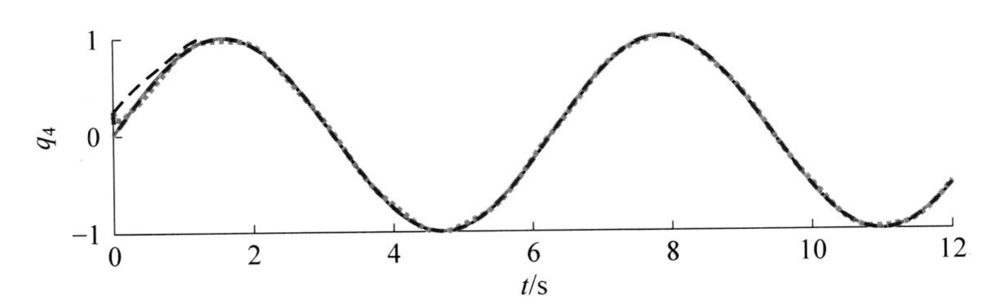

（d）踝关节

Dq　Method1　Method2　Method3

图 9－1　在不同控制器作用下，各关节的位置跟踪轨迹

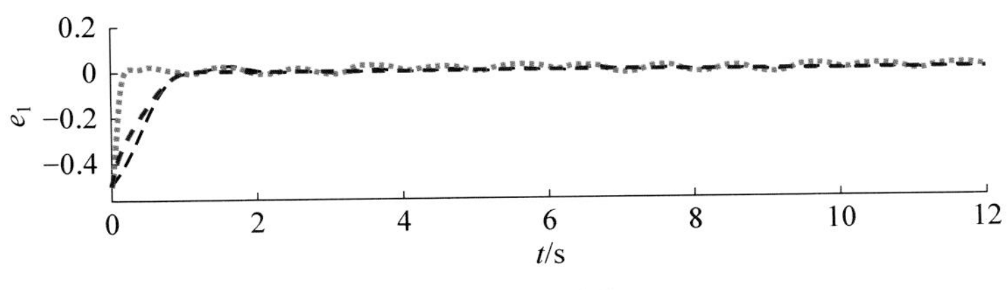

（a）冠状面髋关节

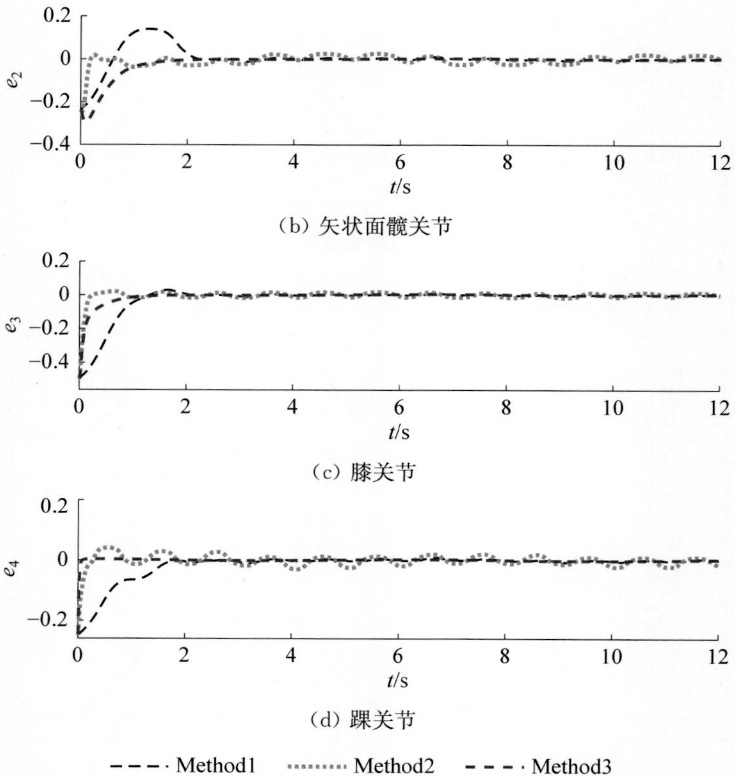

(b) 矢状面髋关节

(c) 膝关节

(d) 踝关节

图 9-2 在不同控制器作用下,各关节的跟踪误差

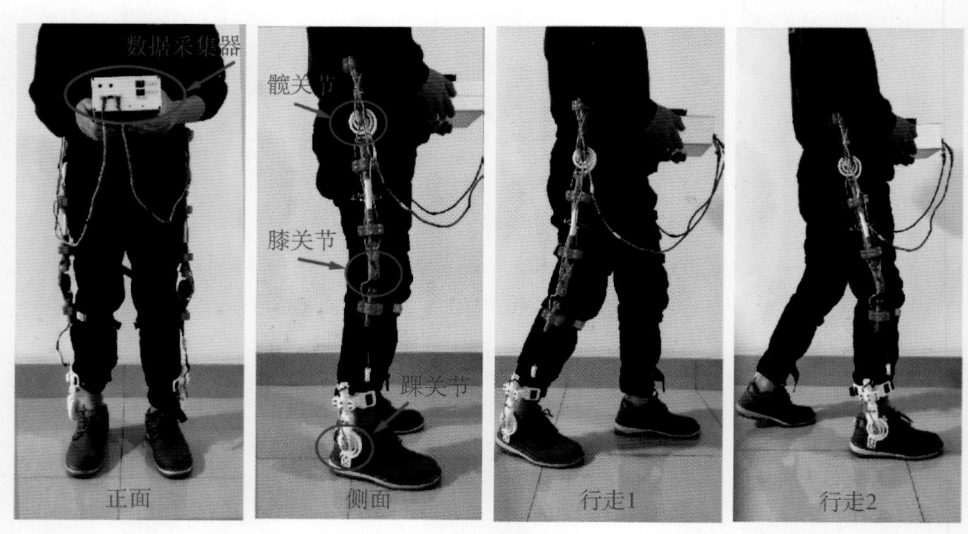

图 10-6 可穿戴关节角度测量装置及其平地实验运动

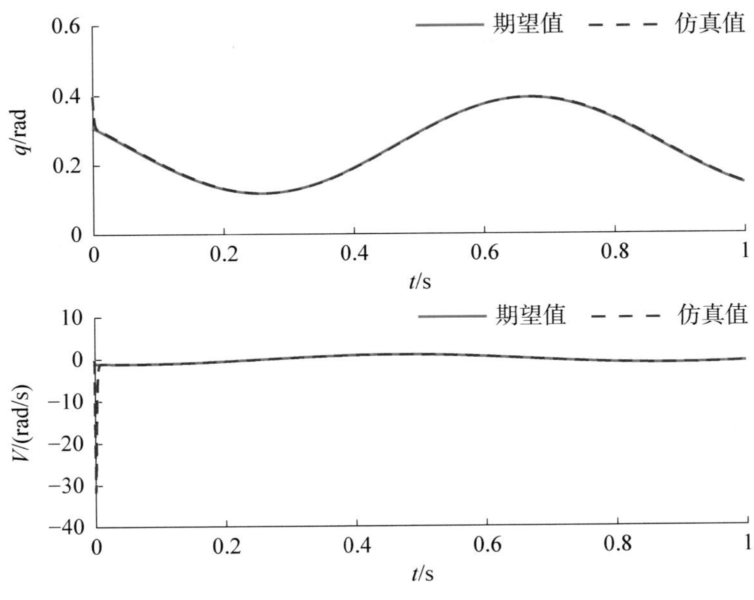

图 10－9　平地实验冠状面髋关节轨迹跟踪曲线

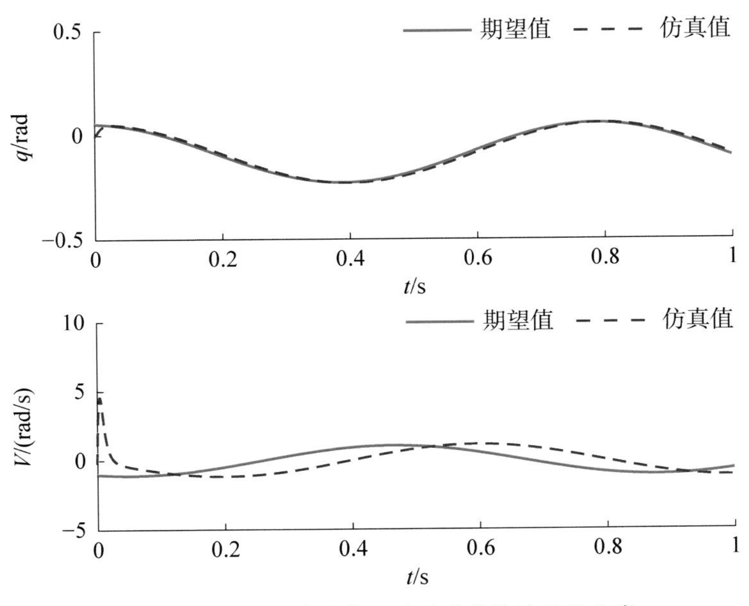

图 10－10　平地实验矢状面髋关节轨迹跟踪曲线

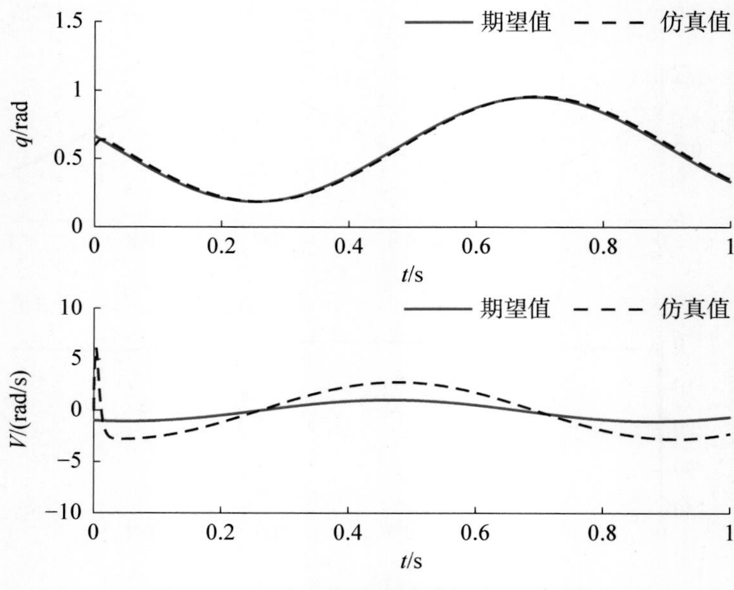

图 10－11　平地实验膝关节轨迹跟踪曲线

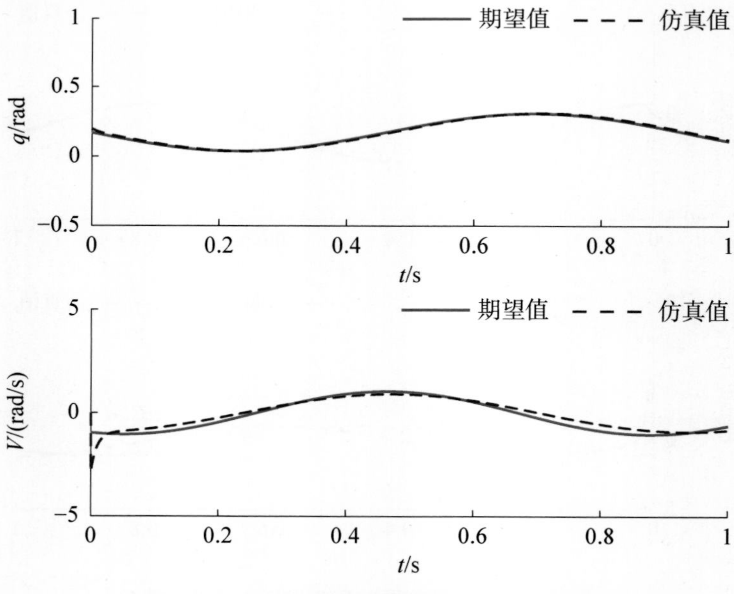

图 10－12　平地实验踝关节轨迹跟踪曲线

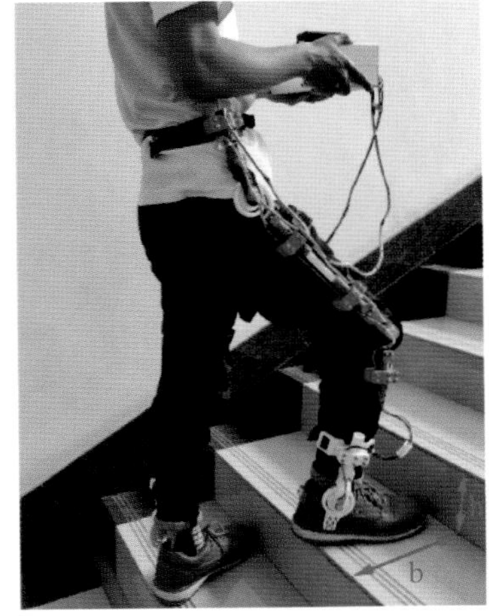

图 10－13　上楼梯实验

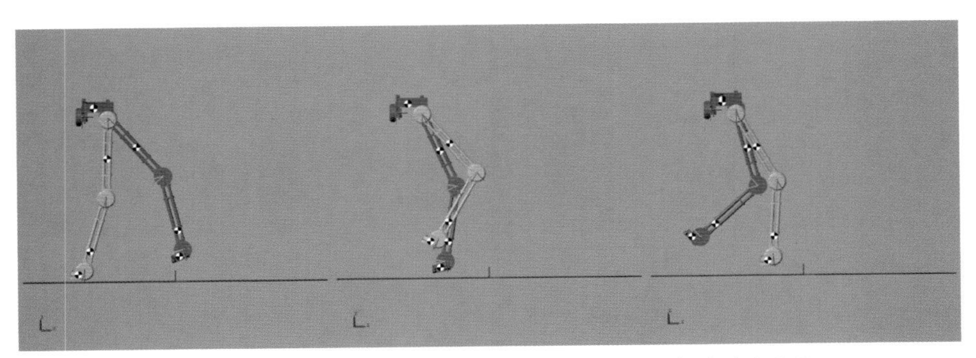

图 12－7　可视化外骨骼 FL－LLER－Ⅰ运动仿真模型效果图

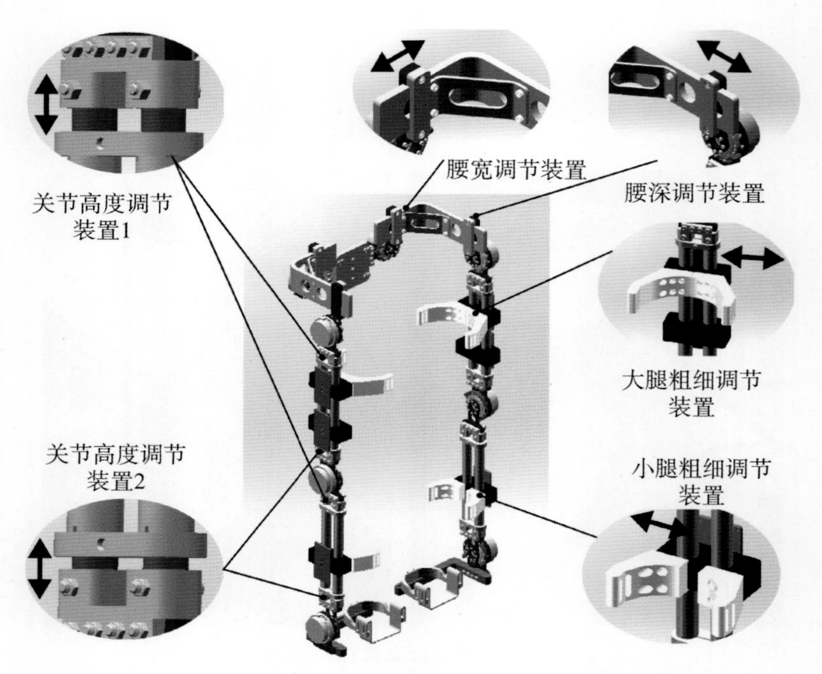

图 12－12　实验室第Ⅰ代和第Ⅱ代下肢外骨骼模型图

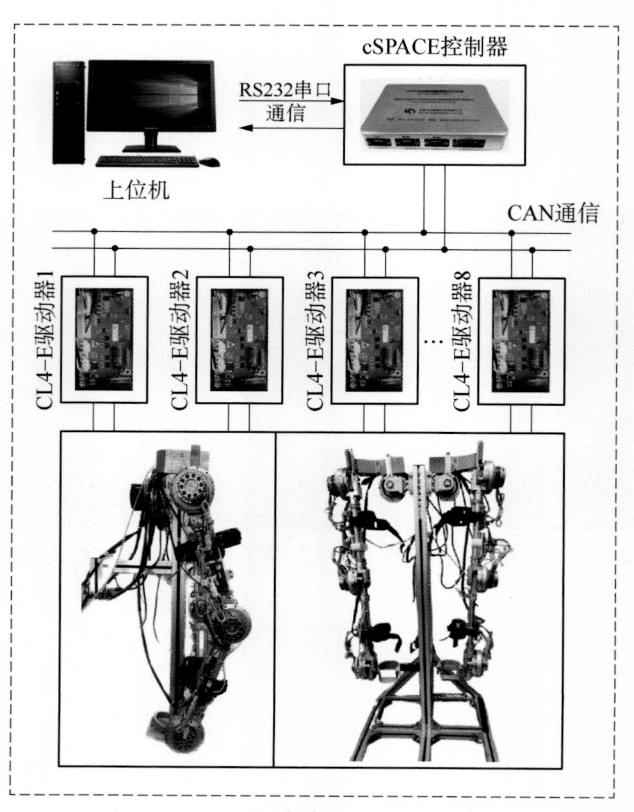

图 12－15　仿生外骨骼 FL－LLER 系统